W0263056

Fachberichte Messen, Steuern, Regeln

Informationen zu den Bänden 1 - 13 erhalten Sie bei Ihrem Buchhändler oder beim Springer-Verlag.

Band 14: Fortschritte in der Meß- und Automatisierungstechnik
durch Informationstechnik
INTERKAMA-Kongreß 1986
Herausgegeben von M. Thoma und G. Schmidt
XIII, 854 Seiten, 1986

Band 15: R. Dillmann: Lernende Roboter
Aspekte maschinellen Lernens
VI, 145 Seiten, 1988

Band 16: Betriebsmeßtechnik in der Textilerzeugung und -veredlung
Herausgegeben von E. Schollmeyer, D. Knittel und E. A. Hemmer
X, 438 Seiten, 1988

Band 17: K. H. Kraft: Fahrdynamik und Automatisierung
von spurgebundenen Transportsystemen
IX, 187 Seiten, 1988

Band 18: S. Engell: Optimale lineare Regelung
Grenzen der erreichbaren Regelgüte in
linearen zeitinvarianten Regelkreisen
XII, 305 Seiten, 1988

Band 19: R. Kofahl: Robuste Parameteradaptive Regelungen
XIV, 340 Seiten, 1988

Band 20: H.-J. Wünsche: Bewegungssteuerung durch Rechnersehen
Ein Verfahren zur Erfassung und Steuerung räumlicher
Bewegungsvorgänge in Echtzeit
XIV, 201 Seiten, 1988

Band 21: J. Rogos (Hrsg.): Intelligente Sensorsysteme
in der Fertigungstechnik
VI, 288 Seiten, 1989

Fachberichte
Messen · Steuern · Regeln

Herausgegeben von M. Syrbe und M. Thoma

21

Jürgen Rogos (Hrsg.)

Intelligente Sensorsysteme in der Fertigungstechnik

Springer-Verlag
Berlin Heidelberg New York
London Paris Tokyo Hong Kong 1989

Wissenschaftlicher Beirat:

G. Eifert, D. Ernst, E. D. Gilles, E. Kollmann, B. Will

Herausgeber:
Dr.-Ing. Jürgen Rogos
Innovationsgesellschaft für Fortgeschrittene Produktionssysteme
der Fahrzeugindustrie mbH (INPRO)
Nürnberger Straße 68-69
1000 Berlin 30

ISBN-13: 978-3-540-51488-6   e-ISBN-13: 978-3-642-83878-1
DOI: 10.1007/978-3-642-83878-1

Das Werk ist urheberrechtlich geschützt. Die dadurch begründeten Rechte, insbesondere die der Übersetzung, des Nachdrucks, des Vortrags, der Entnahme von Abbildungen und Tabellen, der Funksendung, der Mikroverfilmung oder der Vervielfältigung auf anderen Wegen und der Speicherung in Datenverarbeitungsanlagen bleiben, auch bei nur auszugsweiser Verwertung, vorbehalten. Eine Vervielfältigung dieses Werkes oder von Teilen dieses Werkes ist auch im Einzelfall nur in den Grenzen der gesetzlichen Bestimmungen des Urheberrechtsgesetzes der Bundesrepublik Deutschland vom 9. September 1965 in der Fassung vom 24. Juni 1985 zulässig. Sie ist grundsätzlich vergütungspflichtig. Zuwiderhandlungen unterliegen den Strafbestimmungen des Urheberrechtsgesetzes.

© Springer-Verlag Berlin Heidelberg 1989
Softcover reprint of the hardcover 1st edition 1989

Die Wiedergabe von Gebrauchsnamen, Handelsnamen, Warenbezeichnungen usw. in diesem Werk berechtigt auch ohne besondere Kennzeichnung nicht zu der Annahme, daß solche Namen im Sinne der Warenzeichen- und Markenschutz-Gesetzgebung als frei zu betrachten wären und daher von jedermann benutzt werden dürften.

Sollte in diesem Werk direkt oder indirekt auf Gesetze, Vorschriften oder Richtlinien (z. B. DIN, VDI, VDE) Bezug genommen oder aus ihnen zitiert worden sein, so kann der Verlag keine Gewähr für Richtigkeit, Vollständigkeit oder Aktualität übernehmen. Es empfiehlt sich, gegebenenfalls für die eigenen Arbeiten die vollständigen Vorschriften oder Richtlinien in der jeweils gültigen Fassung hinzuzuziehen.

2160/3020-543210 – Gedruckt auf säurefreiem Papier

Vorwort des Herausgebers

Die Herausforderungen des künftigen europäischen Binnenmarktes und der verschärfte internationale Wettbewerb, ausgelöst durch eine Vielzahl heranwachsender Industrienationen, erfordern am Produktionsstandort Bundesrepublik Deutschland neue Strukturen in der Fabrik. Neben der Produktivität werden vor allem die Flexibilität der Fertigung und die Qualität der Produkte ein Gradmesser für den Erfolg der Arbeit. Um dieses Ziel zu erreichen, müssen die einzelnen Abteilungen der Fabrik künftig noch stärker untereinander und mit den übrigen Bereichen des Unternehmens verbunden werden. Dazu ist eine immer stärkere Verkettung der Material-, Energie- und Informationsströme durch Rechnersysteme im Sinne von CIM (Computer Integrated Manufacturing) erforderlich. Darüber hinaus ist eine Anbindung der Produktionssysteme an die physikalische Umwelt notwendig. Dabei werden Sensoren, beginnend bei einfachen Signalgebern bis hin zu intelligenten Sensorsystemen, eingesetzt .

Der Praxiseinsatz intelligenter Sensorsysteme unter rauhen Betriebsbedingungen und ihre Integration in übergeordnete Automatisierungssysteme konnte trotz zahlreicher am Markt angebotener Systeme nicht in dem Maße realisiert werden, wie es nach den optimistischen Prognosen der Marktforscher zu erwarten war. Zur Verbesserung dieser Situation erschienen aufeinander abgestimmte Untersuchungen und Entwicklungen im Verbund von Forschungsinstituten, Herstellern und Anwendern als dringend geboten. Wegen der allgemeinen Bedeutung der Problematik und der nicht unerheblichen Entwicklungsrisiken im Vorfeld der Produktentwicklung, griff der Bundesminister für Forschung und Technologie diese Thematik im Rahmen des Förderschwerpunkts "Fertigungstechnik" auf.

Das vorliegende Buch unterrichtet über wesentliche Arbeitsergebnisse, die im Rahmen des BMFT-Verbundvorhabens "Intelligente Sensorsysteme für die Handhabungstechnik" in den verschiedenen Teilprojekten erzielt wurden. Damit wird der interessierten Fachöffentlichkeit Gelegenheit gegeben, aus den Erkenntnissen und Ergebnissen des Verbundvorhabens Nutzen für die eigene Anwendung der Sensortechnik zu ziehen. Es ist zu hoffen, daß dadurch in der Folge für die Sensorhersteller eine breitere Marktbasis geschaffen wird.

Partner im Vorhaben waren die Bundesanstalt für Materialforschung und -prüfung (BAM), die Deutsche Forschungsanstalt für Luft- und Raumfahrt (DLR), das Fraunhofer-Institut für Produktionsanlagen und Konstruktionstechnik (IPK), die Steinbeis-Stiftung für Wirtschaftsförderung, Transferzentrum Aalen (StW), die Universität-Gesamthochschule Siegen, die KUKA Schweißanlagen + Roboter GmbH, die Siemens AG und als Projektkoordinator die Innovationsgesellschaft für fortgeschrittene Produktionssysteme in der Fahrzeugindustrie mbH (INPRO).

Mein Dank als Projektkoordinator gilt in erster Linie dem Bundesminister für Forschung und Technologie für die großzügige Bereitstellung von Fördermitteln sowie dem Projektträger Fertigungstechnik im Kernforschungszentrum Karlsruhe für die hervorragende technische und organisatorische Betreuung des Verbundvorhabens. Weiterhin sei der

Innovationsgesellschaft für fortgeschrittene Produktionssysteme in der Fahrzeugindustrie mbH, der KUKA Schweißanlagen + Roboter GmbH und der Siemens AG gedankt, die den verbleibenden Kostenanteil der Institute abgedeckt haben.

Darüber hinaus wurden von den Firmen Bayerische Motoren Werke AG, Daimler-Benz AG, KUKA Schweißanlagen + Roboter GmbH, Siemens AG und Volkswagen AG zahlreiche Geräte, Vorrichtungen und Werkstücke für das Sensorversuchsfeld kostenlos bereitgestellt. Auf den dadurch hergestellten engen Praxisbezug sei besonders dankbar hingewiesen. Ebenso hervorzuheben ist das Engagement verschiedener Sensorhersteller, die ihre Sensorsysteme kostenlos für Untersuchungen und prototypische Anwendungen zur Verfügung gestellt haben.

Die Basis für den Arbeitserfolg war der engagierte Arbeitseinsatz aller Mitarbeiter an diesem Verbundvorhaben und ihre Kooperationsbereitschaft, durch die alle schwierigen Phasen in der Projektarbeit gemeistert werden konnten. Zum Abschluß sei dem Springer-Verlag gedankt, der es in unkonventioneller Weise ermöglichte, die wichtigen Arbeitsergebnisse des Ende 1988 abgeschlossenen Verbundvorhabens in der vorliegenden Form kurzfristig zu veröffentlichen.

Berlin, im Januar 1989   Jürgen Rogos

Inhaltsverzeichnis

Ziele und Ergebnisse des Verbundvorhabens Intelligente Sensorsysteme für die Handhabungstechnik

J. Rogos, Berlin

Ausgangssituation

In den siebziger Jahren war ein zunehmender Einsatz von Rechnersystemen zur Führung und Überwachung von Produktionsprozessen sowie von frei programmierbaren Industrierobotern für flexible Fertigungsabläufe zu beobachten. Damit war die Basis gegeben, um die manuelle Eingabe von Prozeß- und Umweltinformationen durch eine Online-Signalverarbeitung mittels Sensoren zu ersetzen. Für prozeßtechnische Größen standen eine Vielzahl von Sensoren zur Verfügung, z.B. für Temperaturen, Drücke, Kräfte, Wege, Winkel, Geschwindigkeiten und Leistungen. Ausgehend von den Fortschritten der Fernseh- und Rechnertechnik wurden in diesem Zeitraum zahlreiche Firmen für bildverarbeitende Sensoren gegründet. Marktanalysen sagten einen Durchbruch der Sensorik für produktionstechnische Anwendungen in den achtziger Jahren voraus.

Im Verlauf der achtziger Jahre wurde die optimistische Grundeinstellung vieler Hersteller und Anwender mehr und mehr gedämpft. Es zeigte sich, daß Sensoren, die für verfahrenstechnische Anwendungen entwickelt waren, von der Signalverarbeitungsgeschwindigkeit und den Störeinflüssen in den Produktionsbetrieben her nicht für die fertigungstechnischen Anforderungen geeignet waren. Laborentwicklungen waren teilweise nicht robust genug für den Produktionsbetrieb. Neue Sensoren kamen auf den Markt, ohne daß der Stückzahlbedarf hinreichend genau abgeschätzt war. Durch die Umlage der Entwicklungskosten auf relativ geringe Serienstückzahlen ergaben sich hohe Verkaufspreise, die keinen wirtschaftlichen Einsatz in der Produktion ermöglichten. Die Sensorintegration in die übergeordneten Automatisierungssysteme scheiterte aufgrund fehlender Schnittstellenstandards. Ebenso fehlten zum großen Teil Verfahrensstrategien für sensorgeführte Industrieroboter. Dabei war die nicht ausreichende Dynamik der Roboter-Sensorsysteme ein weiteres Hindernis.

Vor diesem Hintergrund führten die Diskussionen mit Fachleuten zu dem Ergebnis, daß ein Fortschritt auf dem Gebiet der produktionstechnischen Sensoren durch das Beschreiten neuer Wege bei der Entwicklung von Sensoren und der Erprobung von Prototypen in der Industrie erreicht werden kann. Ein Grundgedanke bestand darin, einen Forschungsverbund zwischen Forschungsinstituten, Sensorherstellern und industriellen Anwendern herbeizuführen. Zu diesem Zweck sollte ein Sensorversuchsfeld errichtet werden, in dem Sensoren unter praxisnahen Randbedingungen im Rahmen konkreter industrieller Aufgabenstellungen und unter Verwendung von Vorrichtungen und Werkstücken der Serienfertigung untersucht werden können. Die Untersuchungsergebnisse sollten dann gezielt zur Verbesserung der Produkte verwendet werden, die unter anderem den Einsatz unter rauhen Produktionsbedingungen gestatten.

Eine weitere grundsätzliche Überlegung ging davon aus, die Sensoren als Komponenten eines übergeordneten Produktionssystems zu betrachten. Dazu gehört die systemgeeignete Sensorschnittstelle, die Berücksichtigung der Dynamik aller Systemkomponenten einschließlich der daraus resultierenden Signalabtastraten sowie Verfahrensstrategien, die stärker auf den physikalischen Möglichkeiten des technischen Systems aufbauen und nicht versuchen, manuelle Arbeitsabläufe durch Sensoreinsatz zu kopieren. Nach intensiven Vorgesprächen mit dem Projektträger Fertigungstechnik im Kernforschungszentrum Karlsruhe, der für das Förderprogramm Fertigungstechnik zuständig ist, bildete sich dann das Konzept eines BMFT-geförderten Verbundvorhabens heraus.

Ziele des Verbundvorhabens

Das Verbundvorhaben setzte sich folgende Ziele:

— Die am Markt vorhandenen Sensoren für Aufgaben der Fertigungstechnik an Hand von Praxisaufgaben auf ihre Eignung zu prüfen, den industriellen Anforderungen anzupassen und so den Durchbruch für den Praxiseinsatz zu schaffen,

— neue Konzepte für Verfahrensstrategien unter Einbindung intelligenter Sensorsysteme und Kombination unterschiedlicher Sensoren zu erarbeiten,

— zukunftsträchtige Lösungsprinzipien zu konkreten technischen Lösungen weiterzuentwickeln.

Zu diesem Zweck wurden 5 Teilprojekte (TP) definiert:

TP 1:   Sensorversuchsfeld
Erprobung und beschleunigte Weiterentwicklung von technischen
Lösungen für die Mustererkennung, Handhabung und Konturverfolgung,

TP 2:   Entwicklung neuartiger Sensorsysteme
Entwicklung von neuartigen Prototypen auf dem Gebiet der
Lasermeßtechnik und der taktilen Sensoren,

TP 3:   Dynamik sensorgeführter Roboter
Untersuchung und Verbessserung des dynamischen Verhaltens
von sensorgeführten Industrierobotern unter Einbeziehung aller
Robotersystemkomponent,

TP 4: Standardisierung der Sensorschnittstelle
Ausarbeitung eines Vorschlags zur Bearbeitung in den zuständigen
Gremien des NAM,

TP 5: Koordination des Verbundvorhabens
Sicherstellung der notwendigen Informationsflüsse, Definition
praxisnaher Aufgaben, Beschaffung von Werkstücken und Sensoren.

Ergebnisse des Verbundvorhabens

Wichtige Ergebnisse der vier fachlichen Teilprojekte werden in Form von Einzelbeiträgen der beteiligten Institute und Industrieunternehmen in den folgenden vier Kapiteln im einzelnen erläutert. Deshalb soll hier nur eine kurze Zusammenfassung der Arbeitsergebnisse gegeben werden.

Die Arbeit in den Teilprojekten führte zu konkreten Praxisumsetzungen in den Bereichen der Mustererkennung und des sensorgeführten Nahtschweißens für Aufgaben der Automobilindustrie. Zum Beispiel wurden in Zusammenarbeit mit Sensorherstellern und -anwendern im Sensorversuchsfeld Vision-Systeme untersucht und spezielle Verfahrensstrategien für die Karosseriemontage, Radmontage (Kap. 1.1) und die Felgensortierung (Kap. 1.11) entwickelt. Die in der Serienproduktion eingesetzten Systeme arbeiten zur Zufriedenheit der Anwender. Weitere Produktionseinsätze von Lasersensorsystemen beziehen sich in Kapitel 1.1 und 1.5 auf das Nahtschweißen von Fahrgestellteilen mit dreidimensionalen, toleranzbehafteten Überlappstößen von Dünnblechen (Kap. 1.1 und 1.5).

An mehrere Sensorhersteller wurden Hinweise zur Produktverbesserung gegeben, siehe Kapitel 1.4,1.5,1.6, 1.10, 1.11. In verschiedenen Fällen konnten die durchgeführten Verbesserungen im Sensorversuchsfeld auf ihre Tauglichkeit untersucht werden.

Eigene Produktentwicklungen der Verbundpartner wurden bis zur Prototypreife realisiert. Dazu gehören unter anderem die in Kapitel 2.2 beschriebenen taktilen Matten für den Einsatz in Robotergreifern sowie die in Kapitel 2.3 behandelten Kraft- Momenten-Sensoren nach dem Bausteinprinzip. Die Vermarktung erfolgt dabei auch durch mittelständige Unternehmen.

Für den Einsatz von Robotern wurde ein Konzept zum autonomen Konturfolgen entwickelt, siehe Kapitel 1.9. Ein neuartiges hybrides Regelungskonzept, das in eine Experimentalsteuerung implementiert wurde, wird in Kapitel 3.3 beschrieben. Dieses Konzept der entkoppelten Kraft/Weg-Regelung der Roboterbewegung stellt eine mit handelsüblichen Robotern im internationalen Vergleich bisher nicht erreichte Leistungsfähigkeit dar. In den Kapiteln 1.7 und 1.8 wird ausführlich auf die Messung mit vorlaufenden Sensoren eingegangen.

Kapitel 2.1 stellt Fortschritte auf dem Gebiet der Lasermeßtechnik mit direkter Laufzeitmessung im Picosekundenbereich (10^{-12}s) dar, durch die eine international führende Stellung bezüglich der Meßwertauflösung und Stabilität erreicht wurde.

Die für die Sensorführung von Robotern wichtige Systemdynamik ist Gegenstand der Kapitel 3.1 und 3.2. Darüber hinaus wurden die Ausweichstrategien in Bezug auf zu geringe Systemdynamik in Kapitel 3.4 vorgestellt.

Das im Verbundvorhaben ausgearbeitete Konzept zur Standardisierung der Sensorschnittstelle wurde dem Normenausschuß Maschinenbau (NAM) vorgelegt und nach Bearbeitung im Ausschuß im Januar 1988 als Deutsche Vornorm DIN V 66311 veröffentlicht. Die Kapitel 4.1 und 4.2 bringen eine kurzgefaßte Übersicht zu dieser Thematik.

Aus den Ergebnissen der Teilprojekte kann geschlossen werden, daß viele Automatisierungsaufgaben heute mit vorhandenen Sensorkomponenten gelöst werden können. Beim Entwurf einer sensorintegrierten Lösung sind jedoch die spezifischen Randbedingungen der Aufgabe zu berücksichtigen.

Die Wirtschaftlichkeit der technisch realisierbaren Lösungen wird lediglich in bestimmten Fällen erreicht. Beispiel dafür ist das in den Kapiteln 1.2 und 1.3 beschriebene automatische Gußputzen mit Sensorführung.

Für die Zukunft muß deshalb versucht werden, aufbauend auf den bisherigen inkrementellen Schritten bei den Teilsystemen, zu einem verbesserten Gesamtsystem zu kommen. Es kann durch einen gesamtsystemorientierten Ansatz auf der Basis von aufeinander abgestimmten strukturierten Systemmodulen und durch definierte Schnitttstellen erreicht werden. Diese Zielsetzung könnte Gegenstand weiterführender BMFT-geförderter Vorhaben sein.

An den Teilprojekten haben in unterschiedlicher Kombination folgende Verbundpartner mitgearbeitet:

— Bundesanstalt für Materialforschung und -prüfung (BAM), Berlin, Fachgruppe 6.4 Fügetechnik

— Deutsche Forschungsanstalt für Luft- und Raumfahrt e.V. (DLR), Oberpfaffenhofen

— Fraunhofer-Institut für Produktionsanlagen und Konstruktionstechnik (IPK), Berlin

— Innovationsgesellschaft für fortgeschrittene Produktionssysteme in der Fahrzeugindustrie mbH (INPRO), Berlin

— KUKA Schweißanlagen und Roboter GmbH, Augsburg

— Siemens AG, E STE 3 Erlangen /E STE 2 Karlsruhe

— Steinbeis-Stiftung für Wirtschaftsförderung, Transferzentrum Aalen, Automatisierungstechnik (StW), Aalen

— Universität-Gesamthochschule Siegen, Fachbereich 12 Elektrotechnik, Institut für Nachrichtenverarbeitung, Siegen

Während der Laufzeit des Verbundvorhabens von 1984 bis 1988 wurde von den Verbundpartnern eine Leistung von fast 100 Mannjahren erbracht. Sie verteilt sich etwa zur Hälfte auf die beteiligten Institute und Industriefirmen. Der Bundesminister für Forschung und Technologie trug mit Bundeszuwendungen von etwa 10 Mio DM im Rahmen des Förderprogramms Fertigungstechnik zur Finanzierung des Vorhabens bei. Die Projektträgerschaft lag beim Kernforschungszentrum Karlsruhe, die Projektkoordination bei der INPRO.

1 Eignung der Sensoren, Strategien, Einsatzbedingungen

1.1 Sensoren für den industriellen Einsatz

H. Wörn und N. Sedlmair, Augsburg

Zusammenfassung

Die Firma KUKA übernahm im vorliegenden Projekt als Industriepartner Aufgaben in den Teilprojekten 1, 3 und 4 mit Schwergewicht Sensorversuchsfeld. Zum Ziel des Verbundprojekts, durch Zusammenarbeit von Industrie und wissenschaftlich orientierten Instituten die Innovation und Praxiseinführung auf dem Gebiet der Sensorik zu beschleunigen, konnte KUKA insbesondere durch Einbringung seiner langjährigen Erfahrungen im Sensoreinsatz beitragen. Die Erfahrungen der letzten Jahre haben immer deutlicher gezeigt, daß ein Hauptproblem des Sensoreinsatzes die Integration der Sensoren in das Gesamtkonzept darstellt. Insbesondere die immer komplexer werdenden Sensoren erfordern noch einen beträchtlichen Anpassungsaufwand und nicht zuletzt eine sorgfältige Optimierung des Gesamtsystems Sensor-Steuerung-Roboter-Prozeß.

Im Rahmen des Sensorversuchsfeldes wurden zahlreiche Sensoren auf ihre praktische Anwendbarkeit getestet und mit Robotersteuerungen gekoppelt. Die hierbei gewonnenen Erfahrungen wurden den Verbundpartnern sowie den Sensorherstellern zur Verfügung gestellt und ermöglichten eine beschleunigte und praxisorientierte Weiterentwicklung der Sensoren zu einsatzfähigen Produkten.

1.1.1 Einleitung

Sensoren (Tabelle 1.1-1) werden das Anwendungsgebiet für Roboter beträchtlich erweitern. Mit ihnen lassen sich Lage- und Bauteilzustände automatisch erkennen und dementsprechend die Bewegungsabläufe des Roboters steuern.

Taktile Sensoren liefern Informationen über Kräfteverteilungen in der Hand und in den Gelenken des Roboters sowie in den Handhabungsobjekten. Die Erfassung von Kräfteverteilungen spielt vor allem beim Gußputzen, beim Schleifen und bei Montagevorgängen eine Rolle.

Tabelle 1.1-1: Sensoren für Roboter

Sensor	Ausführung	Anwendung
visuell	Bildaufnahmeröhren Halbleitersensoren - punktuell - als Matrix	Lageerkennung, Teileerkennung, Beschaffenheitsprüfung, z.B. beim Handhaben, Schweißen, Montieren
taktil	Taster (pneum., elektr. u. a.) Stiftmatrix Meßdosen (Piezo, Kapa.) Dehnungsmeßstreifen Druckempfindliche Kunststoffe	Lageerkennung, Werkzeugüberwachung, z.B. beim Gußputzen, Schleifen, Handhaben, Montieren
elektrisch (induktiv, kapazitiv)	Shunt (Stromerfassung) Kondensator Spule	Lageerkennung, Zustandserfassung, z.B. beim Handhaben, Schweißen

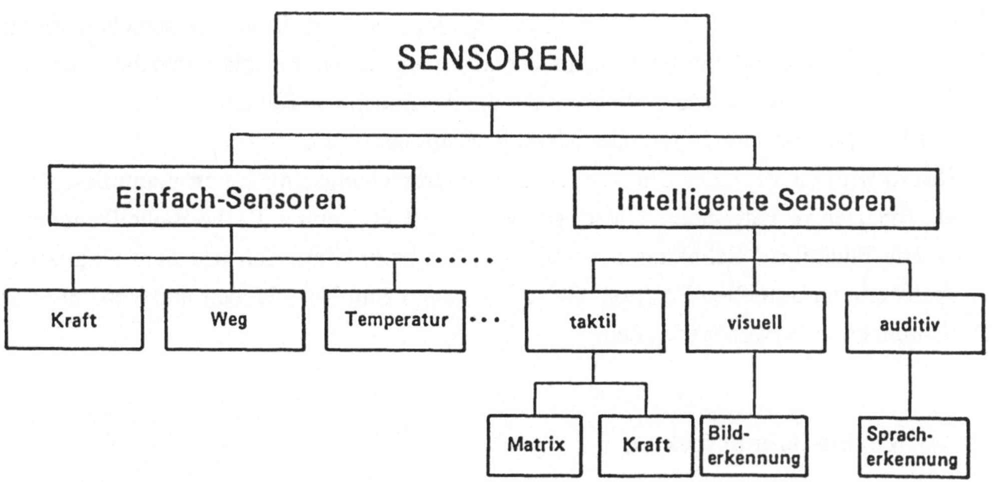

Bild 1.1-1: Einteilung der Sensoren für Roboter nach ihrer Komplexität

Visuelle Sensoren erfassen räumliche Gegebenheiten durch Bildaufnahme und Bildauswertung. Sie können folgende Aufgaben übernehmen:

- Identifizieren von Werkstücken und Montageteilen
- Bestimmung der Lage und Orientierung von Objekten
- Ermitteln von Korrekturwerten für Lage, Orientierung und Geschwindigkeit
- Schweißbahnverfolgung
- Externe Positionsvermessung

Elektrische Sensoren erfassen Zustandsgrößen. Sie formen Zustandsgrößen in elektrische Signale um.

Bild 1.1-1 zeigt eine Einteilung der Sensoren nach dem Komplexitätsgrad.

1.1.2 Robotersteuerungsfunktionen

1.1.2.1 Unterbrechung

Die Funktion ''Unterbrechung'' ermöglicht das Unterbrechen eines Programmes in Abhängigkeit von einem binärarbeitenden Sensor. Nach der Unterbrechung kann auf ein beliebiges Programm verzweigt werden.

1.1.2.2 Schnelles Messen

Die Funktion ''Schnelles Messen'' wird häufig eingesetzt, um Bauteilverschiebungen oder Bauteiltoleranzen zu erfassen und entsprechend auszugleichen. Beispiele sind das Suchen des Nahtanfangs beim Schutzgasschweißen oder das Auffinden von Kanten oder Referenzflächen für das Lokalisieren von Teilen oder Montagepositionen.

Hierzu wird ein digitaler Eingang, der als Unterbrechungseingang programmiert ist, mit einem Binärsensor verbunden. Dieser gibt ein Signal ab, wenn z. B. die Bauteilkante erfaßt wird. Die Funktion ''Schnelles Messen'' bewirkt beim Eintreffen des Sensorsignals das Abspeichern der aktuellen Position. Diese kann dann zum Verschieben und Verdrehen von Programmteilen verwendet werden.

1.1.2.3 Online-Bahnkorrektur

Die Online-Bahnkorrektur ermöglicht das Berücksichtigen von Sensorsignalen und Korrigieren des Bahnverlaufs während der Programmabarbeitung. Entsprechend den online erfaßten

Sensorwerten kann man senkrecht zur Bahn, senkrecht zur Bauteiloberfläche sowie den Orientierungswinkel des Werkzeugs korrigieren. Der Programmierer muß lediglich die Funktion einschalten. Die richtige Berücksichtigung der Ausweichvektoren erfolgt in der Steuerung automatisch.

Neben der Korrektur der Lagewerte ist eine entsprechende Korrektur der Geschwindigkeitswerte erforderlich. Insbesondere für das Nahtverfolgen beim Schutzgasschweißen wird diese Funktion verwendet.

Die Ankoppelung entsprechender Sensoren kann über analoge, parallele und serielle (V.24-) Schnittstellen erfolgen.

1.1.2.4 Nullpunktkorrektur, Werkzeugkorrektur

Über parallele bzw. serielle digitale Schnittstellen lassen sich komplexere, z. B. visuelle Sensoren anschließen.

Die Sensoren ermitteln Ist-Positionen, Ist-Geschwindigkeiten usw. oder auch entsprechende Positions- und Geschwindigkeitsabweichungen (z. B. Verschiebungen, Verdrehungen). Die Werte werden über parallele oder serielle Schnittstellen an die Steuerung übermittelt. Dort können entsprechende Nullpunktkorrekturen bzw. Werkzeugkorrekturen durchgeführt und so Programmteile beliebig verschoben bzw. verdreht abgefahren werden.

1.1.3 Sensoren für die Schweißtechnik

1.1.3.1 Allgemeines

Abhängig vom Funktionsprinzip und von der Ausführungsform lösen die Sensoren alle oder nur einen Teil der beim automatisierten Schutzgasschweißen anfallenden Sensoraufgaben:

- Erkennen der Lage des Nahtanfangs
- Erkennen des Fugenverlaufs und der Fugengeometrie
- Erkennen des Fugenvolumens
- Erkennen des Nahtendes

Jedes physikalische Prinzip, das Informationen über die Lage eines Werkstücks liefern kann, kommt als Ausgangsbasis für einen Sensor in Frage. Die besonderen Umweltbedingungen des Schutzgasschweißens sowie die speziellen Anforderungen der zu automatisierenden Anlage führen jedoch zu vielen Einschränkungen. Man unterscheidet drei Gruppen von Funktionsprinzipien (Bild 1.1-2):

- Sensoren auf der Grundlage mechanischer Fühler (taktile Sensoren)
- Sensoren auf der Grundlage berührungsloser Meßverfahren
- Sensoren auf der Grundlage der Interpretation von Schweißprozeßgrößen

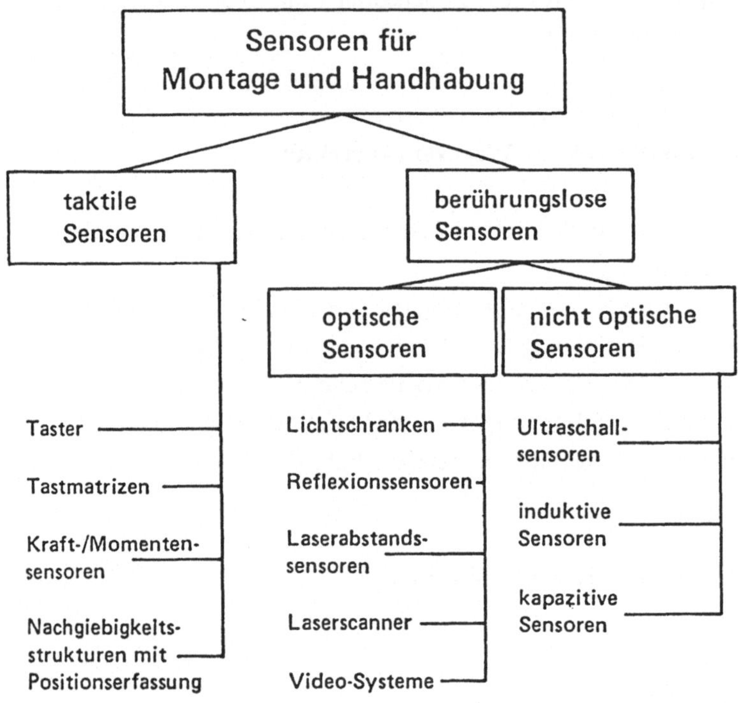

Bild 1.1-2: Sensoren für die Schweißtechnik

Taktile (berührende) Sensoren sind prozeßunabhängig und kostengünstig, unterliegen aber Einschränkungen aufgrund ihrer Bauart. Insbesondere sind sie verschleißanfällig und können leicht zerstört werden.

In der Gruppe der berührungslosen Sensoren findet man eine Vielfalt von Sensoren unterschiedlicher Komplexität und Anwendungsbreite.

Kapazitive/induktive Sensoren sind einfach und kostengünstig aufbaubar und vereinzelt bei einfachen Werkstücken für das Korrekturverfahren einsetzbar. Aufgrund des geringen Meßabstandes, des großen Meßvolumens (Störungen durch Fremdkörper) und der Abhängigkeit der Meßkanäle bei mehrachsigen Systemen sind sie für das Roboterschweißen nur sehr bedingt einsetzbar.

Ultraschallsensoren verfügen über einen großen Meßabstand und sind daher konstruktiv günstig einsetzbar. Aufgrund großer Meßflächen und Temperaturabhängigkeit sind sie als Schweißsensoren weniger geeignet.

Optische Videosensoren ermöglichen vorlaufend über Lichtschnitt eine 3D-Auswertung des Fugenverlaufs. Sie sind von ähnlichen Entwicklungen, den mit Lasern ausgerüsteten Bildverarbeitungssystemen (z. B. Laserscanner), verdrängt worden.

Optische Videosysteme, welche online die Schweißbahn beobachten und daraus Daten für die Ist-Schweißbahn und die Schweißparameter gewinnen, sind zur Zeit im Laborstadium. Es ist zu erwarten, daß sie durch Weiterentwicklung der Laserscanner verdrängt werden.

Lasersensoren für die Abstandsmessung ermöglichen bei günstiger Bauform, großem Meßbereich und Meßabstand sowie kleiner Meßfläche (Laserstrahldurchmesser) über die Suchfunktion des Roboters das Auffinden von Oberflächenstrukturen. Deswegen eignet sich ein derartiger Sensor besonders für das Finden von Nahtanfängen beim Schutzgasschweißen.

Laserscanner stellen eine Weiterentwicklung der abstandsmessenden Lasersensoren dar. Sie eignen sich zum Nahtverfolgen. Darüberhinaus läßt sich der Nahtanfang sowie das Nahtvolumen bestimmen. Sie eignen sich insbesondere für Dünnbleche und verkörpern das zur Zeit universellste Sensorkonzept für Schutzgasschweißaufgaben. Ihre Baugröße wirkt sich für manche Einsatzfälle hinderlich aus.

Prozeßgeführte Sensoren erfassen den Fugenverlauf während des Schweißvorgangs. Eine Nahtanfangsfindung ist nicht möglich. Mit diesen Sensoren werden aufgrund ihrer optimalen Eigenschaften wie Meßwerterfassung am Prozeßort baugrößenabhängige Behinderungen ausgeschlossen. Einschränkungen ergeben sich lediglich im Hinblick auf Nahtformen, Blechdicken und Schenkellängen. Diese Sensoren eignen sich besonders für das Schweißen größerer Blechdicken.

1.1.3.2   KUKA-Schweißsensoren

1.1.3.2.1 Taktiler Sensor zum Suchen des Nahtanfangs

Bild 1.1-3 und 1.1-4 zeigen einen von KUKA entwickelten taktilen Sensor. Dieser erfüllt hier gleichzeitig die Funktion einer Abschaltsicherung und ist am Lagerbock des Drahtvorschubgerätes befestigt. Ein Klemmring hält den Maschinenbrenner (flexibel aufgehängt) und ist mit dem taktilen Sensor fest verbunden. Diese Bauweise ermöglicht dem Maschinenbrenner eine Auslenkung um 25 mm in alle Richtungen senkrecht zur Brennerachse (bezogen auf die Brennerspitze) und um 6 mm in Brennerrichtung. Wird der Brenner in den genannten Richtungen ausgelenkt, sprechen zwei Mikroschalter im taktilen Sensor an. Diese können zum Unterbrechen der Roboterbewegung bzw. des Schweißprozesses verwendet werden.

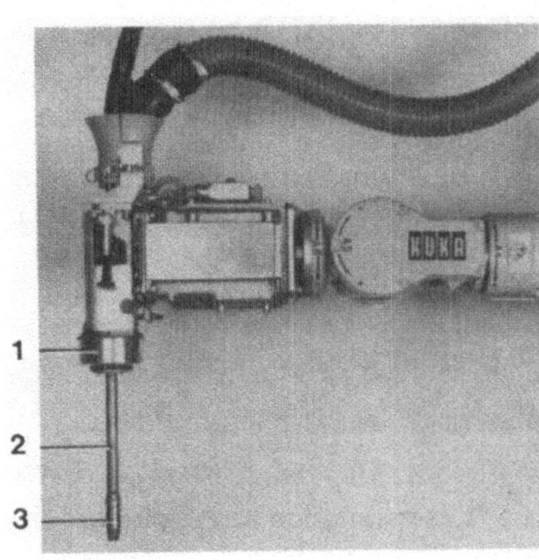

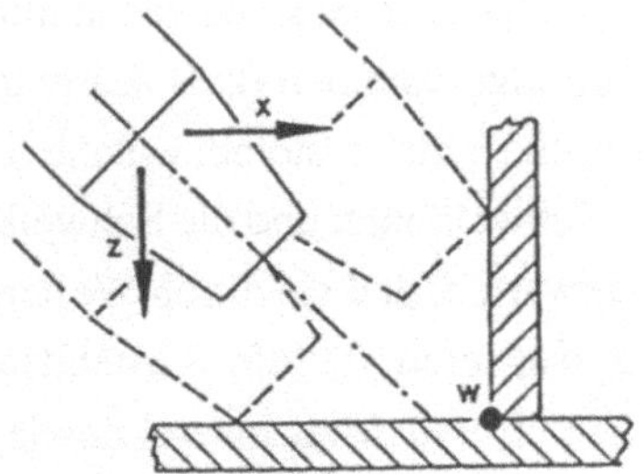

Bild 1.1-3: Taktiler Sensor

Bild 1.1-4: Nahtanfangssuchen mit der Brennerspitze

Damit lassen sich mit dem taktilen Sensor in beliebigen Richtungen Nahtanfänge und Nahtenden suchen.

Bei einer Suchgeschwindigkeit von ca. 2 m/min ergibt sich eine Suchgenauigkeit von $\pm 0,2$ mm.

Bei über 50 Schweißrobotern wurde dieser taktile Sensor mit Erfolg eingesetzt. Bild 1.1-5 zeigt das Schweißen einer Mähdrescherachse. Hier sucht der Sensor den Seiten- und Höhenversatz von V- und Kehlnähten.

Bild 1.1-5: Einsatz des taktilen Sensors beim Schutzgasschweißen von Mähdrescherachsen

1.1.3.2.2 Prozeßgeführter Sensor: Lichtbogensensor

● **Funktionsprinzip und Aufbau**

Der Lichtbogensensor gewinnt Meßwerte für die Schweißnahtverfolgung durch direkte Messung des Stromes, abhängig von der Lichtbogenlänge. Ein großer Vorteil dieses Verfahrens ist, daß kein Vorlauf nötig ist und keine Signalverzögerung auftritt. Außerdem entfallen wesentliche Probleme durch Verschmutzung und Hitzeeinwirkung, da der Lichtbogen direkt als Meßwertaufnehmer dient. Das Meßverfahren ist allerdings auf V- und Kehlnähte sowie Mindeststromhöhe und -schenkellängen beschränkt.

Bild 1.1-6 zeigt das Funktionsprinzip des Sensors. Es besteht darin, daß während des laufenden Schweißprozesses die elektrischen Kenngrößen des Lichtbogens gemessen und zur Seiten- und Höhenführung ausgewertet werden. Der Brenner wird über Pendelung abwechselnd nach links und rechts ausgelenkt.

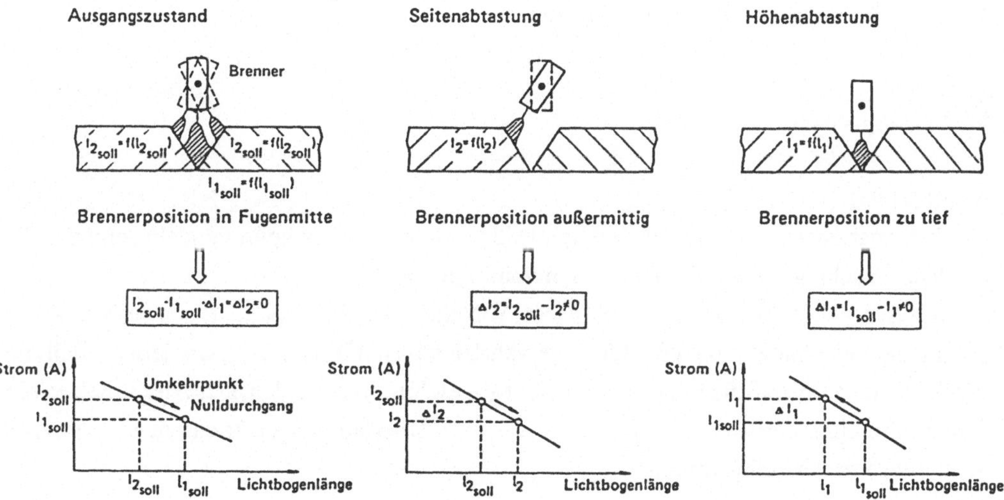

Bild 1.1-6: Funktionsprinzip des Lichtbogensensors

Durch einen Vergleich der elektrischen Parameter im ausgelenkten und im nicht ausgelenkten Zustand wird die seitliche Position des Lichtbogens in der Fuge erfaßt. Die aus der Messung gewonnenen Signale für die Seiten- und Höhenkorrektur werden aufbereitet und stehen zur Nachsteuerung des Brenners zur Verfügung. Im vorliegenden Fall müssen die analog anfallenden Signale erst digitalisiert werden, um mit der Sensorschnittstelle der Robotersteuerung kompatibel zu sein. Über den Roboter als Stellglied erfolgt dann eine Positionskorrektur in sechs Achsen im geschlossenen Regelkreis, bis die über den Lichtbogen gemessene Abweichung zu Null wird. Das Blockschaltbild des Sensors zeigt Bild 1.1-7.

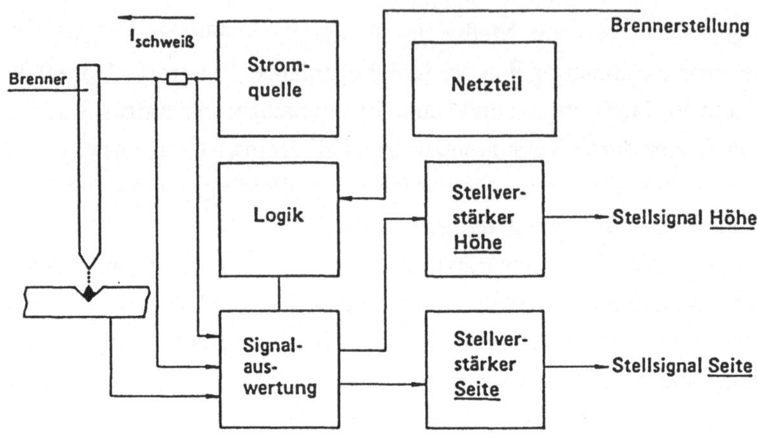

Bild 1.1-7: Blockschaltbild des Lichtbogensensors

● **Einsatzgrenzen**

Nahtformen

Die Informationsgewinnung aus den Schweißstromänderungen beim Pendeln setzt das Vorhandensein schräger Flanken bei der Schweißfuge voraus.

Es lassen sich auf diese Weise Kehlnähte, V-Nähte oder Überlappnähte schweißen, solange ein Flankenüberstand von ca. 0,5 a gewährleistet ist (Bild 1.1-8). In jedem Fall muß gewährleistet sein, daß die Fugenkanten nicht abgeschmolzen werden. Das Abschmelzen einer Kante führt zum Verlust der Führung. Bei V- bzw. Überlappnähten kann mit Sensor nur die Wurzellage geschweißt werden.

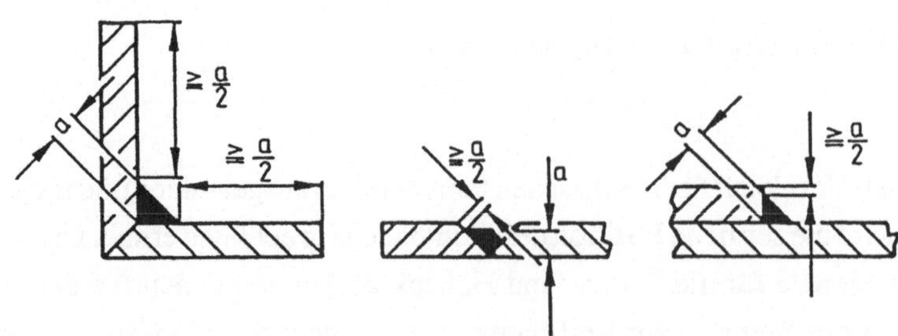

Bild 1.1-8: Flankenüberstand

Im Normalfall steht der Brenner in der Winkelhalbierenden. Abweichungen hiervon bewirken leichte Änderungen der Nahtseitenlage. Dieser Effekt kann gegebenenfalls gezielt ausgenutzt werden. Es entstehen hierdurch keine Nachteile, solange der Schweißprozeß störungsfrei verläuft.

Blechdicke, Drahtdicke, Schweißstrom

Schweißstrom und Blechdicke sind nach oben durch den Sensor nicht begrenzt. Die Grenze nach unten bildet der Übergang zum Kurzlichtbogen. Die Schweißstromwerte variieren mit Drahtdicke, Drahtvorschub und Gasart, Blechdicke, Fugenform, Schweißgeschwindigkeit und Prozeßparametern. Einwandfreie Funktion ist im Sprühlichtbogenbereich gewährleistet. Der Funktionsausfall beim Übergang zum Kurzlichtbogen erfolgt gleitend.

Als Anhaltswerte für den Mindestschweißstrom können dienen:
ca. 120 A bei 0,8 mm Drahtdicke und Mischgas,
ca. 220 A bei 1,2 mm Drahtdicke und Mischgas.

Schweißprozeß

Die Art der Meßsignalgewinnung setzt einen gleichmäßig verlaufenden Schweißprozeß voraus, bei dem sich die Pendelausschläge im Schweißstrom deutlich abbilden. Dies ist nur im Sprühlichtbogenbereich gewährleistet.

Jede Unregelmäßigkeit des Prozesses (z. B. Störungen des Drahtvorschubs, Ausbleiben des Gases, stark verschmutzte Schweißteile) hat Rückwirkungen auf die Sensorfunktion.

Ein entsprechend störungsfreier und gleichmäßiger Prozeß ist nur unter Mischgas zu erzielen. Unter CO_2 als Schutzgas ist keine Seitenkorrektur möglich, die Funktion der Höhenkorrektur bleibt jedoch erhalten.

Bild 1.1-9 zeigt den Sensoreinschub und die Sensorelektronik.

Bild 1.1-9: Sensoreinschub und Sensorelektronik

Bild 1.1-10 zeigt den Einsatz des Sensors beim industriellen Schweißen von Roboterbau-gruppen.

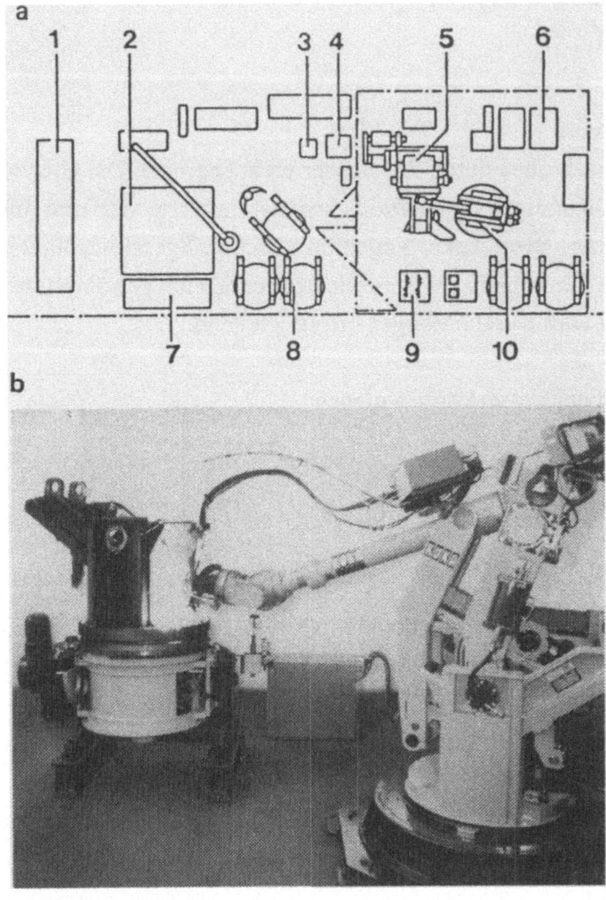

1 Teilelager, Vorrichtungslager
2 Heften der Bauteile
3 Verkettungs-Steuerung
4 Roboter-Steuerung
5 Drehtisch
6 Schweißstromquelle
7 Teilelager
8 Verputzen
9 Palette
10 IR 601/60 CP

Bild 1.1-10: Einsatz des Lichtbogensensors beim Schutzgasschweißen von Roboterteilen mit IR 601/60
    a   Layout
    b   Fertigungsstation

Aufgrund der Vorfertigung haben die Schweißnähte Toleranzen bis zu ± 5 mm. Die zu verschweißenden Nähte sind ausschließlich Kehl- und V-Nähte mit Schenkellängen größer als 5 mm. Für das Schweißen mit dem Roboter wird das Teil auf einem programmierbaren Schwenktisch positioniert und gespannt. So können die Nähte in Wannen- bzw. Normallage optimal geschweißt werden. Der Roboter ist mit dem beschriebenen Lichtbogensensor ausgerüstet. Der Lichtbogensensor ist bei allen zu schweißenden Nähten aktiv und eliminiert vollständig die auftretenden Toleranzen.

Bild 1.1-5 zeigt den Einsatz des taktilen Sensors beim Schweißen von Mähdrescherachsen zur Nahtanfangsfindung. Die grob tolerierten Kehlnähte werden durch den oben beschriebenen Lichtbogensensor verfolgt.

Dieser Sensor wurde bisher in über 50 Fällen in der Produktion eingesetzt.

1.1.3.2.3   Berührungslose Sensoren

● **1D-Laserabstandsensor**

Der Laserabstandsensor ermöglicht das berührungslose, genaue Messen von Abständen und das Auffinden von Bauteilkanten.

Das Meßprinzip der berührungslosen Abstandsmessung basiert auf der diffusen Reflexion eines Laserstrahls an der Oberfläche des Werkstücks (Bild 1.1-11). Bedingt durch die konstruktive Anordnung der Empfängeroptik, ergibt sich ein Reflexionswinkel, der proportional dem Abstand zwischen Laserkopf und Werkstück (in Laserrichtung) ist (Triangulationsprinzip).

Der Laserabstandsensor wird unter anderem wesentlich durch den Meßabstand M sowie durch den Meßbereich x charakterisiert (Bild 1.1-11). Ein großer Meßabstand ermöglicht es, den Sensor von der Meßstelle entfernt anzubringen. Ein großer Meßbereich erlaubt die Erfassung großer Strukturänderungen. Abstandsänderungen innerhalb des Meßbereiches werden auf dem Detektor, einem linearen Fotodiodenarray, entsprechend abgebildet.

Der Laserabstandsensor erzeugt ein analoges, abstandsproportionales Ausgangssignal. Zur Messung von Abständen wird das Signal in der Sensorbaugruppe analog/digital gewandelt. Es kann dann mit der entsprechenden Position im Anwenderprogramm der Abstand berechnet oder der Roboter mittels Bahnkorrektur (Sensorregelung) oder Sensorvergleichsfunktion auf einen definierten Abstand zum Werkstück geregelt bzw. gesteuert werden.

Zur Ermittlung von bestimmten Oberflächenstrukturen, z. B. das Erkennen von Kanten und Überlappungen sowie das Suchen der Schweißnaht oder deren Anfangspunkt, ist eine problemorientierte Signalaufbereitung über eine Anpaßschaltung erforderlich. Bild 1.1-12 zeigt das Arbeitsprinzip und den Signalverlauf beim Laserabstandssensor mit Signalvorverarbeitung. Der Laserkopf wird vom Roboter über die Bauteilkanten, hier eine Überlappnaht, bewegt.

Entsprechend den Abständen D1, D2 des Laserkopfes zur Bauteiloberfläche ergibt sich das abstandsproportionale Signal U_D als Laserausgang. Dieses wird über eine entsprechende Anpaßelektronik gefiltert (f = 100 Hz), differenziert (vgl. U_{DIFF} in Bild 1.1-12) und über eine Komparatorschaltung zu einem Interruptsignal verarbeitet. Dieser Interrupt bewirkt mit der Funktion ''Suchen'' in der Robotersteuerung das Abspeichern der Istposition des Roboters. Hiermit lassen sich Programme, bezogen auf die Struktur der Überlappnaht, verschieben.

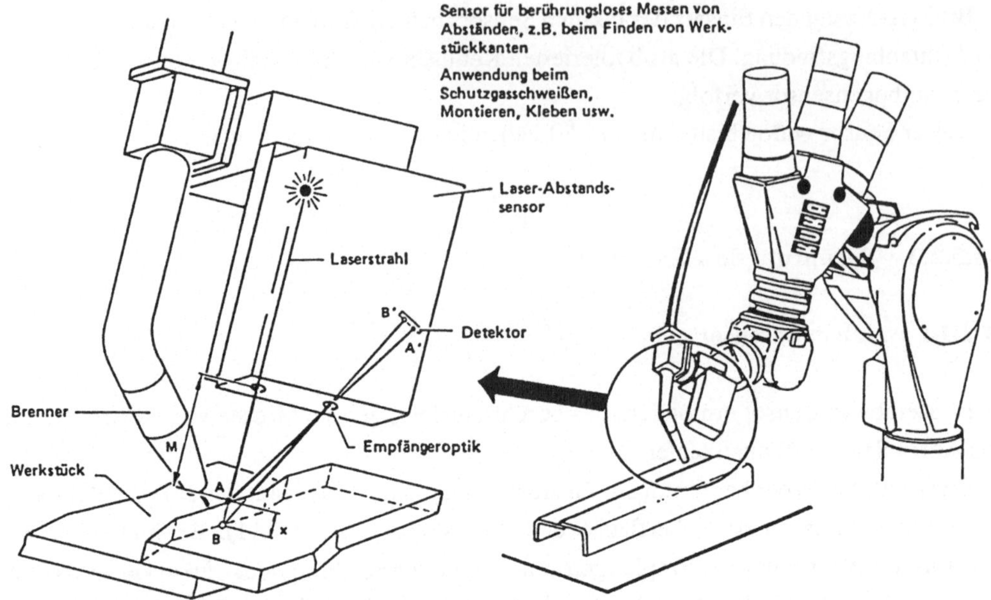

Bild 1.1-11: Laserabstandssensor (Funktionsprinzip)

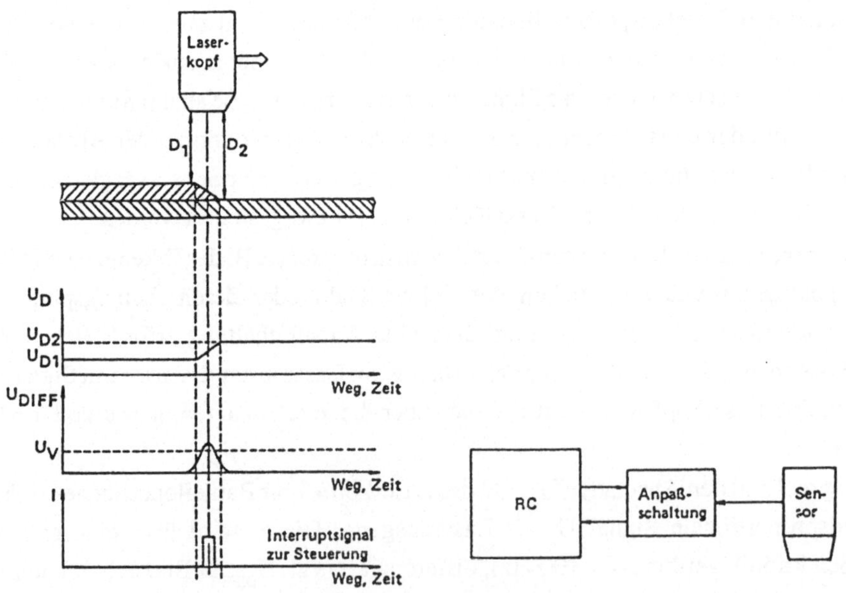

Bild 1.1-12: Arbeitsprinzip und Signalverlauf beim Laserabstandssensor mit Signalvorverarbeitung

Technische Daten des von KUKA eingesetzten Laserabstandsensors:

Meßabstand		90 mm
Meßbereich		50 mm
abstandsproportionales Analogsignal		0 - 10 V
Linearität	bezogen auf Meß-	±0,3 %
Gesamtgenauigkeit	bereichsendwert	±0,5 %
Wellenlänge des Lasers		820 nm (typisch)
Laserstrahl-Ø bei Austritt		5 mm
Laserstrahl-Ø in Meßbereichsmitte		0,1 mm
Durchschnittsleistung		5 mW
Pulsdauer		32,5 µs
Pulsfrequenz (Modulationsfrequenz)		16 kHz
Meßrate		2 kHz
zul. Umgebungstemperatur		0 - 40°C
Gefahrenklasse		3b

Bild 1.1-13 zeigt den Laserkopf und die Anpaßelektronik.

Ein Spritzerschutz, eine Kühlung sowie die Einspiegelung von Sichtmarken vervollständigen das Gerät.

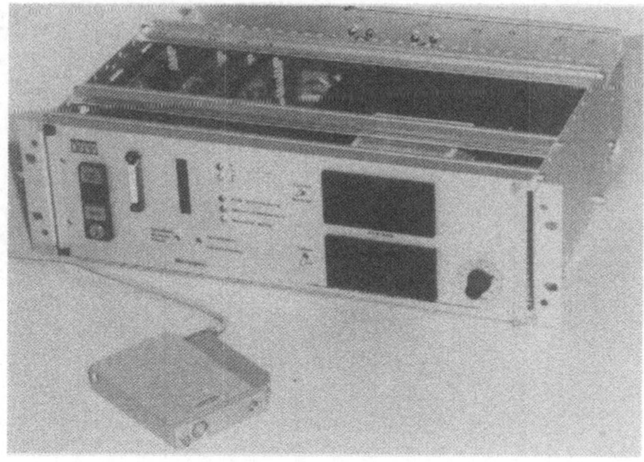

Bild 1.1-13: Laserabstandsensor: Laserkopf und Anpaßelektronik

Beim Einsatz des Laserabstandsensors sind folgende Punkte zu beachten:

- Bei Abstandsmessungen ist eine Eichung auf das zu messende Werkstück, insbesondere wegen Oberflächenrauhigkeit und Farbe, notwendig.

- Die Anpaßelektronik muß auf Kantenform, Oberflächenrauhigkeit und Farbe des Objektes eingestellt werden.
- Der Zusammenhang zwischen der Suchgeschwindigkeit und der erreichbaren Meßgenauigkeit muß beachtet werden (z. B. 25 mm/s bei 0,2 mm).

Bild 1.1-14: Bolzen- und Schutzgasschweißen mit Doppelwerkzeug und 1D-Laserabstandsmeßsystem
a IR 161/15 (wandmontiert) beim Bolzenschweißen
b Schutzgasschweißbrenner, auf die Sitzschiene gerichtet. Sensor mit zweifachem Spritzerschutz

Der Laserabstandssensor und die von KUKA entwickelte Anpaßelektronik ist insbesondere für kurze Überlappnähte und I-Nähte im Dünnblechbereich geeignet. Bild 1.1-14 zeigt einen Anwendungsfall. Der Roboter IR 161/15 handhabt ein Doppelwerkzeug (Bolzenschweißgerät und MAG-Brenner). Der Sensor ermittelt den Positionsversatz der zu schweißenden Sitzschiene in zwei translatorischen Richtungen und legt auf diese Weise den Nahtanfangspunkt fest.

Hierzu wird der Roboter vom abstandsproportionalen Analogsignal des Meßkopfes in einer charakteristischen Position des Werkstücks auf einen exakten Abstand gesteuert. Der Roboter führt dann den Sensor mit Hilfe der Funktion "Bahnkorrektur" analog im genauen Abstand senkrecht zum Werkstück in linearer Bewegung über das Werkstück, bis dessen Kante erkannt wird. Dies geschieht über eine problemorientierte Signalaufbereitung mit Hilfe einer Anpaßschaltung und der Funktion "Schnelles Messen" der Robotersteuerung.

Für jeden Lageversatz ist eine spezielle Suchstrategie zu programmieren oder sind spezifische Punkte anzufahren. Das auf diese Weise korrigierte, relative Schweißprogramm "Verschweißen der Sitzschiene" wird dann vom Roboter exakt ausgeführt.

● **Laserscanner**

Laserscanner stellen eine Weiterentwicklung der abstandsmessenden Lasersensoren dar. Sie eignen sich prinzipiell zum Online-Verfolgen von Konturen und Strukturen und werden für das Nahtverfolgen beim Schutzgasschweißen verwendet.

Bild 1.1-15 zeigt das Funktionsprinzip des von KUKA eingesetzten Laserscanners. Der Sensorkopf ist vorlaufend vor dem Brenner montiert. Im Kopf ist zur Nahterkennung ein Laser sowie ein Halbleiter-Sensor (CCD-Liniendetektor) integriert. Das Meßprinzip ist das gleiche

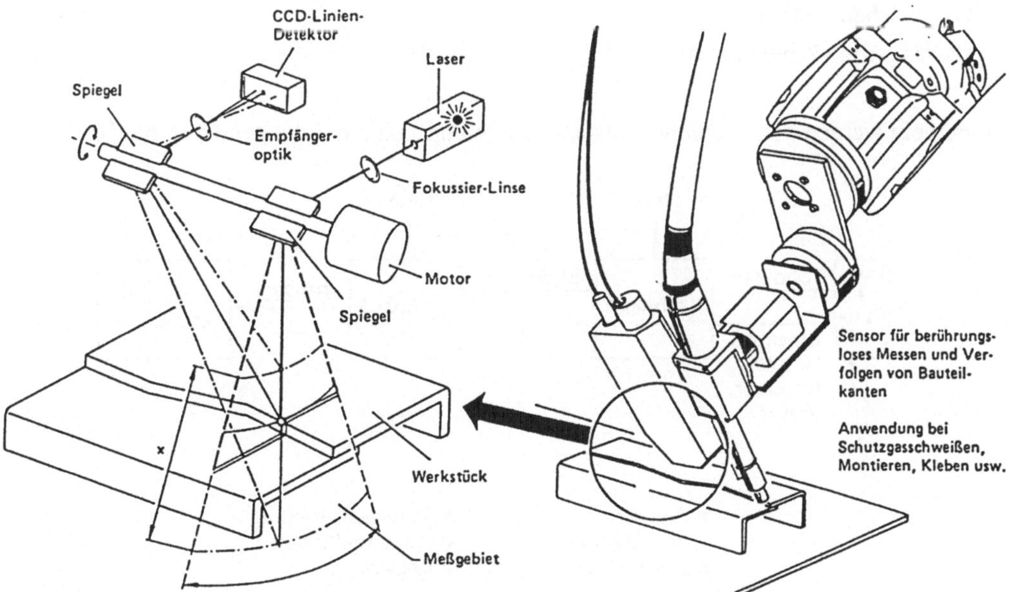

Bild 1.1-15: Laserscanner (Funktionsprinzip)

wie beim Laserabstandsensor. Ein Motor läßt zwei auf derselben Welle angebrachte Spiegel pendeln. Der erste Spiegel lenkt das Laserlicht links und rechts zur Naht aus, so daß quer zur Fuge ein Lichtstreifen projiziert wird. Der zweite Spiegel bildet den Lichtstreifen auf dem CCD-Liniendetektor ab. Je Abtastbewegung (z. B. 10 pro Sekunde) werden 256 Entfernungsmeßwerte abgespeichert. Die Lage der einzelnen Bildpunkte ist dem Abstand zur Blechoberfläche direkt proportional. Damit lassen sich über ein Bildauswertesystem sowohl der Abstand zur Bauteiloberfläche, der Nahtanfang, die Nahtmitte und das Nahtvolumen ermitteln.

Der Systemaufbau des Laserscanners ist in Bild 1.1-16 zu sehen. Der Laserkopf übergibt die vom CCD-Liniendetektor gemessenen Abstandswerte einem Mikrocomputer. Dieser führt eine Bildvorverarbeitung und eine Bildanalyse durch. Er ermittelt die exakte Lage des Fugenprofils, bezogen auf die Meßfeldmitte des Sensors.

Ein zweiter Rechner realisiert die Datenaufbereitung, die Bedienung und die Kommunikation mit der Robotersteuerung.

Die Datenaufbereitung ermittelt, ausgehend vom exakten Ist-Fugenprofil, die Abweichungswerte zur programmierten Bahn bzw. zu den Soll-Profilen.

Die Bedienung realisiert den Dialog zum Bediener, der die Parameter für die Schweißaufgabe beschreibt:

- Nahtform (Stirn-, Eck-, Überlapp-, Kehlnaht usw.)
- Spaltbreite
- Materialdicke
- Winkel
- Oberflächenrauhheit
- Störungsfreie Zone u. a. m.

Außerdem werden dem Bediener Zustandswerte und Fehlermeldungen übermittelt.

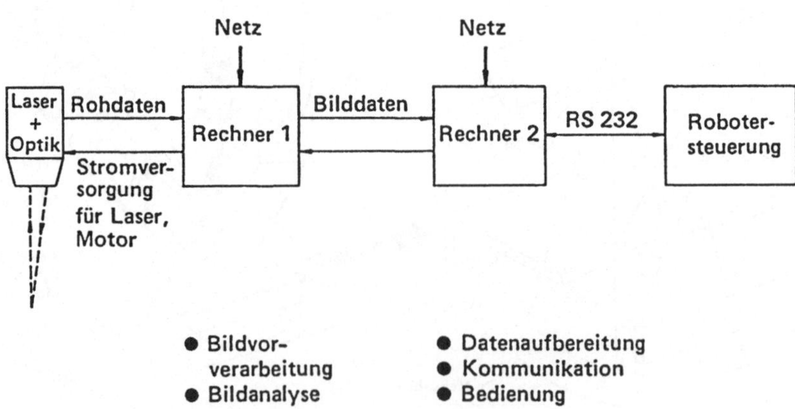

Bild 1.1-16: Laserscanner - Robotersteuerung (Systemaufbau)

Der Laserscanner ist über eine serielle V.24-Schnittstelle mit der Robotersteuerung gekoppelt. Die Datenübertragung wird über eine standardisierte Prozedur abgewickelt. Hierzu übergibt die Robotersteuerung am Beginn des Schweißens den Parametersatz für die Schweißaufgaben und während des Schweißens die aktuelle Bahngeschwindigkeit. Der Lasersensor liefert online Korrekturwerte für Seite, Höhe und Geschwindigkeit.

Technische Daten des von KUKA eingesetzten Laserscanners:

Nahtgeometrien	siehe Bild 1.1-17
Laserleistung	ca. 1 mW
Anzahl der scan/s	2,5, 5, 10
scan-Winkel	10°, 14°, 20°, 28°, 40°
Schnittstelle zum Roboter	RS 232 (2400 Baud)
Arbeitstemperatur	+5 bis +50°C
Kamera-Kühlmedium	Dest. Wasser oder Glycol, 25 bis 35°C, 5 l/min
Gas für Schutz des optischen Fensters	Trockene Luft, CO_2 oder Argon, ca. 10 l/min
Tiefenmeßbereich	60 mm (von 80 bis 140 mm)
Auflösung	Seite: 0,2 mm, Höhe: 0,3 mm
Frequenz der Entfernungsmessungen	2500 Hz
Meßpunkte pro scan	200 bei 10 scan/s 400 bei 5 scan/s 800 bei 2,5 scan/s

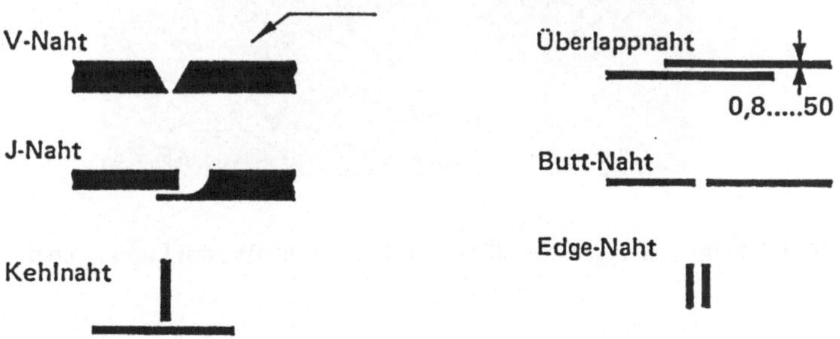

Bild 1.1-17: Mögliche Nahtformen für den Einsatz des Laserscanners

Die vom Sensor gegenwärtig erfaßbaren Nahtformen zeigt Bild 1.1-17.

Bild 1.1-18 zeigt den Kopf des Laserscanners, Bild 1.1-19 sensorgeführtes Schweißen mit Laserscanner.

Bild 1.1-18: Schutzgasschweißdüse und Laserscanner an der Roboterhand

Bild 1.1-19: IR 161/15 beim Schutzgasschweißen von Dünnblechteilen mit Laserscanner

● **Lasersensor MetaTorch**

Der Lasersensor System MetaTorch ist eine sehr elegante und kompakte Form des Lasersensors. Obwohl er in erster Linie besonders für das sensorgeführte Schutzgasschweißen gedacht ist, kann er auch für andere Anwendungen verwendet werden. Dazu verfolgt er Fügestellen und Konturen und korrigiert Abweichungen online.

Das Funktionsprinzip, im Bild 1.1-20 dargestellt, beruht auf dem Lichtschnittverfahren, bei dem das Licht zweier feststehender Halbleiterlaser durch entsprechende Optik in einen Lichtstrich verwandelt wird. Dieser wird auf die zu verfolgende Struktur projiziert, und eine parallel zur Brennerachse angeordnete CCD-Kamera erfaßt die Bauteilkonturen. Das für die zu verfolgende Naht typische Strichbild wird im 50 Hz-Zyklus von einer elektronischen Vorverarbeitung aufbereitet und über Bildspeicher einem Mikroprozessor 68000 zugeführt. Software, die in ihrer Struktur auf schnellste Bildverarbeitung zugeschnitten ist, berechnet Korrekturwerte im 20- bis 35-Hz-Takt. Diese werden an einen zweiten 68000-Rechner weitergegeben, der außer statischer Berechnung auch die nötigen Transformationen und die Kommunikation mit der Robotersteuerung durchführt. Die Systemarchitektur und die verwendeten Nahtverfolgungsalgorithmen gewährleisten nicht nur Nahtfinden, Nahtverfolgen, Volumen- und Spalterkennung bzw. Berechnung und Erkennung von Heftnähten und Nahtende, sondern auch ein korrektes Sensorverhalten bei stark im Raum gekrümmten (Schweiß-) Nähten.

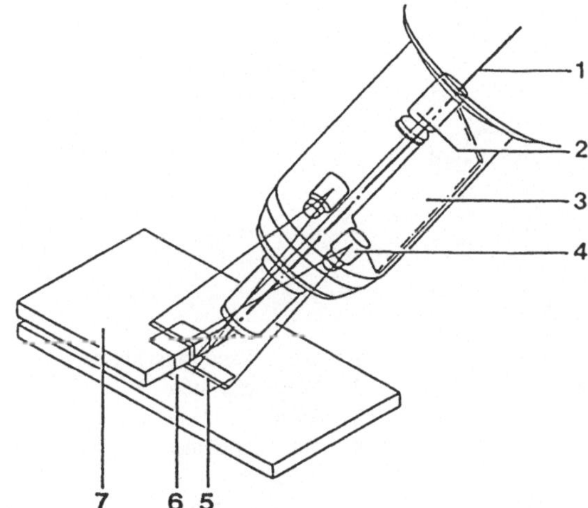

Bild 1.1-20: Funktionsprinzip des Laserlichtschnittverfahrens

Der von KUKA eingesetzte MT201-Lasersensor (Bild 1.1-21) ist konzentrisch um den Schweißbrenner angeordnet und verfügt über eine Drehachseneinheit, die die Sensorkamera in die vorlaufende Position dreht. Dadurch wird gewährleistet, daß alle Roboterachsen zur optimalen Brennerposition herangezogen werden können.

Der Sensorkopf besteht nur aus Halbleiterkomponenten und ist, da er keinerlei bewegliche Teile enthält, äußerst robust. Den Sensoraufbau zeigt Bild 1.1-22.

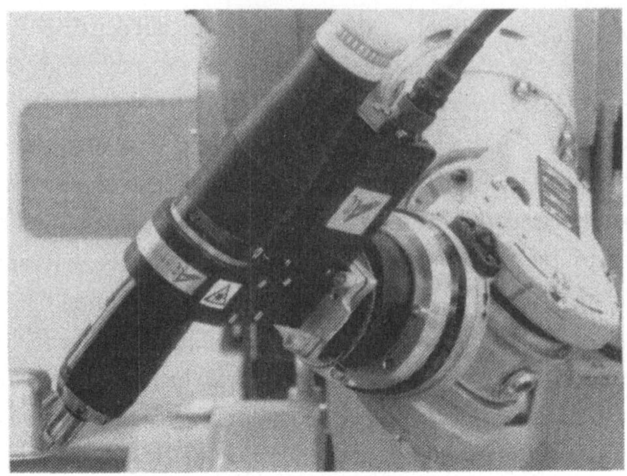

Bild 1.1-21: Lasersensor mit integriertem Schweißbrenner an der Roboterhand

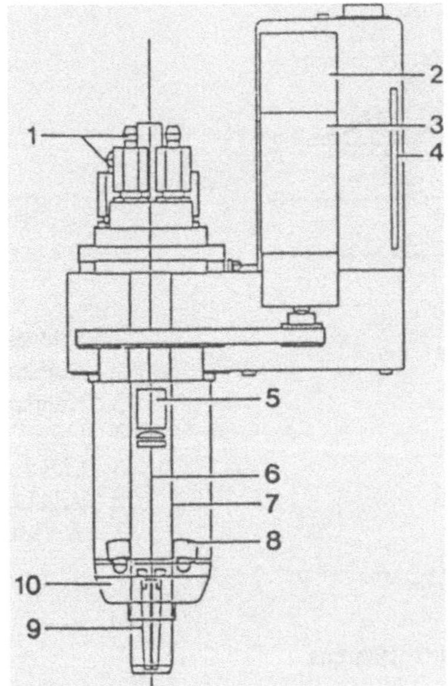

1 Gas-, Wasseranschlüsse
2 Wegmeßsystem
3 Motor
4 Kameraplatine
5 Kamera
6 Schweißdraht
7 Schweißbrenner
8 Laserdiode
9 Kontaktrohr
10 Gasverteiler

Bild 1.1-22: Aufbau eines MetaTorch-Lasersensors

Die Lasersensor-Ansteuerung ist in Bild 1.1-23 beschrieben. MetaTorch-Bildauswertungs-elektronik und -Rechner übernehmen die rohen Sensordaten und senden Korrekturwerte über eine V.24-Schnittstelle an die Robotersteuerung in Echtzeit. Unter Berücksichtigung der vom Sensor bereitgestellten prozeßbedingten Werte, z. B. Spaltbreite und Volumen, wird die Schweißstromquelle angesteuert. Zusätzlich kann die Bahngeschwindigkeit des Roboters auf

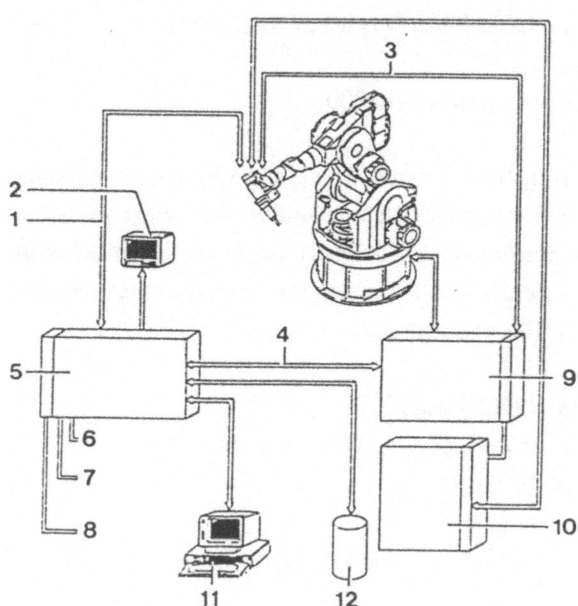

Bild 1.1-23: Lasersensor-Ansteuerung und Kopplung mit der Robotersteuerung

Grund dieser Daten verändert und gegebenenfalls in eine Pendelbewegung übergegangen werden. Die Sensordrehachse wird als Zusatzachse von der Robotersteuerung angetrieben.

Außer dem abgebildeten MT201-Lasersensor (für Schweißströme bis 250 A) verwendet KUKA auch den MT500 (für Schweißströme bis 700 A) und die MTIG-Version, die man für Verfahren braucht, bei denen höchste Bildauflösung benötigt wird (z.B. für WIG-Schweißungen).

Bild 1.1-24 zeigt Bilderkennung und -analyse des Lasersensors.

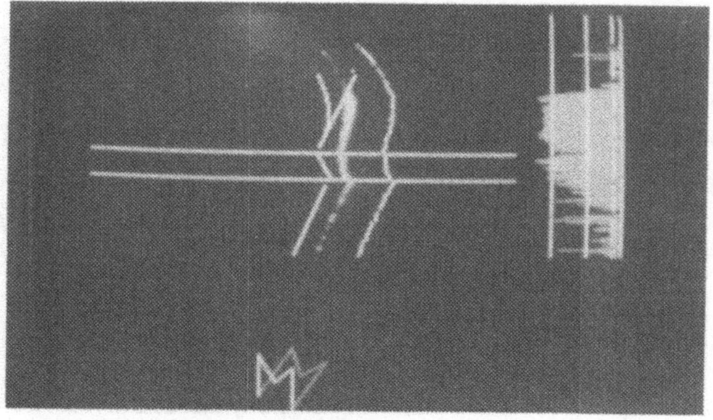

Bild 1.1-24: Bilderkennung und -analyse im Lasersensor

Technische Daten der von KUKA eingesetzten MetaTorch-Lasersensoren:

Rechner: 2 Mikroprozessoren (68000)

Softwarefunktionen: Nahtfinden, Nahtverfolgen in Echtzeit, Spalt- und Volumenberechnung in Echtzeit (adaptive Schweißvolumenfüllung möglich); Schweißbrenner wird immer in optimaler Orientierung geführt, richtiger Höhenabstand gewährleistet; Ansteuerung der Schweiß-prozeßparameter über Robotersteuerung, durch die Ansteuerung der Kameradrehachse geht kein Freiheitsgrad des Roboters zur Sensorführung verloren.

Schnittstelle zum Roboter: RS 232 (9600 Baud)
Gas für Schutzgas: Trockene Luft, CO_2, Argon (o.ä.), ca. 2 l/min.
Nahtgeometrien: siehe Bild 1.1-25

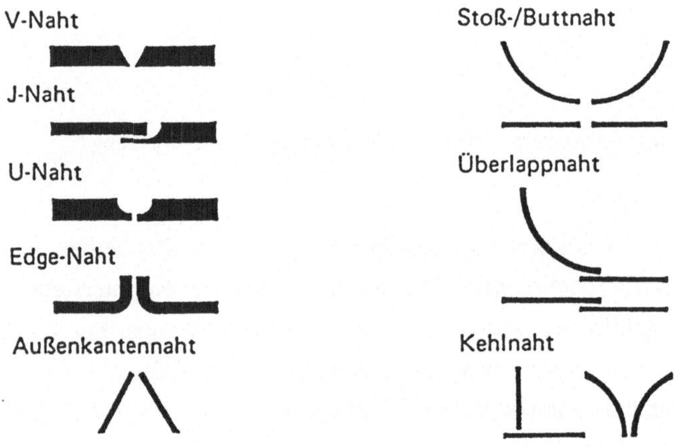

Bild 1.1-25: Mögliche Nahtformen für den Einsatz des Lasersensors

- **MT500:**

  Gewicht: 2,7 kg
  Bildfangoptionen: 8, 12, 16 mm
  Nahtverfolgungsgenauigkeit (typisch):   +/- 0,4 mm
  Auflösung: 0,3 mm (Höhe), 0,2 mm (Seite)

- **MT500:**

  Gewicht: 3,3 kg
  Bildfangoptionen: 25, 35, 55 mm
  Nahtverfolgungsgenauigkeit (typisch):   +/- 0,8 mm
  Auflösung: 0,6 mm Höhe, 0,4 mm Seite

● MTIG:

Gewicht:	1,1 kg
Bildfangoptionen:	4, 8, 16 mm
Nahtverfolgungsgenauigkeit (typisch):	+/- 0,08 mm
Auflösung:	0,06 mm (Höhe), 0,04 mm (Seite)

1.1.4   Sensoren für Montage und Handhabung

1.1.4.1 Übersicht

Bild 1.1-26 gibt einen Überblick über Sensoren für Montage und Handhabung.

Taktile Sensoren (vgl. Abschnitt 1.1.3.2.1), Taster, Taststifte werden teilweise zum Suchen von Werkstückkanten und Bauteillagen sowie als Abschaltsicherung (Abschalten bei einer Grenzkraft) eingesetzt.

Tastmatrizen erfassen die Kraftverteilung auf Oberflächen und Strukturen und ermöglichen Aussagen über Teilemerkmale und Teilelagen. Sie wurden bisher nur sehr selten verwendet und befinden sich noch im Prototypstadium. Häufig kann ein visueller Sensor die Aufgaben besser lösen.

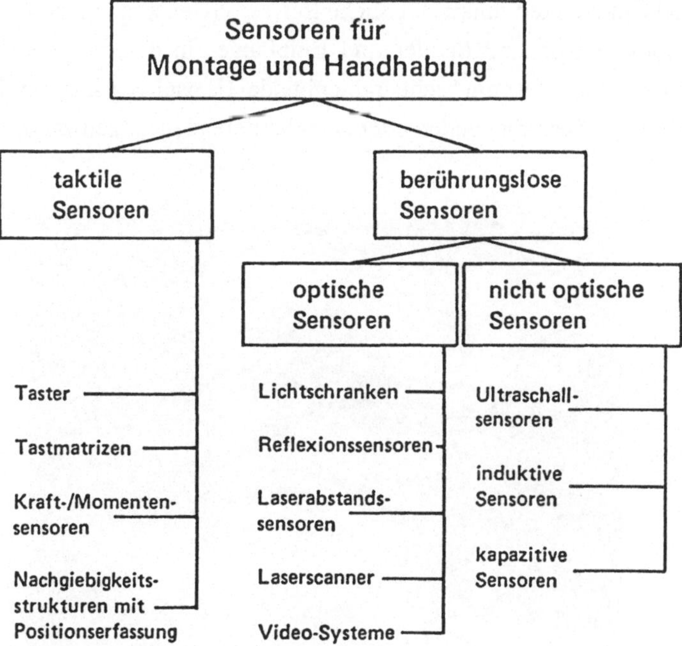

Bild 1.1-26: Sensoren für Montage und Handhabung

Ein- bis zweidimensionale Kraft-/Momentensensoren werden heute in der Montage häufig eingesetzt. Hauptsächlich überwachen sie Grenzfügekräfte oder stoppen die Roboterbewegung bei Erreichen der programmierten Kraft.

Nachgiebigkeitsstrukturen sind für das Fügen sehr wesentlich. Die Toleranzen werden über elastische Aufhängungen ausgeglichen. Hiermit ist ein schneller Fügevorgang erreichbar.

Die Klasse der eindimensionalen berührungslosen Sensoren wie Lichtschranken, Ultraschallsensoren, induktive Sensoren, kapazitive Sensoren oder Laserabstandsensoren werden im Zusammenhang mit Robotern, Montagestationen und Montageanlagen häufig eingesetzt, und zwar für Anwesenheitskontrolle und Abstandsmessung. Demgegenüber werden die mehrdimensionalen Sensoren, nämlich Laserscanner und Video-Systeme, wesentlich weniger verwendet. Ein zunehmender Einsatz ist jedoch zu erwarten.

Im folgenden sollen die von KUKA hauptsächlich eingesetzten Sensoren näher behandelt werden.

1.1.4.2 Eindimensionale berührungslose Sensoren für die Montage

● **Reflexionssensoren**
Je nach Applikation, also je nach Einbauverhältnissen, zu messendem Material, Oberflächenstruktur des Materials und Materialgeometrie, werden hinsichtlich Bauart, Reichweite, Arbeitsbereich und Genauigkeit unterschiedliche Reflexionssensoren eingesetzt.

Beim Reflexionssensor sind Sender und Empfänger in einem gemeinsamen Gehäuse angeordnet. Der Sender richtet ein Lichtstrahlenbündel (je nach Sensortyp z. B. Weißlicht, Infrarotlicht) auf den zu überwachenden oder zu detektierenden Gegenstand, welches von dort

Bild 1.1-27: Reflexionssensor zum Finden der Scheibenöffnung in der Pkw-Karosserie

(abhängig vom Reflexionsgrad der Meßgutoberfläche) reflektiert und vom Empfänger erkannt wird. Dieser gibt ein Signal ab, das entweder im Reflexionssensor (mit eingebautem Signalverstärker) oder extern im Signalverstärker zu einem analogen oder entsprechenden Signal (meist Gleichspannung 10 - 30 V) umgeformt wird. Dieses Signal dient als Unterbrechungsereignis für die Funktion "Schnelles Messen" in der Robotersteuerung.

Bild 1.1-27 zeigt drei unterschiedliche Reflexionssensoren zum Grob- und Feinsuchen eines Pkw-Fensterausschnittfalzes sowie zum Abstandsuchen beim Scheibenfügen.

In Bild 1.1-28 ist einer von zwei Reflexionssensoren (Bildmitte) zu sehen. Diese dienen bei der Applikation "Heckklappenmontage" zum Suchen des Karosserieausschnittes in translatorischer Y-Richtung. Aufzufinden ist jeweils die Kante links und rechts an der Seitenwand. Die Robotersteuerung speichert jeweils die ermittelte Istposition ab und berechnet die neue, korrigierte Fügeposition.

Bild 1.1-28: Induktive und Reflexionssensoren zum Suchen des Heckdeckelausschnitts an einer Pkw-Karosserie

● Induktive Sensoren

Sobald eine Speisespannung an einem induktiven Näherungssensor angeschlossen ist, wird der speziell ausgelegte und aufgebaute Oszillator angeregt und schwingt. Aus der Schwingkreisspule tritt ein konzentriertes und gerichtetes Feld aus.

Taucht ein ferromagnetischer Körper in dieses Feld ein, dann wird die Schwingung des Oszillators unterbrochen. Dies hat zur Folge, daß sich die Stromaufnahme ändert. Der Unterschied der Stromaufnahme zwischen schwingendem und nicht schwingendem Oszillator wird in einem nachgeschalteten Schaltverstärker zum Auslösen eines definierten Schaltpunktes ausgenutzt.

Bild 1.1-28 zeigt unter anderem induktive Näherungssensoren, die im Anwendungsfall "Heckklappenmontage" zur Erfassung des Karosserieversatzes in Höhe und Transportrichtung eingesetzt werden. Da jeweils von ein und derselben Richtung gesucht wird, ist die

Reproduzierbarkeit des Schaltsignals für die Meßgenauigkeit entscheidend. Als Schnittstelle zur Robotersteuerung dienen frei programmierbare, interruptfähige Eingänge. Als Funktion ist die Unterbrechungsfunktion "Schnelles Messen" notwendig. Bild 1.1-29 zeigt den Greifer für die Applikation "Türenmontage". Hier werden drei induktive Näherungssensoren zur Erfassung des translatorischen Versatzes in X-, Y- und Z-Richtung eingesetzt. Detektiert werden entsprechende Referenzflächen an der Karosserie im Bereich des Türausschnitts. Die Istposition wird wiederum mittels Unterbrechungsfunktion von der Robotersteuerung ermittelt, und das Fügeprogramm wird entsprechend korrigiert.

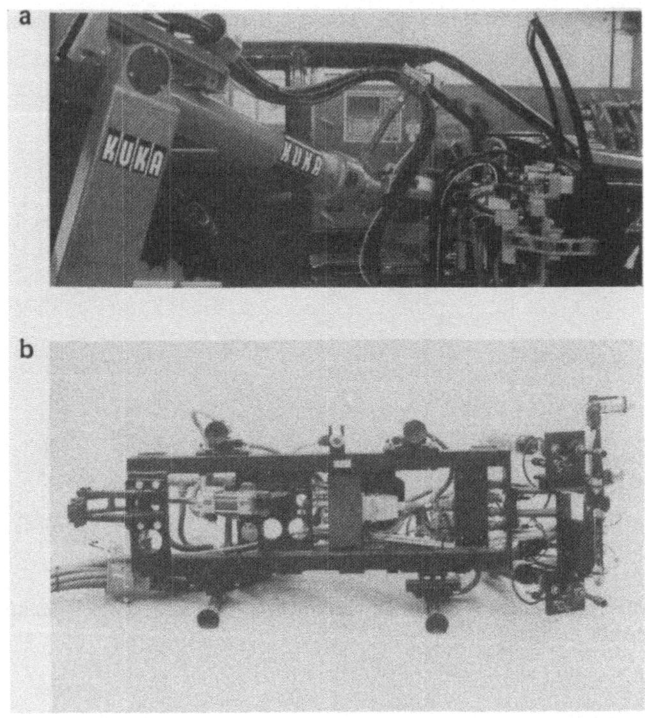

Bild 1.1-29: Induktive Näherungssensoren zum Auffinden der Karosserie-Istposition
(über Referenzflächen am Türausschnitt), integriert im Spezialgreifer für Türmontage
a   Montagesituation
b   Spezialgreifer

● Ultraschallsensoren

Man unterscheidet diese Sensoren nach dem angewandten Prinzip (Echolot- oder Interferenzprinzip).

Die Geräte nach dem Echolotprinzip arbeiten mit nur einem Wandler zum Senden und Empfangen. Ein Schallimpuls wird ausgesandt, an der Meßgutoberfläche des Zielobjektes reflektiert und vom gleichen Wandler wieder empfangen, verstärkt und ausgewertet.

Bei Sensoren nach dem Interferenzprinzip wird die Phasenverschiebung zwischen gesendetem und reflektiertem Signal ausgewertet. Bei diesem Meßprinzip kann ein Dauerstrichsignal gesendet werden. Im Gegensatz hierzu müssen beim Echolotprinzip (Laufzeitmessung) Frequenzimpulse gesendet werden.

Der Ultraschallsensor (Bild 1.1-30) dient zur Erfassung von Gegenständen und zur Messung von Abständen. Er läßt sich auch als Näherungsschalter einsetzen. Erfassung und Messung erfolgen in einem definierten Bereich. Der besondere Vorteil des Sensors liegt darin, daß sich Schaltpunkte einstellen lassen. In Verbindung mit einem Roboter wird damit eine gezielte Reaktion ermöglicht, sobald ein definierter Abstand zu einem Körper erreicht ist.

Der gemessene Abstand kann durch Zusatzgeräte als binär- oder BCD-kodiertes oder Analogsignal ausgegeben werden.

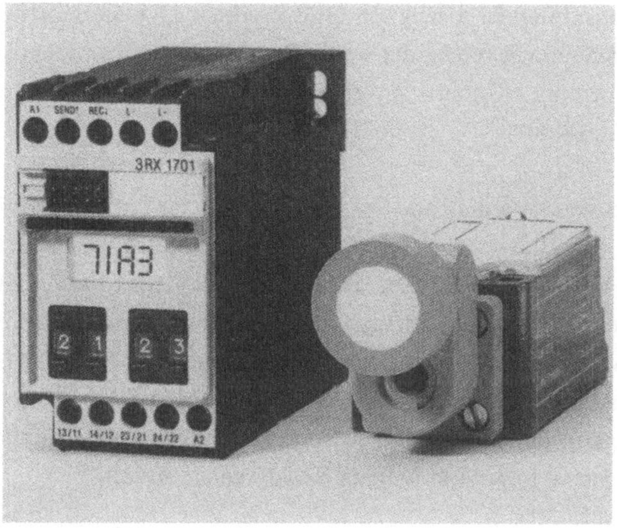

Bild 1.1-30: Ultraschallsensor

● 1D-Laserabstandsmeßsystem

Für das berührungslose genaue Messen von Abständen und das Detektieren von Bauteilkanten können Lasersensoren eingesetzt werden, die nach dem Triangulationsprinzip arbeiten. Das abstandsproportionale Analogsignal ermöglicht das Erfassen von Bauteil- und Aufspanntoleranzen von Werkstücken (z. B. Karosserien, siehe Abschnitt 1.1.3.2.3, "1D-Laserabstandsensor").

1.1.4.3 Visuelle Sensoren

Folgende Aufgaben können im Rahmen der Montage und Handhabung von visuellen Sensoren übernommen werden:

- Identifizieren von Werkstücken und Montageteilen
- Bestimmung von Lage und Orientierung bei Teilen (Objekten)
- Errechnen von Korrekturwerten für Lage, Orientierung und Geschwindigkeit
- Externe Positionsvermessung

Es lassen sich zwei Arten von visuellen Sensoren unterscheiden:

- Binärbildverarbeitende visuelle Sensoren mit festem Funktionsumfang. Aufgrund des festen Funktionsumfanges bezüglich Bildverarbeitung und Bedienung ist eine relativ einfache Handhabung gegeben, die wenig Spezialwissen über höhere Computersprachen und Bildverarbeitung erfordert. An nicht vorgesehene oder komplexe Aufgaben ist der Sensor nicht anpaßbar.

- Binär- und grauwertverarbeitende Sensoren mit höherer Programmiersprache. Sie sind im Befehlsumfang um Bildverarbeitungsfunktionen erweitert. Der Anwender hat die Möglichkeit, auf der Basis der gegebenen Bildverarbeitungsfunktionen (Bibliothek) oder mit selbstentwickelten Bildverarbeitungsfunktionen eine spezifische Applikation mit spezifischer Bedienoberfläche oder spezifischen Kopplungen zu entwickeln. Das Anwendungsgebiet dieser Sensoren ist umfassender. Sie können speziell an die jeweilige Aufgabe angepaßt werden. Dafür erforderlich sind jedoch Softwarespezialisten mit Kenntnissen in Bildverarbeitungsfunktionen. Eine Einarbeitung ist sehr zeitaufwendig.

Im folgenden werden die visuellen Sensoren prinzipiell behandelt und Applikationen vorgestellt:
Neben dem Funktionsumfang eines Sensors ist auch dessen Bildauswertezeit von Bedeutung. Überwiegend mit Hardware aufgebaute Bildverarbeitung ist sehr schnell, jedoch nicht anpaßfähig. Häufig sind die binärbildverarbeitenden Sensoren mit Hardware realisiert. Mit Software realisierte Bildverarbeitung ist sehr flexibel, jedoch im Vergleich zu Hardwarelösungen relativ langsam. In vielen Fällen sind die binärbild- und grauwertverarbeitenden Sensoren mit höherer Programmiersprache vorwiegend durch Software verwirklicht.

1.1.4.3.1 Binärbildverarbeitende visuelle Sensoren

Die technischen Daten eines typischen Sensors dieser Gruppe zeigt Bild 1.1-31. Der Sensor besteht aus vier Einheiten, nämlich Kamera, Auswerte-Elektronik, Bedieneinheit und Monitor.

● **Kamera**

Gegenwärtig werden vorwiegend Halbleiterkameras eingesetzt. Sie zeichnen sich durch robusten Aufbau, kleine Abmessungen und gute optische Qualität aus. Darüber hinaus haben sie folgende Vorteile:

- Kein Geometriefehler bei der Bildabtastung
- Quadratische Pixel-Anordnung im Meßfeld
- 50 Halbbilder pro Sekunde
- Freie Objektivwahl
- Wahlweise Hand- oder Festmontage der Kamera

● **Auswerte-Elektronik**

In der Auswerte-Elektronik wird das Kamerasignal zunächst zu einem Binärbild vorverarbeitet. Dazu stehen je nach Aufgabe wahlweise zur Verfügung:

- Schwellwertoperator
  mit Herauslösung des Objektes durch frei einstellbare obere Kontrastschwellen, um kontrastreiche Teile zu behandeln.

- Hüllkurvendiskriminator
  mit Herauslösung des Objektes durch helligkeitsadaptive Kontrastschwellen; dadurch werden auch ungleichmäßig beleuchtete Teile erkannt.

- Kantendetektor
  mit Herauslösung des Objektes durch Erkennen der Kontur anhand der Kantensprünge; dies ermöglicht die Identifizierung von Teilen, die sich nur schwach vom Hintergrund abheben, deren Kanten aber deutlich hervortreten.

Damit ist eine gewisse Anpassung an die Aufgabenstellung möglich. Die Objekte werden im Binärbild durch Vergleich ihrer Merkmale - z. B. Form, Fläche, Anzahl und Lage von Löchern - identifiziert. Dabei erledigt die Auswerte-Elektronik folgende Aufgaben:

- Ermittlung von Flächenschwerpunkt und Drehlage
- Hintergrundspeicherung; sie ermöglicht Eliminierung von Kontraststörungen durch Subtraktion des Hintergrundes
- Greifbarkeitsprüfung

- Kameramultiplexing für den Anschluß von maximal vier Kameras
- Lauflängencodierung
- Fehlermeldungen an die Robotersteuerung
- Schnittstelle zur Blitzeinrichtung

● **Bedieneinheit**

Über die Bedieneinheit erfolgt die Bedienung des visuellen Sensors. Um mit einem Roboter zusammenarbeiten zu können, muß der visuelle Sensor geeicht werden. Danach können die zu identifizierenden Teile in die Auswerte-Elektronik eingelernt werden. Besondere Merkmale der Bedienung sind:

- Bedienung über handliches Bediengerät
- Bedienerführung über Monitor
- Einblendung der ermittelten Daten auf dem Monitor
- Einfaches Eichen des Sensorkoordinatensystems auf das kartesische Koordinatensystem der Robotersteuerung mittels spezieller Eichfunktion
- Bediengerät und Monitor können nach dem Einrichten abgezogen werden.

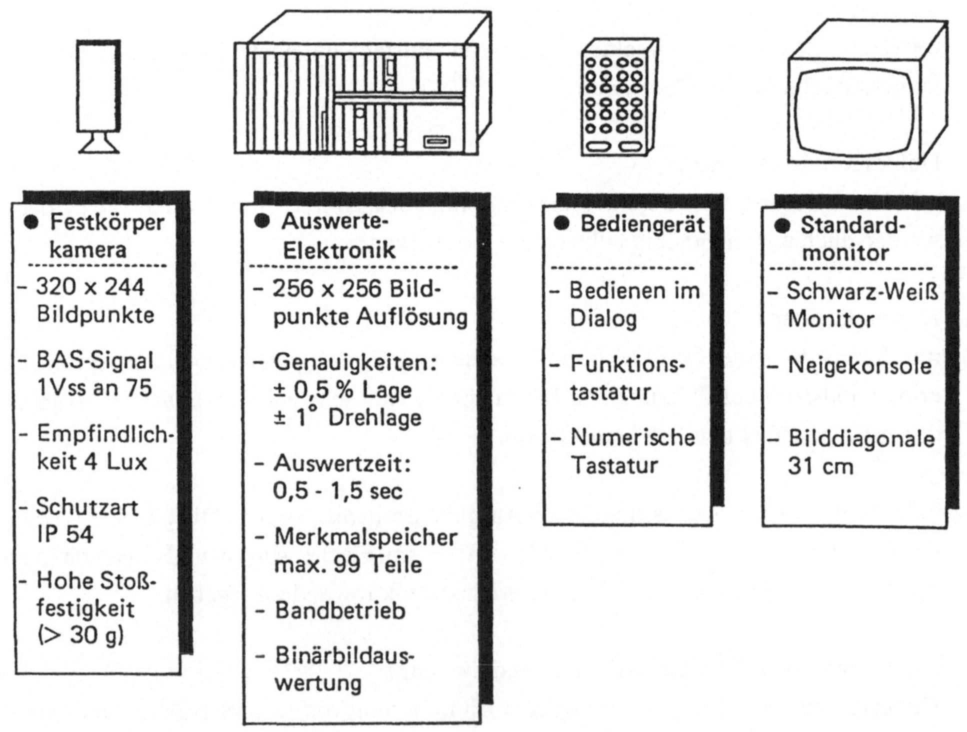

Bild 1.1-31: Technische Daten eines binärbildverarbeitenden Sensors

● **Monitor**

Auf dem Monitor wird das Fernsehbild und das durch die Vorverarbeitung gewonnene Binärbild dargestellt. Als Schrifteinblendung können die ermittelten Daten (Nummern der erkannten Teile, Position der Flächenschwerpunkte, Drehlage) und die für die Bildverarbeitung und Merkmalerkennung eingestellten Parameter abgelesen werden. Über eine Einblendung am linken Bildschirmrand ist die eingestellte Kontrastschwelle ablesbar.

In Bild 1.1-32 ist der prinzipielle Ablauf einer Bildaufnahme und Bildanalyse gezeigt. Vom Grauwertbild wird entsprechend der eingestellten Binärisierungsschwelle ein Binärbild erzeugt und im Bildspeicher abgelegt. Das von der Halbleiterkamera aufgenommene aktuelle Bild oder der Bildspeicherinhalt kann auf dem Monitor dargestellt werden.

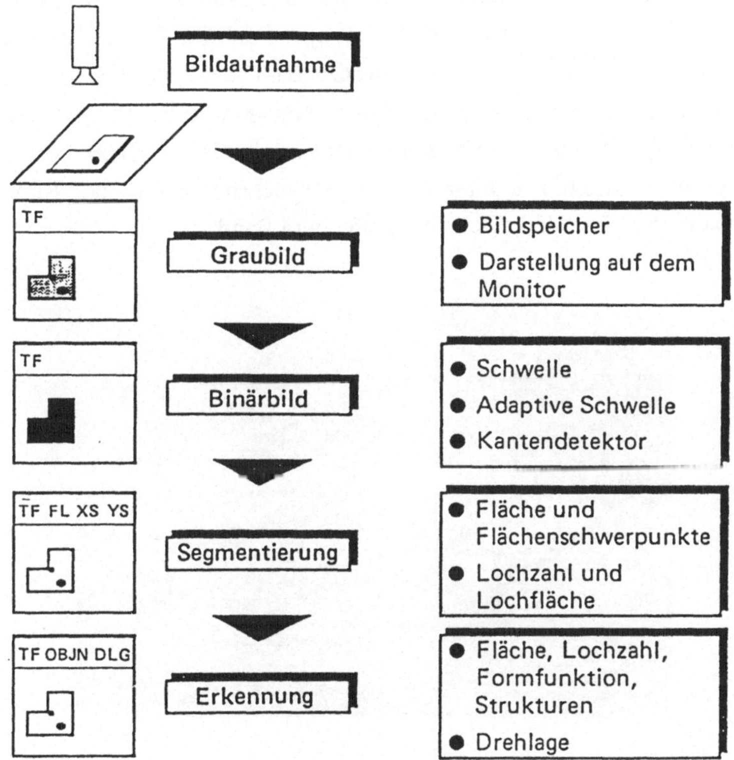

Bild 1.1-32: Arbeitsweise eines binärbildverarbeitenden Sensors

Mit der Histogrammanalyse kann der Schwellwert automatisch an veränderte Lichtverhältnisse angepaßt werden. Dadurch wird die Erkennungssicherheit erhöht. Bei schlecht ausgeleuchteten Bildszenen, bei geringen Kontrasten zwischen Teil und Hintergrund können mit dem Kantendetektor die Objektkanten aufgrund von Grauwertsprüngen (die Schwelle ist einstellbar) erfaßt und binärisiert werden. Die Objektkonturen erscheinen also als weiße oder bei Invertierung als schwarze Linien. Mit Hilfe der Auffüllfunktion wird dann die Fläche innerhalb der Objektkanten binärisiert und so das Objekt vollständig dargestellt.

Bei segmentierten Teilen werden die Fläche und der Flächenschwerpunkt ermittelt, ebenso die Anzahl der Löcher und die Lochfläche der einzelnen Teile. Die Erkennung erfolgt über den Vergleich von Fläche, Lochzahl, Form (in beliebiger Kombination) oder Strukturen von eingelernten Teilen. Bei Anforderung wird die Drehlage des erkannten Teils, bezogen auf die Lage des eingelernten Teils, ermittelt.

Der in diesem Abschnitt beschriebene Sensor wurde für das Greifen von ungeordnet auf Bändern bereitgestellten Bauteilen eingesetzt (Bild 1.1-33). Die Werkstücke durchlaufen in nicht definierter Position und Orientierung den Sichtbereich der Kamera. Mit der Bildaufnahme wird ein Bandzähler gestartet, der dem Roboter die Position des Werkstücks trotz unterschiedlicher Bandgeschwindigkeit über die "Conveyor-Funktion" aktuell mitteilt. Im Sensorrechner werden das Video-Bild ausgewertet, die Objekt-Typenklasse erkannt und die exakten Lage- und Orientierungsdaten ermittelt. Die Berechnungen im Sensor erfolgen über Binär-Verarbeitung. Die Daten werden der Robotersteuerung zur richtigen Positionierung des Greifwerkzeugs übermittelt. Die Funktion "Bandsynchronisation" der Robotersteuerung ermöglicht das Greifen des Werkstücks bei laufendem Band.

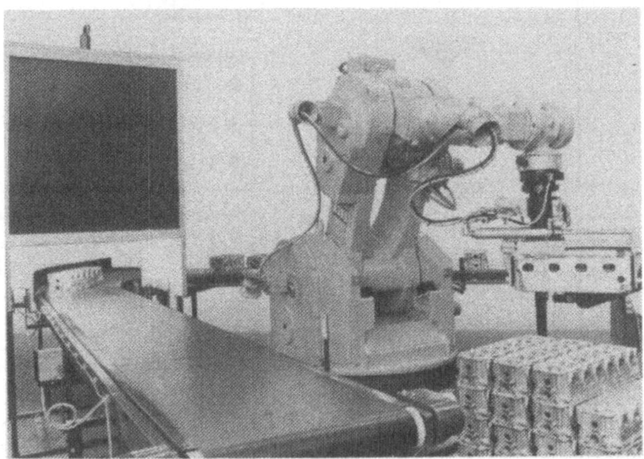

Bild 1.1-33: Greifen und Palettieren von Zylinderköpfen mit binärbildverarbeitendem visuellem Sensor (links)

Ein weiteres Beispiel für den Einsatz eines binärbildverarbeitenden visuellen Sensors ist das automatische Montieren der Räder in der Pkw-Fertigung mit Robotern und visuellen Sensorsystemen (Bild 1.1-34). Die großen Positionstoleranzen der Radnaben, die nicht definierte Drehlage des Lochbildes und der kontinuierliche Bandbetrieb stellen hohe Anforderungen an die Sensortechnik.

Die Darstellung zeigt eine Radmontageanlage, die in die Produktion eingebaut ist und täglich bis zu 5.600 Räder, das entspricht 1.400 Pkw, montiert.

Bild 1.1-34: Automatische Radmontage mit binärbildverarbeitendem visuellem Sensor
    a Montagestation   c Binärbild
    b Grauwertbild   d Ausgewertetes Binärbild

Die Anlage besteht auf beiden Seiten des Bandes aus

- je einem Radzuführsystem mit integrierter Einrichtung zum automatischen Einlegen der Befestigungsschrauben in die Felge,
- je einem Roboter, ausgerüstet mit einem im Radgreifer integrierten Mehrfachschrauber,
- je einem Sensorsystem mit Video-Kamera und binärbildverarbeitendem Sensorrechner, der die Korrekturwerte für das Roboter-Bewegungsprogramm ermittelt

sowie einem gemeinsamen Trackingsystem für die Karosserie mit eingebautem Synchronisiergeber für die Kopplung der Roboter an den kontinuierlichen Bandbetrieb.

Die Nabenbilder werden vom Sensor binarisiert und gefiltert, und es werden Position, Fläche und Konturlänge aller Bildkomponenten berechnet. Über ein geometrisches Modell des Lochbildes werden alle Bildkomponenten aussortiert, die nicht mit den Schraubenlöchern identisch sind. Aus der Position der Schraubenlöcher werden Lage und Verdrehung der Naben berechnet.

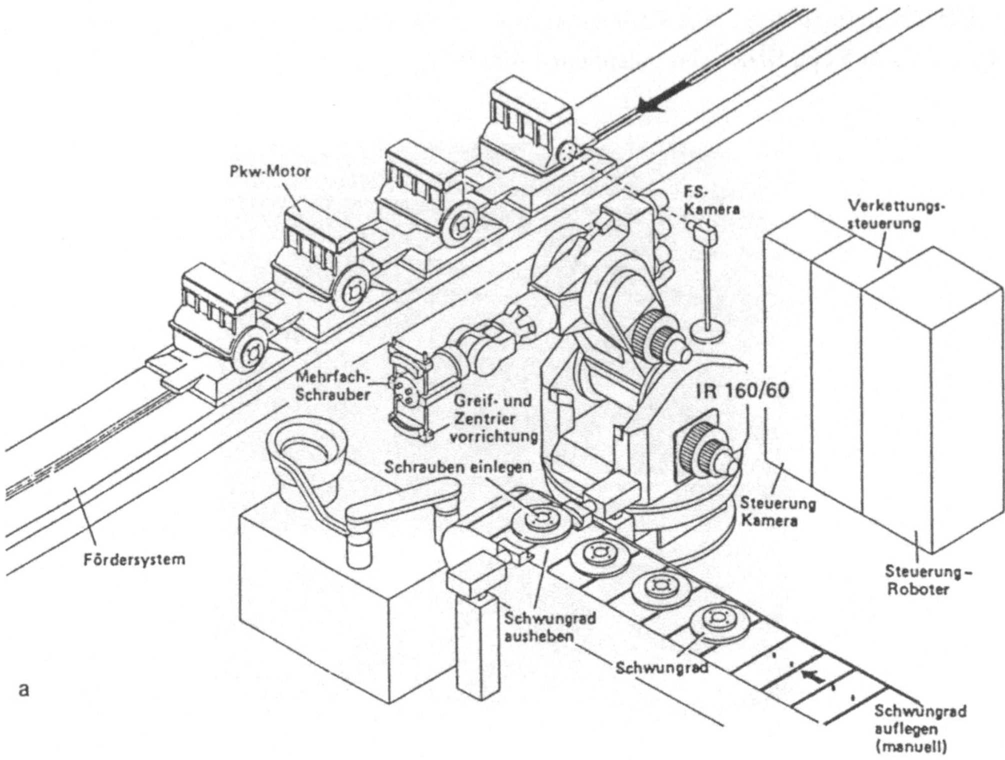

b

Bild 1.1-35: Automatische Schwungradmontage mit binärbildverarbeitendem visuellem Sensor
a Layout
b Montagestation

Während einer Zykluszeit von 36 s werden in dieser Anlage beidseitig Vorder- und Hinterrad montiert. Die Verschraubung erfolgt drehmoment- und drehwinkelüberwacht. Ein mit der Anlage gekoppelter Drucker dokumentiert jede der 16 Verschraubungen, so daß eine sofortige Kontrolle über die Qualität der Verschraubung in den Fertigungsprozeß einfließt.

Ein weiteres Anwendungsbeispiel zeigt Bild 1.1-35. Ähnlich wie bei der automatischen Radmontage erfaßt auch bei der Schwungradmontage ein binärbildverarbeitender Sensor das Lochbild der Kurbelwelle und liefert dem Roboter Koordinaten, so daß dieser das Schwungrad fügen und festschrauben kann.

1.1.4.3.2 Komplexe visuelle Sensoren mit Grauwertverarbeitung

Bild 1.1-36 zeigt die Funktionen eines komplexen visuellen Sensors mit Grauwertverarbeitung.

Das Sensorsystem besitzt eine Pascal-ähnliche Programmiersprache. Sie wurde um komplexe Bildverarbeitungsbefehle und -funktionen erweitert, die der Anwendungsentwickler be-

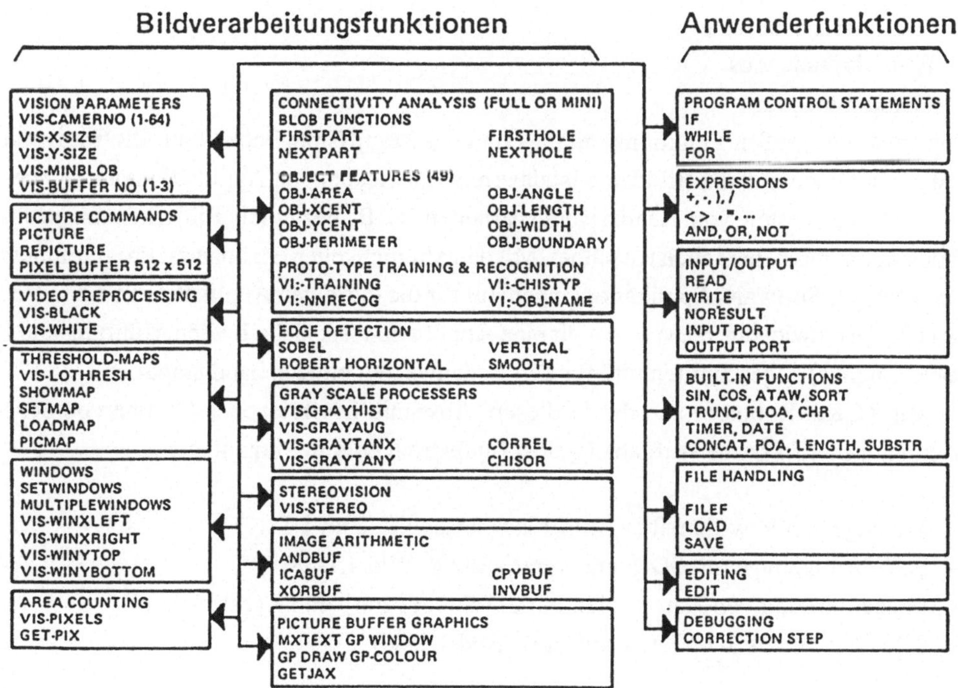

Bild 1.1-36: Funktionen eines komplexen visuellen Sensors (grauwertverarbeitend, frei programmierbar)

nutzen kann. Zu den Bildverarbeitungsfunktionen zählen

- Einstellung des visuellen Sensors für die Bildverarbeitung
- Bildaufnahme und Ausführung der Bildbearbeitung
- Bildvorverarbeitung eines Binärbildes
- Einstellen der Grauwert-Bildverarbeitung
- Einstellen des Bildbereiches (Windows)
- Hardwareflächenberechnung
- Einlernen
- Objektmerkmale (Fläche, Schwerpunkt, Länge usw.) berechnen
- Bildvorverarbeitung durchführen (Segmentierung, Kantendetektierung)
- Grauwertanalyse durchführen
- Stereo-Verarbeitung
- Graphikfunktion

Neben diesen Bildverarbeitungsfunktionen ist der gesamte Befehlsumfang einer höheren Programmiersprache oder des Betriebssystems vorhanden, also

- arithmetische und logische Funktionen
- Archivierungsbefehle
- Editierkommandos
- Textkommandos

Aufgrund des großen Funktionsumfangs und der Zugriffsmöglichkeit auf die Bildverarbeitungsfunktionen und die Bilddaten ist das freie Entwickeln von Applikationen möglich.

Auch das Testen von Realisierungsvarianten, z. B. bezüglich Bilderkennungszeit und Bilderkennungssicherheit, ist machbar. Mit den Möglichkeiten der höheren Programmiersprache kann der Software-Applikationsingenieur für die einzelnen Applikationen einen Bedienoberfläche entwickeln, die speziell für eine Applikation (spezielle Bedienerführung und Parametereingabe) zugeschnitten und für den Endanwender einfach handhabbar ist.

Mit KUKA-Robotern und der in diesem Abschnitt beschriebenen Gruppe von Sensoren wurden bisher folgende Aufgaben gelöst (industriell oder in Pilotanlagen):

- Montage von Pkw-Scheiben mit Laserlichtschnitt (Bild 1.1-37)
- Scheibenmontage mit 3D-Stereoverarbeitung (Bild 1.1-38)
- Lageermittlung von Karosserien mit 3D-Stereoverarbeitung (Bild 1.1-39)
- Bildanalye eines 3D-Vision-Systems (Bild 1.1-40)

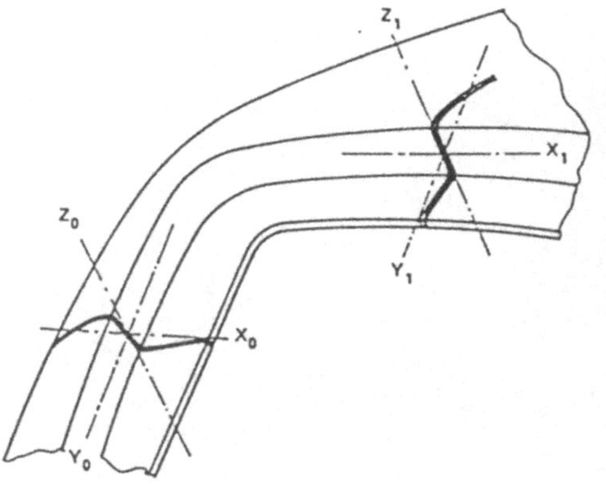

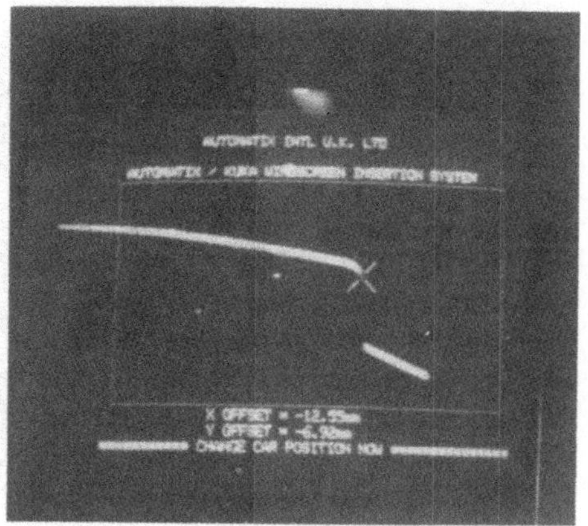

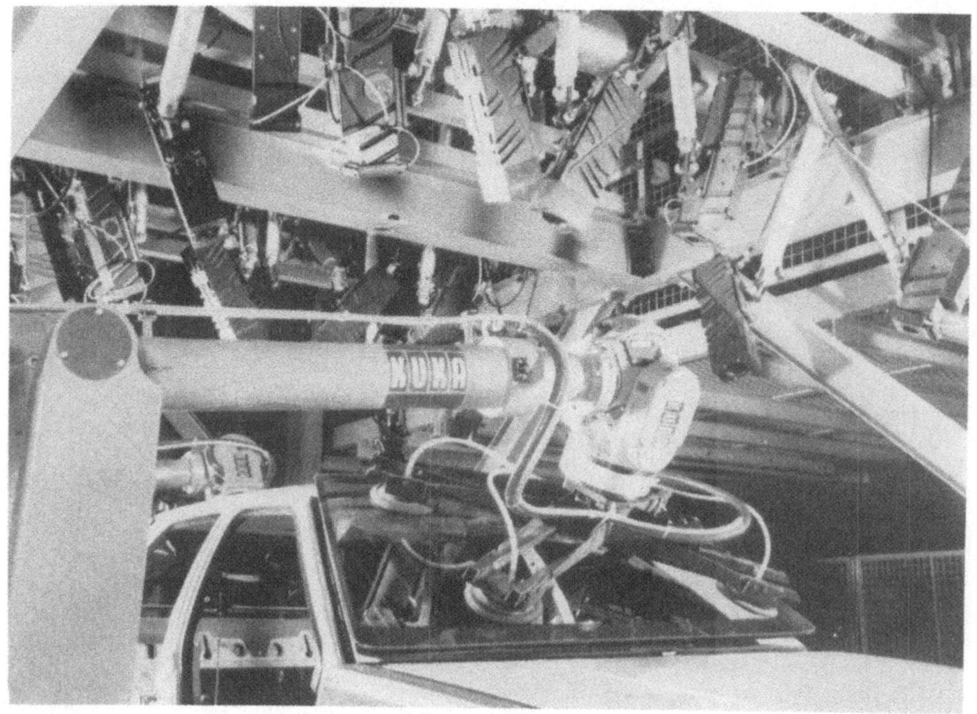

Bild1.1-37: Automatische, sensorgeführte Montage von Pkw-Scheiben mit IR 662/100 (Laserlichtschnitt)

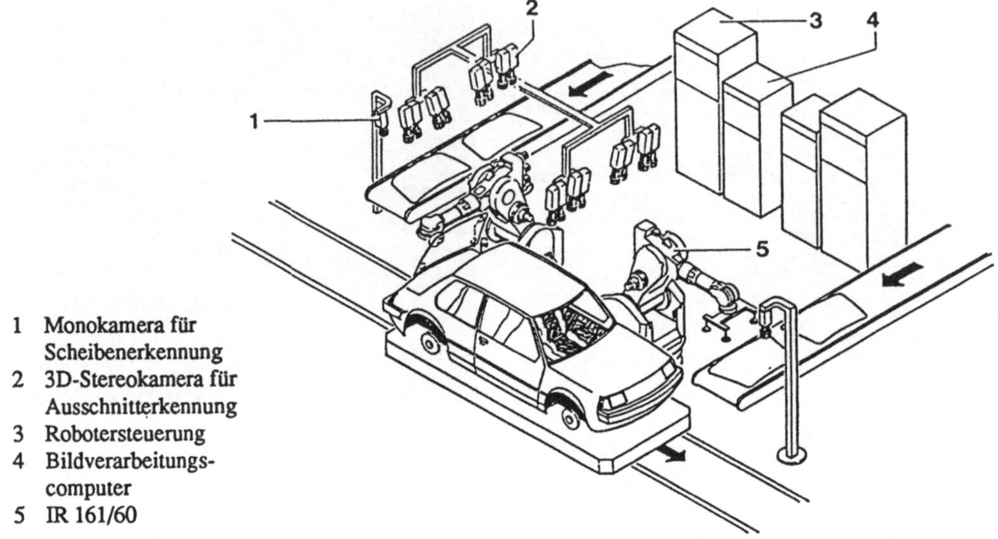

1 Monokamera für
  Scheibenerkennung
2 3D-Stereokamera für
  Ausschnitterkennung
3 Robotersteuerung
4 Bildverarbeitungs-
  computer
5 IR 161/60

Bild 1.1-38: Automatische Scheibenmontage mit IR 161/60 und komplexem visuellen Sensor (3D-Stereover-
arbeitung)

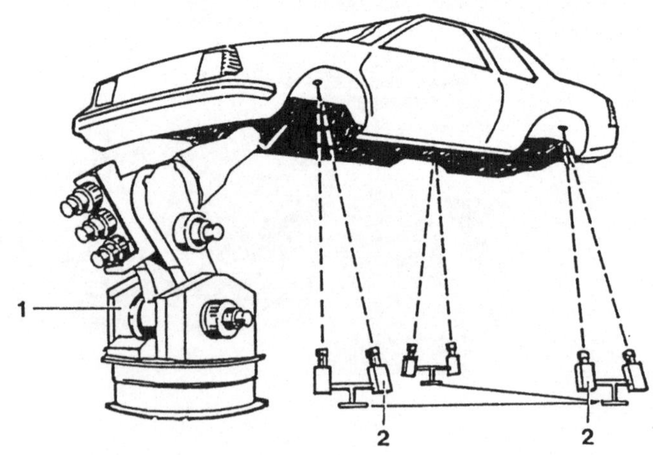

1 IR 161/60
2 3D-Stereokamera

Bild 1.1-39: Lageermittlung von Pkw-Karosserien mit 3D-Stereoverarbeitung

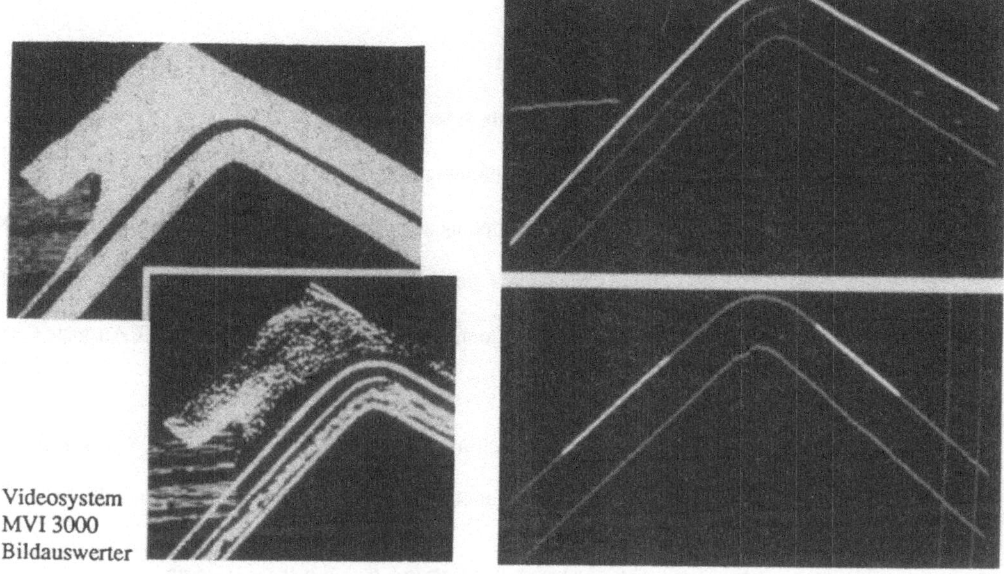

Bild 1.1-40: Bildanalyse eines 3D-Vision-Systems am Beispiel der automatischen Scheibenmontage

46

Literaturverzeichnis

1   Siemens: Videomat ROS, Beschreibung, Ausgabe 6.86

2   Siemens: Videomat ROS, Vorläufige Betriebsanleitung, Ausgabe 2.86

3   Siemens: Sirotec Funktionsmodul 10.0711, Kopplung zu intelligenten Sensorsystemen, Ausgabe 5.88

4   Machine Vision: MVI 3000 Volume I. Machine Vision with the Genesis System, Vers. 3.0, Ausgabe 6.85

5   Machine Vision: MVI 3000 Volume II. BLIX Command Reference Manual, Vers. 3.0, Ausgabe 6.85

6   Roth Electric: BLIX Training Manual

7   Automatix: Autovision R4 Standard Documentation Package. MN-AV-05, Rev. 5.40, Ausgabe 5.83

8   Automatix: Rail Software Reference Manual for Robovision and Cybervision Systems. MN-RB-07, Rev. 5.00, Ausgabe 10.83

9   Automatix: Robovision II Operations Manual. MN-RB-06, Rev. 0.0, Ausgabe 3.82

10   Meta Machines/Kuka: Metatorch User Handbook Kuka. OM 220/01, Ausgabe 11.86

11   Meta Machines/Kuka: Metatorch Maintenance Handbook Kuka. MM 220/01, Ausgabe 12.86

12   Oldelft: Seampilot Interface to RCM 2, Ausgabe 4.86

13   Oldelft: Seampilot Software Updates, Versions 2.6 I and 3.2 R, Doc. Nr. pos 87032800/0

14   Oldelft: Seampilot Delayed Shift System Tracking Errors, Doc. Nr. pos 86082701

15   Oldelft: General Seampilot, Ausgabe 4.86

16   Oldelft: Functional Specification of the Seam Finding and Seam Tracking of the Oldelft Optical Profile Sensor

17   Remplir/Tiltz Industriemeßtechnik: The Precimeter-System User´s Information, Ausgabe 5.84

18   Selcom Meßsysteme GmbH: Optocator-Meßkopf, Typ 2201, Datenblatt, Ausgabe 1.83

1.2 Sensoreinsatz beim Gußputzen

G. Baum, Berlin

Zusammenfassung

Ausgehend vom Adaptionsbedarf beim robotergeführten Gußputzen werden verschiedene Adaptionstrategien erläutert. Die steuerungs- und sensortechnischen Vorraussetzungen werden diskutiert. Da marktgängige Steuerungen eine zu lange Sensorreaktionszeit aufweisen, können nur bestimmte Lösungen unter wirtschaftlichen Gesichtspunkten umgesetzt werden.

1.2.1 Einleitung

Gußwerkstücke mittlerer Größe werden überwiegend manuell geputzt. Unter dem Begriff Putzen wird das Entfernen von Überschußmaterial wie Steiger und Angußsystem, sowie von Formteilungsgraten, Schwimmhäuten und Vererzungen verstanden.

Die mit dem manuellen Putzen verbunden Kosten stellen 35% und mehr der im Gießbereich anfallenden Lohnkosten dar. Versuche zur Automatisierung des Gußputzvorgangs unter Einsatz von Industrierobotern schlugen vielfach fehl. Lediglich bei Werkstücken mit unkritischen Toleranzanforderungen hinsichtlich der Entgratergebnisse konnten erfolgreiche Umsetzungen realisiert werden /1,2,3/.

Gußwerkstücke unterliegen verfahrensabhängig erheblichen Maß- und Formtoleranzen im Millimeterbereich. Die Grate haben extrem variierende Ausprägungen. Für den erfolgreichen Einsatz von Industrierobotern zum Gußputzen müssen Konzepte zur sensorischen Kompensation der Werkstück- und Grattoleranzen verfügbar und umsetzbar sein. Hierbei wird das Sensorkonzept stark von der gewählten Entgrattechnologie, als auch von der Dynamik des Roboter- Steuerungssystems bestimmt.

1.2.2 Adaptionsbedarf

Der wesentliche Adaptionsbedarf entsteht aus den geometrischen Abweichungen zwischen programmierter und am einzelnen Werkstück vorliegender Bahn. Die gewünschte Bearbeitungsbahn ist relativ zur Werkstückoberfläche definiert, am Übergang von Grundkörper zum Grat (Gratwurzel).

Geometrische Abweichungen lassen sich beschreiben als lokale, partielle und globale Abweichungen der Istkontur vom Objektmodell (Bewegungsprogramm). Sie entstehen durch:

48

- Werkstücktoleranzen
- Greif- bzw. Spanntoleranzen
- Verformung unter Kraftschluß
- Fehler bei der Programmerstellung
- dynamisch bedingte Bahnabweichungen

Bild 1 zeigt die verschiedenen Fälle geometrischer Abweichungen. In ihrer Wirkung führen sie zu unbefriedigendem Entgratergebnis; zu viel oder zu wenig Werkstoff wird abgetragen. Werkzeugüberlastung ist möglich.

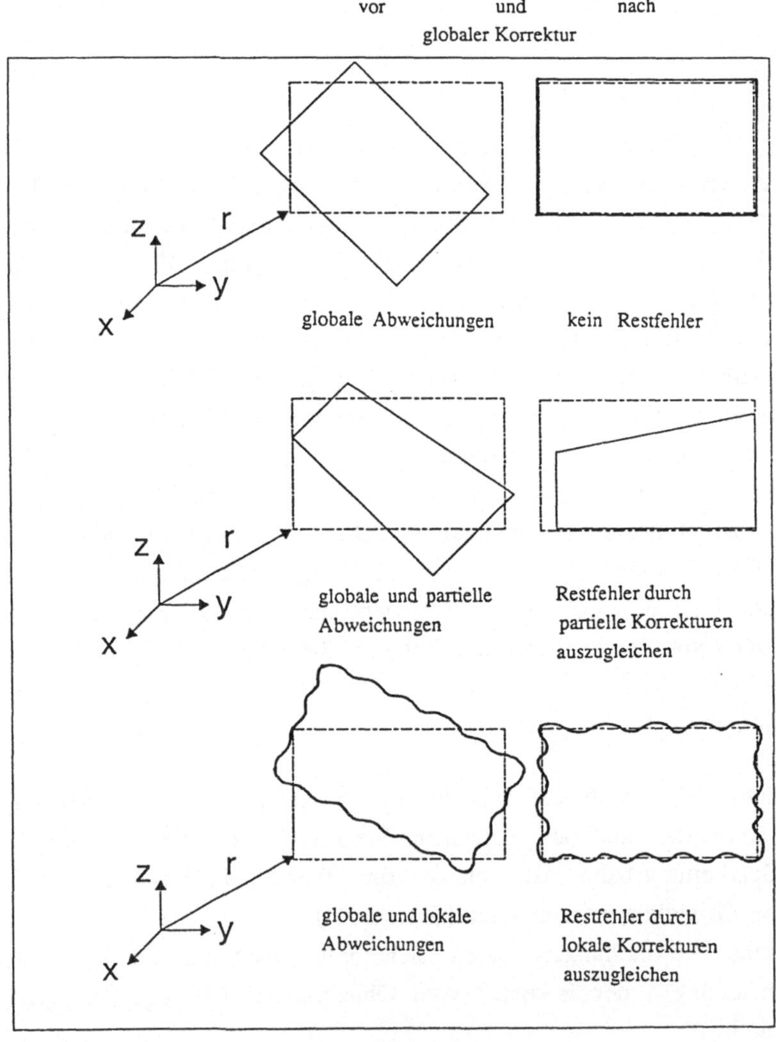

Bild 1.2-1: Geometrische Abweichungen zwischen programmierter Kontur (Objektmodell) und realer Kontur (gegriffenes Werkstück)

Ein weiterer Adaptionsbedarf entsteht durch die variable Gratauspägung. Sie führt bei konstanter Bahngeschwindigkeit zu stark veränderlichen Bearbeitungskräften, zu kraftbedingten Bahnabweichungen und zur möglichen Werkzeugüberlastung.

1.2.3 Adaptionstrategien

Zur Kompensation der geometrischen Fehler können verschiedene Adaptionsstrategien eingesetzt werden. Diese sind: "Suchen", "intermittierende Werkstückvermessung" und das "Folgen".

Beim Suchen wird die Werkstückoberfläche mit Abstandssensoren abgetastet. Aus dem Abstandssignal werden Korrekturwerte für Punkte, Linien oder Ebenen abgeleitet. Hierbei können schaltende oder stetig messende Sensoren eingesetzt werden. Erfolgt die Messung unter Bewegung, ist eine schnelle Positionsabfrage der Roboterposition erforderlich. Die Meßprozedur ist vom Bearbeitungsprozeß entkoppelt. Das "Suchen" ist primär bei der Werkzeughandhabung einzusetzen Es können partielle Korrekturen durchgeführt werden.

Bei der "intermittierenden Werkstückvermessung" wird das Werkstück vor der Bearbeitung im Ganzen vermessen. Dieses Verfahren ist vorzugsweise bei der Werkstückhandhabung einzusetzen, da die Greiftoleranzen miterfaßt werden. Prinzipiell genügen bei einem fehlerfreien Körper sechs Meßfreiheitsgrade, um die Lage und Orientierung eines Körpers im Raum zu erfassen. Bedingt durch geometrische Fehler des Werkstückes bzw. durch Richtungskopplungseffekte beim Abtasten von schrägen Flächen ist es unter Umständen erforderlich mehr Meßpunkte aufzunehmen. Aus dem Abweichungen zu einem Referenzobjekt kann die mehrdimensionale Korrektur durch Koordinatentransformationen abgeleitet werden. Einzelheiten des Verfahrens werden im nächsten Beitrag diskutiert (Abschnitt 1.3). Mit diesem Verfahren gelingt die Kompensation von globalen und partiellen Abweichungen, siehe hierzu Bild 1.2-1

Bei der Adaptionsstrategie "Folgen" werden lokale Toleranzen während der Bearbeitung erfaßt und in einem on-line Prozeß korrigiert. Erfaßt das Sensorsignal die momentane Position des Werkzeugaufpunktes (TCP), stellt das Folgen einen Regelungsprozeß dar, der dynamischen Einschränkungen unterliegt. Näheres hierzu ist dem Abschnitt 3 dieses Buches zu entnehmen. Wird ein Meßsystem mit Vorlauf eingesetzt, d.h. zwischen Werkzeugaufpunkt und Meßort besteht ein Abstand, stellt das Folgen einen Steuerungsprozeß dar. Zur Bestimmung der räumlichen Bahnabweichungen werden bei einem mitbewegten Sensorsystem zwei Meßfreiheitsgerade benötigt. Mit dem Konzept des Folgens können prinzipiell alle geometrischen Fehlerarten kompensiert werden, siehe hierzu Bild 1.2-1.

Die Anpassung der Prozeßgrößen an die Grataussprägung kann als "Technologiewertadaption" bezeichnet werden. Bei der Geschwindigkeitsführung wird die Bahngeschwindigkeit beispielsweise kraftabhängig geführt. Bei der Schnittaufteilung werden
massive Gratpartien in mehreren Durchgängen bearbeitet. Die Geschwindigkeitsführung mit einem Prozeßsensor (z.B. Kraftsensor) stellt, wie das Folgen eine Regelung
dar. Es gelten daher ebenfalls dynamischen Einschränkungen.

1.2.4 Steuerungstechnische Voraussetzungen

Die Robotsteuerung muß die verschiedenen Adaptionsstrategien durch geeignete
Sensorfunktionen und Schnittstellen unterstützen. Tabelle 1.2-1 gibt einem Überblick
über die erforderlichen Steuerungsfunktionen und benötigter Schnittstellen

Tabelle1.2-1: Steuerungsfunktionen und Sensorschnittstellen für Adaptionsstragien

Adaptions strategien	Steuerungsfunktionen	erforderliche Schnittstelle
Suchen	Unterbrechungsakti-vierte Positionsabfrage	binär, hohe Reaktionsgeschwin-digkeit, ca.2 ms erwünscht
Intermittierende Werkstück vermessung	Räumliche Programm-korrektur (Framekonzept)	Serielle, Auslesen von - Ist-Koordinaten wünschenswert
Folgen	Bahnkorrektur im ge-geeigneten Koordina-tensystem z.B. bahnbezogen	analog, 2 Kanäle oder seriell, minimale Verzugszeiten t_V er-wünscht Stand der Technik: $t_V = 100ms$ unbefriedigend
Technologie-wertadaption	Geschwindigkeitsfüh-rung (möglichst ste-tig)	anlog, 1 Kanal minimale Ver-zugszeit erwünscht Stand der Technik: $t_V = 100ms$ bedingt einsetzbar

Die Online-Funktionen (Bahnkorrektur, Geschwindigkeitsführung) marktgängiger
Industrieroboter sind nur für relativ niedrige Bahngeschwindigkeiten ($V_B \approx 20$ mm/s)
geeignet /4/. Damit ist der wirtschaftliche Einsatz von sensorgeführten Industrierobotern für das Gußputzen nur eingeschränkt möglich.

Im Rahmen des vorliegenden BMFT-Verbundvorhabens wurde im Teilprojekt Roboterdynamik ein Konzept zur Verbesserung des Reaktionsverhaltens sensorgeführter Roboter mittels Zusatzachsen entwickelt, (siehe Abschnitt 3.4).

Mit solchen Systemen kann der Engpaß heutiger Steuerungen umgangen werden. Die Zusatzachse - gegebenfalls in Zweiachsversion - wird vom Sensorsystem direkt angesteuert und ermöglicht damit schnelle Bahnkorrekturen oder Geschwindigkeitsanpassung. Im letzten Fall muß eine Korrekturachse in Richtung der Bahntangente wirksam sein.

1.2.5 Sensorsysteme

Es steht eine breite Palette von schaltenden und stetig messenden Abstandssensoren nach verschiedenen Wirkprinzipien zur Verfügung. Prinzipiell sollten die Abstandsensoren einen kleinen Meßpunkt (Durchmesser ca. 1.0mm) aufweisen.

Bei stetig messenden Systemen sollte die Auflösung < 0.1 mm, bei einem Mindestmeßabstand von 20 mm und einem Meßbereich von > 10 mm sein. Das Signal soll unabhängig von der Oberflächenbeschaffenheit sein. Bei den optischen Systemen sind die untersuchten Triangulationssysteme den Reflexlichttastern in diesem Punkt überlegen. Die Triangulationssysteme zeichnen sich auch durch eine nahezu punktförmige Wirkfläche aus. Der Trend zur Miniaturisierung der optischen Systeme kommt der Anwendung beim Gußputzen entgegen.

Für das Abtasten von Werkstücken bei der intermittierenden Vermessung können mechanisch induktive Taster eingesetzt werden.

Für Abstandsführungen (Folgen) sind berührungslose Systeme erforderlich. Hierbei muß der Werkzeugaufpunkt (TCP) vom Meßort verschieden sein. Der Sensor kann im Vorlauf messen, was die Systemdynamik verbessert, aber eine spezielle Vorlaufkompensation erfordert. Ein anderer Meßort kann beim Umfangfräsen genutzt werden. Hierbei ist der Meßort auf der Verlängerung der Werkzeugachse unmittelbar neben der Werkzeugspitze vorzusehen. (System ohne Vorlauf, siehe hierzu Bild 1.2.4) Die eindimensionale Abstandsführung setzt eine äquidistante Referenzbahn zur Gratwurzel voraus.

Mehrdimensionale geometrieerfassende Sensoren nach der Art der vorlaufenden profilerfassenden optischen Schweißsensoren sind für die Gratbahnverfolgang noch nicht erhältlich. Sie setzten eine komplexe Mustererkennung voraus, die aus dem Profilschnitt die Lage des Gratfußpunktes ermittelt. Erfahrungen der INPRO mit Schweißsensoren im vorliegenden Verbundvorhaben haben eine entsprechende Entwicklung initiiert.

Kraft- und Motorstromsensoren gehören zur Kategorie der Prozeßsensoren, die aus Prozeßgrößen wie Spindelbelastung oder Kräfte am Roboterflansch auf den Prozeß rückschließen lassen. Über die im Rahmen des Verbundvorhabens untersuchten Kraft/Momenten-Sensoren wird im Abschnitt 1.4 berichtet.

Ein Kräftedreibein am Werkzeug läßt sich mit mehrdimensionalen Kraftsensoren erfassen. Hierbei genügen bei geeigneter Werkzeug/Sensor-Anordnung 2 Komponenten, um beispielsweise die Normal und Vorschubkraft an einem Fräswerkzeug zu erfassen.

Prozeßgrößen können zur Technologiewertadaption eingesetzt werden. Motorstromsensoren sind in ihrer Reaktion träger als Kraftsensoren (Meßzeit ca. 25ms) /5/. Das Motorstromsignal bildet eine skalare Größe ab, die ohne Zusatzaufwand an der Sensorschnittstelle (analog) anliegt. Vorteilhaft ist die Trennung von Arbeitsraum und Ort der Prozeßgrößenmessung. Kraftsensoren, meist im Roboterflansch integriert, verringern die Systemsteifigkeit und sind bei Kollisionen gefährdet.

Einen Sonderfall beim Einsatz von Kraft- Momentensensoren stellen Ansätze zum Konturfolgen mittels Kraftsignal dar. Hierbei soll aus der Prozeßgröße Kraft, beispielweise der Normalkraft an einem Fräser, auf die Eindringtiefe senkrecht zur Gratwurzel geschlossen werden. Dieser Zusammenhang ist prinzipiell nicht eindeutig und führt nur unter eingeschränkten Bedingungen zu einem befriedigenden Entgratergebnis.

Eine Verknüpfung der Technologiewertadaption mit der Adaptionstrategie "Folgen" ist beim kraftgeregelten Entgraten bei zwei entkoppelten Signalen (Kraftkomponenten) denkbar. Sie unterliegt allerdings den gleichen Einschränkungen durch den nicht eindeutigen Zusammenhang zwischen Kraft und Geometrie bei variabler Gratausprägung.

1.2.6 Umsetzbare Lösungen

Trotz der aufgezeigten Beschränkungen der Sensortechnik und der Steuerungsdynamik lassen sich nach dem heutigen Stand folgende Konzepte für das Gußputzen mit Industrierobotern wirtschaftlich umsetzen:

— Technologiewertadaption über Geschwindigkeitsführung durch Einsatz von Motorstromsensoren; Vorraussetzung: elektrisch angetriebene Werkzeuge
— Intermittierende Werkstückvermessung
— Folgen bei Einsatz von sensorgesteuerten Zusatzachsen

In den folgenden Tabellen werden Randbedingungen für den möglichen Einsatz dieser Adaptionsstrategien dargestellt. Die in der Tabelle 1.2-4 erläuterten Alternativen mit Zusatzachsen wurden mit Versuchsmustern der StW/FH Aalen im INPRO Versuchsfeld umgesetzt.

Tabelle1.2-2: Verfahrenseignung Technologiewertadaption

Verfahren (Technologie)	Gratausprägung	Werkzeug konzept	Leistung kw	Bahngeschindigkeit mm/s
Bandschleifen	Große Grate auf Flanschflächen	stationär	3 - 10	1 - 20
Teller- schleifen	kleine - mittlere Formteilungs- grate	stationär o. geführt Nachgiebig- keit erforder- lich	0.6 - 1.5	1 - 60
Umfangs- schleifen	große Form- teilungsgrate	stationär	3 - 10 bei Leistungen über 10kw er- übrigt sich die Geschwindig- keitsführung	50 - 100
Fräsen	kleine Form- teilungsgrate mit. eingeschr. Zugänglichkeit	stationär o. geführt	0.4 - 1.5	1 - 50

* Bei Reaktionzeit von ca. 100ms ergeben sich Reaktionswege von 5-10mm, die nur bei ausreichender Werkzeugleistung aufgefangen werden können.

Tabelle1.2-3: Randbedingung für intermittierende Werkstückvermessung

Verfahren Technologie	Grataus- prägung	Werkzeug konzept	Sensor	Meßzeit
beliebig	beliebig	vorzugsweise- stationär in Verbindung mit Werkstück handhabung	mehrere stetig messende- Abstands- sensoren, z.B. induktive Taster	10 - 20s fällt als Nebenzeit an

Tabelle 1.2-4: Möglichkeiten für den Einsatz von Zusatzachsen

Verfahren (Technologie)	Roboterkonzept Achsenkonzept	Adaptionsstrategie	Sensor
Umfangsfräsen	Werkzeughandhabung mit robotergeführter elektrischer Zusatzachse (1-D)	Folgen, 1-D als Abstandsregelung Voraussetzung: äquidistante Bezugsfläche zur Gratwurzel erforlich	miniaturisierter optischer Triangulationssensor in mitbewegter Anordnung unterhalb der Werkzeuge messend (ohne Vorlauf)
Stirnfräsen	Werkzeughandhabung mit robotergeführter hydraulischer Achsenbaugruppe (1-D bzw 2-D)	Folgen, 1-D Kraftregelung in Richtung Gratwurzel durch Vorgabe einer Stützkraft, Geschwindigkeitsführung über Kraftsignal in Vorschubrichtung, bei Betrieb einer 2. Achse in Bahnrichtung	Kraftsensor, 1 - bzw. 2 -D Messung Stützkraft (und) Vorschubkraft
Umfangsschleifen	Werkstückhandbung, stationäre hydraulische Achse (1 -D)	Folgen, 1-D als Abstandsführung mit Vorlaufkompensation Voraussetzung: äquidistante Bezugsfläche zur Gratwurzel erforderlich	optischer Triangulationssensor Sensor mitbewegt, im Vorlauf messend

Die folgenden Bilder zeigen Beispiele für praxisreife Lösungen, die im Rahmen des Verbundvorhabens entwickelt und erprobt wurden.

Bild 1.2-2 zeigt das Entgraten eines Aluminium-Zylinderkopfes mittels nachgiebiger Tellerschleifscheibe. Umgesetzt wurden hierbei die Adaptionsstrategien "Suchen" und "Techologiewertadaption". Das Suchen von Flächen (Parallelversatz) wurde sowohl mit induktiven Tastern, als auch durch Antasten mit dem Schleifwerkzeug über Leistungsabfrage realisiert. Zur Prozeßführung wurde die Leistungsaufnahme des Schleifwerkzeuges herangezogen, mit der die Vorschubgeschwindigkeit gesteuert wurde.

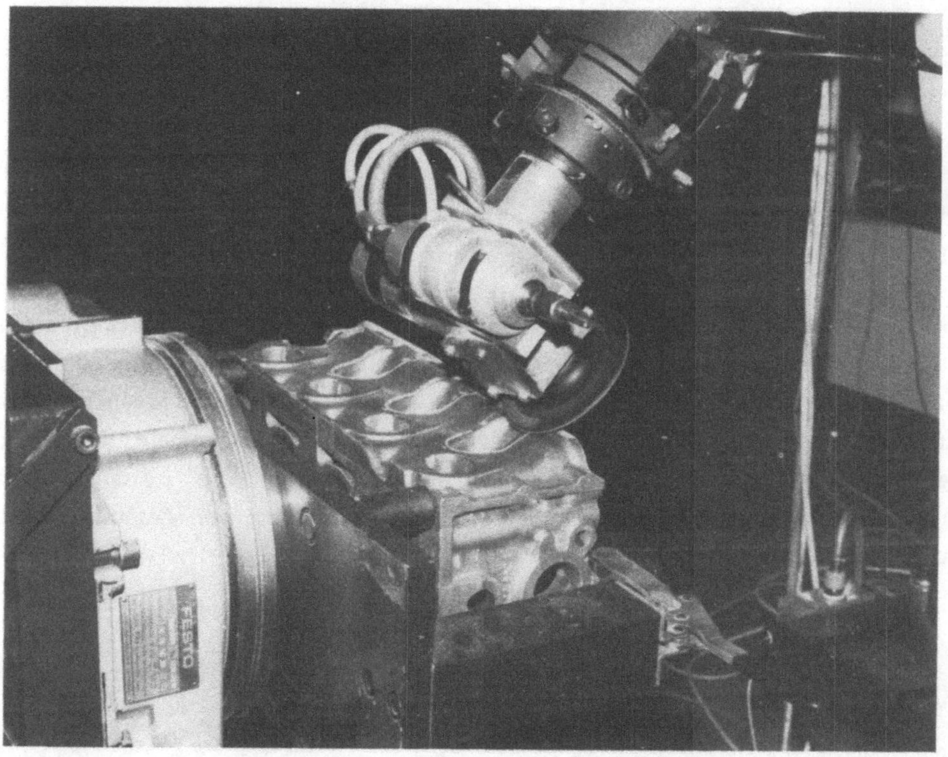

Bild1.2-2: Geschwindigkeitsführung beim Gußputzen eines Zylinderkopfes

Bild 1.2-3 zeigt eine Meßvorrichtung mit induktiven Tastern zur intermittierenden Werkstückvermessung. Ein Ansaugkrümmer aus Aluminium wird vom Roboter in die Meßstation geführt. Einzelheiten des Verfahrens, sind dem folgenden Beitrag zu entnehmen.

Bild 1.2-3: Einsatzfeld intermittiernde Werkstückvermessung beim Gußputzen eines Ansaugkrümmers

Bild 1.2-4 zeigt den Einsatz einer elektrisch angetriebenen robotergeführten Zusatzachse zum Entgraten von Schaumstoff-Nackenstützen. Hier wurde ein eindimensionales Folgen (Abstandsführung) bei hoher Bahngeschwindigkeit realisiert. Die Abstandsmessung mit optischem Triangulationssensor erfolgt unterhalb der Werkzeugspitze. Die Zusatzachse erlaubt einen Korrekturbereich von ± 5mm. In den geraden Bahnabschnitten konnte eine Vorschubgeschwindigkeit von 6m/min erreicht werden.

Bild 1.2-4: Robotergeführten Zusatzachse beim Entgraten einer Schaumstoffnackenstütze

Literaturverzeichnis

1 Schweizer,M.   Durchbruch mit Verspätung, Zeitschrift Roboter 1/87 S.24-28

2 Sturz,W.   Werkstückorientierte Verfahrensauswahl zum Gußputzen mit Industrierobotern IPA-IAO Reihe Forschung und Praxis Band 92, Springer Verlag Berlin 1986

3 Sharir,Y.   Robotics Arrives in the Finishing Room, Zeitschrift modern casting 4/86 S.41-44

4 Schmid,D.
Michalak,E.
Nowak,H.   Dynamische Eigenschaften programm- und sensorgestützter Industrieroboter, Forschungsbericht KFK-PFT 127, Oktober 1986

5 Felsing,W.   Planungssystematik für die trennende Rohteilbearbeitung mit Industrierobotern, Carl Hansa Verlag, München 1987

1.3 Aufgabenorientierte Planung und Integration einer sensorgestützten Gußputzzelle

L.-H. Hsieh, Berlin

Zusammenfassung

Die Automatisierung des Gußputzens ist mit großen Schwierigkeiten verbunden, insbesondere wenn Maßtoleranzen des Werkstücks und Unterschiede in der Gratausprägung gleichzeitig auftreten. Es ist nur begrenzt möglich, Werkstücktoleranzen durch gezielt eingebaute Nachgiebigkeiten auszugleichen. Sensoren, die nur bestimmte Größen des Bearbeitungsprozesses wie Kräfte, Momente und Leistungen als Meßgröße in die Steuerung zurückführen, können die Ursache für die jeweilige Prozeßgröße nicht eindeutig bestimmen. Zudem ist die Reaktionszeit der Robotersteuerung auf eine Parameteränderung für die Gußputzbearbeitung zu groß.

Bei der prototypischen Realisierung einer robotergeführten sensorgestützten Gußputzzelle erwies sich die Kombination aus intermittierender Vermessung, globaler Korrektur, nachgiebigen Werkzeugen und einer Geschwindigkeitsregelung zur Technologieadaption als effektiv und wirtschaftlich. Bei einer Weiterentwicklung der Robotersysteme hinsichtlich Dynamik und Sensordatenverarbeitung ist zukünfig auch eine Echtzeit-Bahnverfolgung mit wirtschaftlichen Vorschubgeschwindigkeiten denkbar.

1.3.1 Einleitung

Wie die Praxis zeigte, besitzt der Mensch von der Technik und der Flexibilität her gute Voraussetzungen, Gußputzaufgaben durchzuführen. Die Faktoren Lärm, Staub, körperliche Anstrengung, erhöhte Unfallgefahr und Monotonie machen das Gußputzen jedoch zu einem für den Menschen ungeeigneten Arbeitsbereich. Hinzu kommen Putzereikosten bis zu 50% der gesamten Gußherstellkosten /1/, so daß ein großes Rationalisierungspotential zu erschließen ist. Automatisierungslösungen verfolgen deshalb überwiegend humane und wirtschaftliche Ziele.

1.3.2 Analyse von Gußputzaufgaben

1.3.2.1 Gußputzen im Vergleich mit anderen Fertigungsverfahren

Bei der konventionellen mechanischen Bearbeitung wie Fräsen soll ein durch die Konstruktion festgelegtes objektiv meßbares Bearbeitungsergebnis erzielt werden. Bei genügender Arbeitsgenauigkeit der Bearbeitungsmaschine kann eine Automatisierung in diesem Bereich unter weitgehendem Verzicht auf Sensoren erfolgen /2/.

Bei Gußputzaufgaben ist das Ziel die ausschließliche Entfernung des Gußgrates, eine Forderung deren Erfüllung sich oft nur subjektiv anhand vorgegebener Randbedingungen beurteilen läßt. Als Qualitätskriterium dient hier z.B. das optisch befriedigende Aussehen der Werkstückoberfläche. Das Arbeitsergebnis ist nur schwer quantifizierbar. Das gleichzeitige Auftreten geometrischer und technologischer Abweichungen erfordert den Einsatz von Sensoren. Sinnvolle Automatisierungslösungen für dieses Aufgabenfeld lassen sich deshalb im Bereich der sensorgestützten flexiblen Automatisierung finden.

1.3.2.2 Anforderungen an automatisierte Gußputzsysteme

Zur systematischen Untersuchung und zur Ableitung von Anforderungen an das Bearbeitungssystem und die Sensorrückführung wurde das Gußputzen in die drei Unterfunktionen

- Gratfußlage festlegen,
- Gratfußlage verfolgen und
- Bearbeitung technologiegerecht durchführen

unterteilt. Liegen die Festlegung und die Verfolgung der Gratfußlage in einem im Verhältnis zur Bearbeitungszeit kleinen Zeitraum spricht man von einer Echtzeit-Bahnverfolgung. Anderenfalls liegt eine intermittierende Bahnanpassung vor. Wesentliche Störgrößen sind die Verlagerung der Gratfußlage und die technologischen Abweichungen bei der Prozeßdurchführung. Hauptursachen für die Verlagerung der Gratfußlage sind Toleranzen der Werkstückgeometrie, Versatz der Formkästen, Werkzeugformverschleiß, Aufspann- und Greiftoleranzen, Positionierungenauigkeiten des Roboters, Ungenauigkeiten der Programmierung sowie elastische Verformungen des Systems. Diese Verlagerungen können als Kombination von globalen und lokalen Abweichungen aufgefaßt werden (Bild 1.3-1). Globale Abweichungen stellen eine Verschiebung oder Verdrehung eines Gratabschnittes oder des gesamten Werkstücks gegenüber dem bei der Programmierung mit einem manuell bearbeiteten Musterwerkstück festgelegten Objektmodell dar. Die Form des Abschnitts bleibt dabei unverändert. Formänderungen eines Bahnabschnitts werden als lokale Abweichungen bezeichnet.

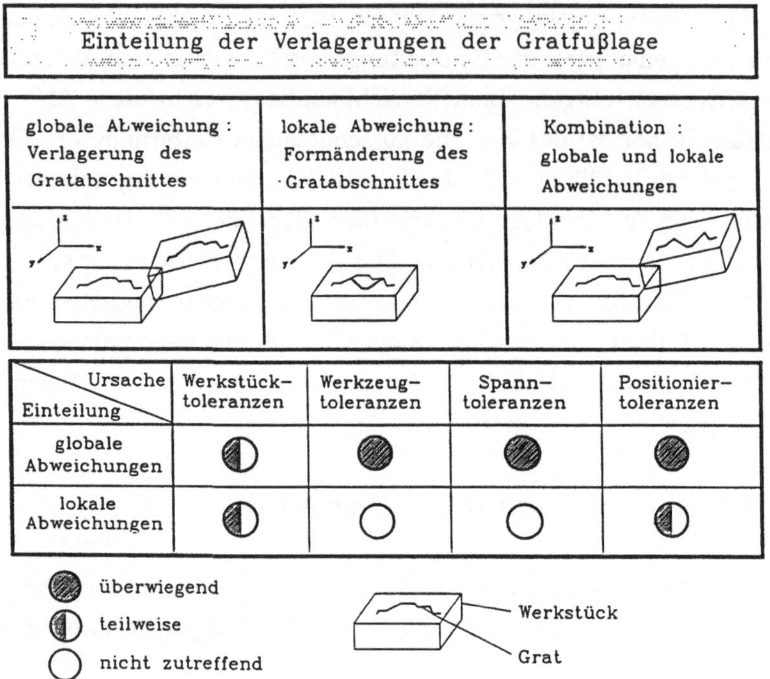

Bild 1.3-1: Einteilung der geometrischen Abweichungen der Gratfußlage

Störgrößen, die eine technologiegerechte Bearbeitung behindern, resultieren aus Unterschieden in der Gratstärke, Änderungen der Werkzeugschärfe und Werkstoffinhomogenitäten.

Zur Verfolgung der Gratfußlage und technologiegerechten Bearbeitung mit einem robotergeführten Gußputzsystem können je nach Aufgabenstellung mechanische Einrichtungen oder sensorgestützte Systeme eingesetzt werden. Hierbei sollen Sensoren als Betriebsmittel verstanden werden, so daß über ihren Einsatz nach technischen und wirtschaftlichen Gesichtspunkten zu entscheiden ist. Als Leitgedanke gilt, soviel Sensorik wie nötig und sowenig wie möglich einzusetzen /3/. Extremfälle stellen der völlige Verzicht auf Sensorik sowie der Einsatz einer Universalsensorik dar, mit der alle Aufgaben lösbar sind.

Manuelles Gußputzen ist ein umfangreicher multisensorieller Regelprozeß, bei dem die benötigten Paramter aus dem Vorwissen (Erfahrung) des Bearbeiters stammen, sich während der Bearbeitung ergeben oder aus der Beurteilung des erzielten Ergebnisses gewonnen werden. Der Mensch weist eine sehr große Flexibilität und eine hohe Adaptivität auf. Er ist in der Lage, sowohl unterschiedlichste Aufgabenstellungen zu bearbeiten als auch richtig auf Prozeßstörungen zu reagieren. Zur technischen Nachbildung eines solchen Universalsensorsystems fehlen jedoch jetzt und auf absehbare Zeit wichtige Voraussetzungen hinsichtlich geeigneter Schnittstellen, Roboterdynamik und Sensordatenverarbeitung /4,5,6/. Weiterhin verursacht die Komplexität eines solchen Systems hohe Kosten, so daß ein wirtschaftlicher Einsatz selbst bei Lösung der technischen Probleme nicht zu erwarten ist. Ziel muß es also sein, über eine Klassifizierung der Aufgabenstellungen eine angepaßte Lösung zu finden.

1.3.2.3 Aufgabenklassifizierung

Gemäß den Störgrößen können Gußputzaufgaben bezüglich des Aufwands an Sensorik und den Anforderungen an die Systemadaptivität in fünf Klassen unterteilt werden:

G: Es treten nur globale geometrische Abweichungen auf.
L: Es treten nur lokale geometrische Abweichungen auf.
T: Es treten nur Abweichungen technologischer Art auf.
GT: Gleichzeitiges Auftreten globaler und technologischer Abweichungen.
LT: Gleichzeitiges Auftreten lokaler und technologischer Abweichungen.

Zur Korrektur globaler Abweichungen ist die Erfassung einer begrenzten Anzahl von charakteristischen Punkten des Werkstücks oder des Grates und eine anschließende globale Bahnkorrektur ausreichend. Demgegenüber erfordert die Korrektur lokaler Abweichungen die Erfassung aller Punkte und entsprechende lokale Bahnkorrekturen. Der Aufwand für ein sensorgestütztes adaptives System zur Lösung von Gußputzaufgaben der Klassen L und LT ist hinsichtlich Meßaufwand, Meßdatenverarbeitung, Datenübertragung, erforderlicher Korrektur und Systemdynamik sehr groß.

1.3.3   Sensoreinsatz beim robotergeführten Gußputzen
1.3.3.1 Allgemeines

Sensoren in robotergeführten Gußputzaufgaben können zur

- Adaption des geometrischen Modells an das aktuelle Werkstück und
- Anpassung der aktuellen Prozeßdurchführung entsprechend dem vorgegebenen Technologiemodell

eingesetzt werden. Hierbei gibt es folgende Vorgehensweisen /7/:

- Störeinflüsse beseitigen,
- Wirkung von Störeinflüssen ohne Sensorrückführung beseitigen,
- Sensorgestützte Prozeßregelung und Systemanpassung.

Voraussetzung für eine sensorgestützte Prozeßregelung bzw. Systemanpassung ist die Erfassung von Stör- und Prozeßgrößen. Hierbei kommt der Auswahl der Meßgrößen sowie des zu verwendenden Sensors die größte Bedeutung zu, da von ihnen die Güte der Adaption wesentlich abhängt.

1.3.3.2 Regelstrategie

Bei der Systemkonzeption für das industrierobotergeführte Gußputzen müssen zwei grundlegende Prämissen beachtet werden:

1. Es sollen nur Grate, nicht aber das Werkstück bearbeitet werden. Für die Beurteilung der Bearbeitungsgüte sind ein akzeptabler Restgrat und ein zulässiger Werkstückabtrag festzulegen.
2. Aus Wirtschaftlichkeitsgründen sollen nur Grate an später nicht mehr zu bearbeiteten Flächen entfernt werden. Ausnahmen sind zur Vermeidung der Verletzungsgefahr bei nachfolgenden Bearbeitungsprozessen vorzunehmen.

Liegt eine Aufgabe der Klassen G, L oder T vor, können die Lösungsansätze /8/

- Systemnachgiebigkeiten zum Ausgleich der Verlagerungen der Gratfußlage bis zu einem gewissen Ausmaß,
- sensorgestützte Bahnkorrektur für den Ausgleich der Verlagerung der Gratfußlage oder
- sensorgestützte Geschwindigkeitsregelung bzw. Schnittaufteilung für die technologische Adaption

angewendet werden. Existieren jedoch wesentliche geometrische und technologische

Abweichungen gleichzeitig (Aufgabenklassen GT, LT), wird die Regelung komplizierter. Ein Problem hierbei liegt in den Wechselwirkungen zwischen technologischen oder geometrischen Störungen (Bild 1.3-2).

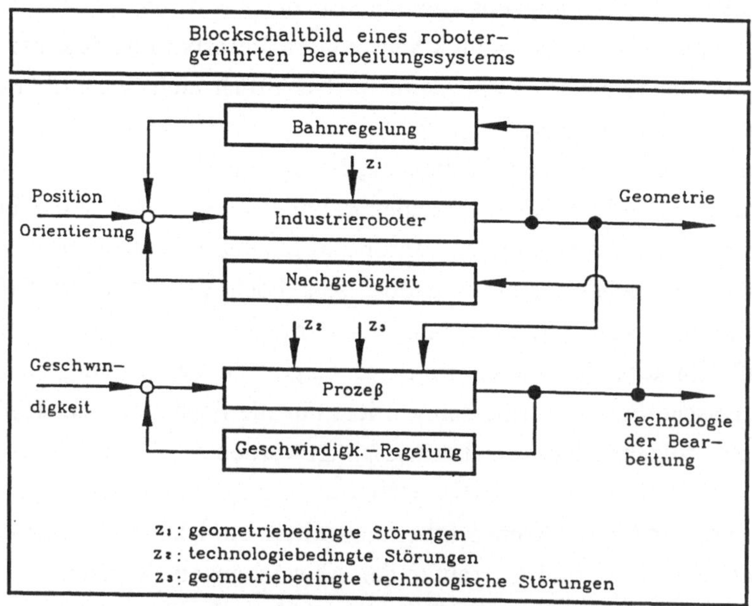

Bild 1.3-2: Blockschaltbild eines robotergeführten Bearbeitungssystems

So bewirkt z. B. die technologische Störgröße Variation des Gratquerschnitts sowohl technologische als auch geometrische Fehler aufgrund der aus der Nachgiebigkeit des Roboters resultierenden Verlagerung der programmierten Vorschubbahn. Die geometrische Störgröße Greiftoleranz führt ohne Korrektur zu geometrischen und technologischen Fehlern des Werkstücks. Es muß also sowohl geometrisch als auch technologisch geregelt werden. Hierfür gibt es prinzipiell zwei Möglichkeiten:

- Entwicklung eines Regelkreises unter Berücksichtigung der Wechselwirkung aller Störgrößen oder
- Entkopplung der technologischen und geometrischen Regelung.

Der erste Ansatz ist sehr kompliziert und bietet keine Gewähr für das Finden einer brauchbaren Lösung. Gewählt wurde deshalb die Entkopplung durch zeitliche Trennung beider Regelungen. Für die Auswahl möglicher Meßgrößen gilt, daß technologische Meßgrößen für die technologische Adaption und geometrische Meßgrößen für

64

die geometrische Adaption verwendet werden. So wird eine häufig nicht eindeutige Transformation vermieden.

Mit einer Geometrieadaption durch Echtzeit-Bahnverfolgung in Verbindung mit einer prozeßparellen Geschwindigkeitsregelung können alle Aufgabenklassen gelöst werden. Dies ist angesichts der langsamen Sensordaten-Verarbeitung heutiger Robotersteuerungen nur bei reduzierter und damit wirtschaftlich nicht vertretbarer Vorschubgeschwindigkeit des Roboters möglich.

Eine Alternative besteht in einer Vermessung des aktuellen Werkstücks vor der eigentlichen Bearbeitung und der entsprechenden Bahnkorrektur während der Bearbeitung. Dies kann mit einem vorlaufenden Sensor und lokaler Bahnkorrektur erfolgen. Der Aufwand für ein solches System ist jedoch sehr hoch, da neben der Erfassung zahlreicher Punkte auch eine Graterkennung als Voraussetzung für die Bahnkorrektur erfolgen muß. Einfacher ist eine intermittierende globale Vermessung, bei der nur wenige charateristische Punkte vermessen werden. Für die Festlegung der Korrekturreihenfolge müssen folgende Faktoren berücksichtigt werden:

- System-Totzeiten und die Datenverarbeitungszeiten bewirken eine Zeitverzögerung zwischen Erfassung und Korrektur der Abweichungen. Kritisch ist dies bei geometrischen Fehlern, da diese im Fall übermäßiger Bearbeitung nicht und im Fall unzureichender Bearbeitung nur durch eine aufwendige Nachbearbeitung korrigierbar sind.
- Geometrische Störungen beeinflussen die technologische Bearbeitung stärker als umgekehrt. Die Nachgiebigkeit des Roboters ist von untergeordneter Bedeutung, da nur Grate bearbeitet werden. Die Verlagerung der Gratfußlage kann hingegen große Auswirkungen auf die technologische Bearbeitung haben.
- Geometrische Abweichungen sind gut vor der Bearbeitung meßbar, bei technologischen Abweichungen ist dies nur sehr eingeschränkt der Fall.

Deshalb ist es angebracht, die Verlagerung der Gratfußlage vor der Bearbeitung zu vermessen und so auszugleichen, daß sie fast keine Auswirkung auf die Technologie haben. Für die globale Bahnkorrektur wird vorausgesetzt, daß die relative Werkstück-Grat-Anordnung gleich bleibt, wodurch auf eine Graterkennung verzichtet werden kann. Bei Kokillen- und Druckgußwerkstücken sind die lokalen Anteile verglichen mit den globalen meist klein, so diese Voraussetzung erfüllt ist. Die Technologieadaption erfolgt in Echtzeit durch eine Geschwindigkeitsregelung.

1.3.4 Sensorgestützte Bahnkorrektur

1.3.4.1 Erfassung globaler Abweichungen durch intermittierende Werkstückvermessung

Zur Erfassung globaler Verlagerungen der Gratfußlage genügt die Vermessung weniger charakteristischer Punkte eines Werkstücks bzw. Gratabschnitts. Es gibt dabei viele Ansätze, aus eindimensionalen Weginformationen die räumliche Verdrehung und Verschiebung zu ermitteln, die sich in Anzahl der Meßpunkte, Meßort, Meßvorgang sowie den verwendeten Sensoren unterscheiden.

Zur Realisierung des Meß- und Auswertungsprozesses gibt es zwei Methoden. Bei der direkten Methode wird mit den Meßgrößen ein Gleichungssystem gelöst, während die hier verwendete iterative Methode die Korrekturwerte durch eine iterative Drehung und Verschiebung des Modells nach einem Optimierungsalgorithmus ermittelt.

Da die rotatorischen Abweichungen in der Regel sehr klein sind, ist die Ermittlungs- und Korrekturreihenfolge ohne Bedeutung. Bild 1.3-3 stellt den Meßvorgang schematisch dar. In der Ausgangsposition sind Werkstück und Objektmodell gegeneinander verschoben und verdreht. Mit zwei Tastern in y-Richtung wird der differentielle Drehwinkel dA um die z-Achse ermittelt und dieser Fehler korrigiert. Bei den verbleibenden rotatorischen Abweichungen dB und dC wird ebenso verfahren. Sind alle rotatorischen Abweichungen erfaßt und korrigiert, werden die translatorischen Abweichungen vermessen. Die 6 Werte dA, dB, dC, dX, dY und dZ bilden die gesuchten räumlichen Abweichungen im einem kartesischen Koordinatensystem. Eine solche mathematische räumliche Darstellung eines Objektes in einem Bezugkoordinatensystem wird nach /9/ als Frame bezeichnet.

1.3.4.2 Globale Bahnanpassung durch Nullpunktkorrektur

Heute verfügbare Industrierobotersteuerungen bieten mehrere Möglichkeiten für globale Bahnkorrekturen. Das realisiertes Verfahren ist die Anwendung der Nullpunktkorrektur (NPK) der Robotersteuerung. Eine NPK bewirkt eine beliebige Verschiebung und Verdrehung von programmierten Punkten oder Programmteilen im Raum, wobei es absolute und relative NPKs gibt. Hierbei kann eine relative NPK nur nach einer absoluten NPK erfolgen. Mathematisch ist eine NPK ein Transformationsoperator, der eine Matrizenmultiplikation mit dem programmierten Frame durchführt.

A) Ausgangsposition

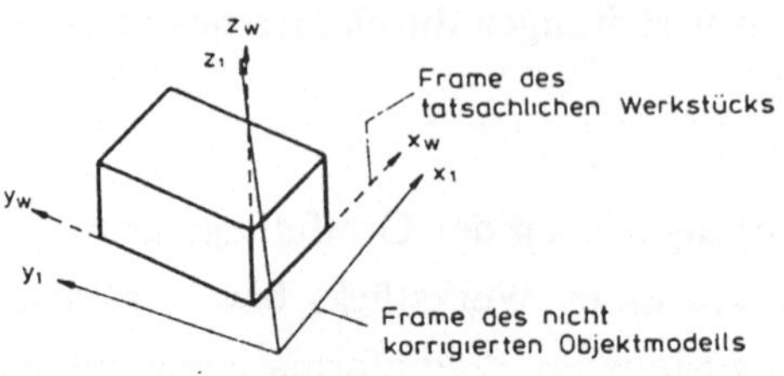

B) Vermessung und Korrektur der Verdrehungen

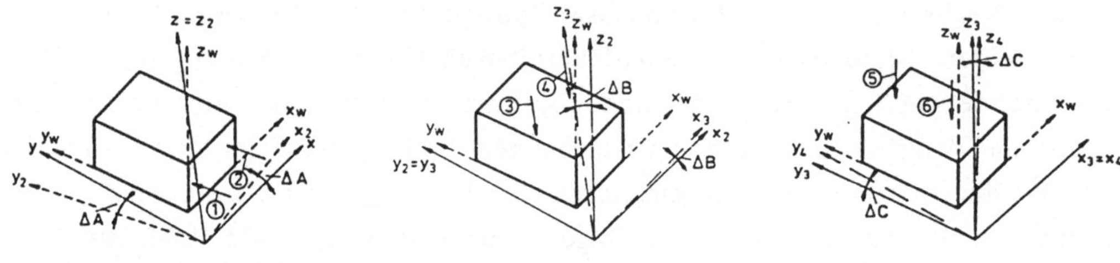

C) Vermessung und Korrektur der Verschiebungen

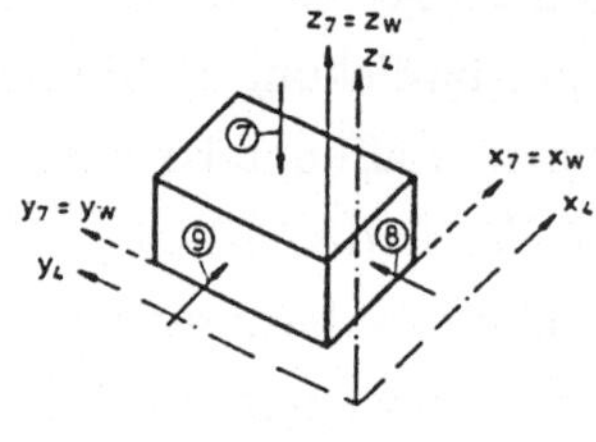

① . ②	Messung zur Ermittlung von ΔA
③ . ④	Messung zur Ermittlung von ΔB
⑤ . ⑥	Messung zur Ermittlung von ΔC
⑦	Messung zur Ermittlung von ΔZ
⑧	Messung zur Ermittlung von ΔY
⑨	Messung zur Ermittlung von ΔX

Bild 1.3-3: Vorgehensweise bei der intermittierenden Werkstückvermessung

Zur Korrektur globaler geometrischer Abweichungen ist eine NPK um jedes Koordinatensystem oder Frame machbar. Es ist sinnvoll, den Fehler am Entstehungsort zu korrigieren. Eine Korrektur in einem anderen Koordinatensystem erfordert eine Berechnung der differentiellen Transformation an jedem Arbeitspunkt und ergibt für jeden Punkt einen anderen Korrekturwert /9/. Diese Vorgehensweise ist bezüglich Berechnung und Übertragung der Korrekturwerte an die Robotersteuerung zu zeitaufwendig und rechenintensiv. Ein Verfahren, das die Korrektur der Fehler am Entstehungsort ermöglicht, wird anhand der robotergeführten Werkstückhandhabung aufgezeigt.

Die Orientierung und Position des Punkts P eines gegriffenen Werkstücks kann durch (1) /9,10/ dargestellt werden (Bild 1.3-4):

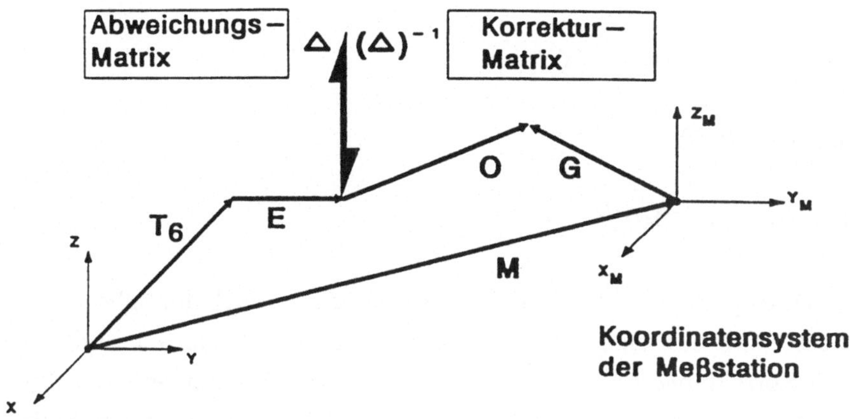

Bild 1.3-4: Globale Bahnkorrektur durch Nullpunktkorrekturen

$$T_6 E\, O = M\, G \tag{1}$$

wobei

T_6 : Frame des Roboterflansches bezogen auf die Basis des Roboterkoordinatensystems,

E : Frame des Endeffektors bezogen auf T_6,

O : Frame des Punktes P eines Gratabschnitts bezogen auf E,

M : Frame der Meßstation bezogen auf die Basis des Roboterkoordinatensystems sowie

G : Frame des Punktes P eines Gratabschnitts bezogen auf M

sind.

Ein durch globale geometrische Abweichungen verursachte Verlagerung $E_{(Del)}$ dieses Punktes tritt erst am Greifer auf und verursacht eine entsprechende geometrische Abweichung an G. Wird diese Abweichung nicht korrigiert, entsteht ein Bearbeitungsfehler an diesem Punkt. Zum Ausgleich dieser Abweichung muß der Roboter ein anderes Frame, nämlich $(\,T_6 E\,)'$ so einnehmen, daß (2) erfüllt ist:

$$(T_6 E)' {}^E\!(Del)\, O = M\,G \tag{2}$$

Formt man (1) um, daß

$$T_6 E\, ({}^E\!(Del)^{-1}\, {}^E\!(Del))\, O = M\,G \tag{3}$$

gilt, ergibt sich mit (2):

$$(T_6 E)' = (T_6 E)\, {}^E\!(Del)^{-1} \tag{4}$$

Bei Starrkörpern ist die globale Verlagerung ${}^E\!(Del)$ für alle Punkte des Werkstücks bzw. des entsprechenden Gratabschnitts gleich. Es ergibt sich ein konstanter Korrekturwert ${}^E\!(Del)^{-1}$, der einmalig an die Robotersteuerung übermittelt wird. Die Korrektur der Verlagerung erfolgt nach (4) durch eine Nullpunktkorrektur des Korrekturwertes um das Endeffektorframe $(T_6 E)$.

1.3.4.3 Programmtechnische Realisierung

Die in der Robotersteuerung RCM-3 realisierten Funktionen relative und absolute Nullpunktkorrektur können mathematisch als Transformationsoperatoren NPK_{REL} und NPK_{ABS} definiert werden. Desgleichen werden die Bewegungssätze LIN mit ihren Parametern als Zielframe des Bearbeitungspunkts verstanden. Gleichung (4) kann damit wie folgt dargestellt werden:

$$
\begin{aligned}
(T_6 E)' \ &= (T_6 E)\, {}^E\!(Del)^{-1} \\[2ex]
&= NPK_{ABS}(T_6 E)\, LIN(Del^{-1}) \\[2ex]
&= NPK_{ABS}(0)\, NPK_{REL}(T_6 E)\, LIN(Del^{-1}).
\end{aligned}
$$

Die zusätzliche $NPK_{ABS}(0)$ ist eine programmtechnische Notwendigkeit der RCM-Steuerung, bietet aber eine Möglichkeit, den globalen Fehler Werkzeugverschleiß auszugleichen. Bei der Abarbeitung des Programms wird das Korrekturframe aus Eingangsspeichern bzw. Parametern der Steuerung aufgerufen und daraufhin um das Frame des Arbeitspunktes transformiert.

Die zeitliche Entkopplung der Sensorabtastung von der Robotersteuerung sowie die örtliche Trennung der Sensoren von der Bearbeitungsstelle bieten die

Voraussetzung für einen wirtschaftlichen und zuverlässigen Sensoreinsatz. Bezüglich der gesamten Taktzeit ist die intermittierende Vermessung der Echtzeit-Bahnverfolgung überlegen. Der Systemaufbau zur intermittierenden Vermessung und globalen Bahnkorrektur ist in Bild 1.3-5 dargestellt.

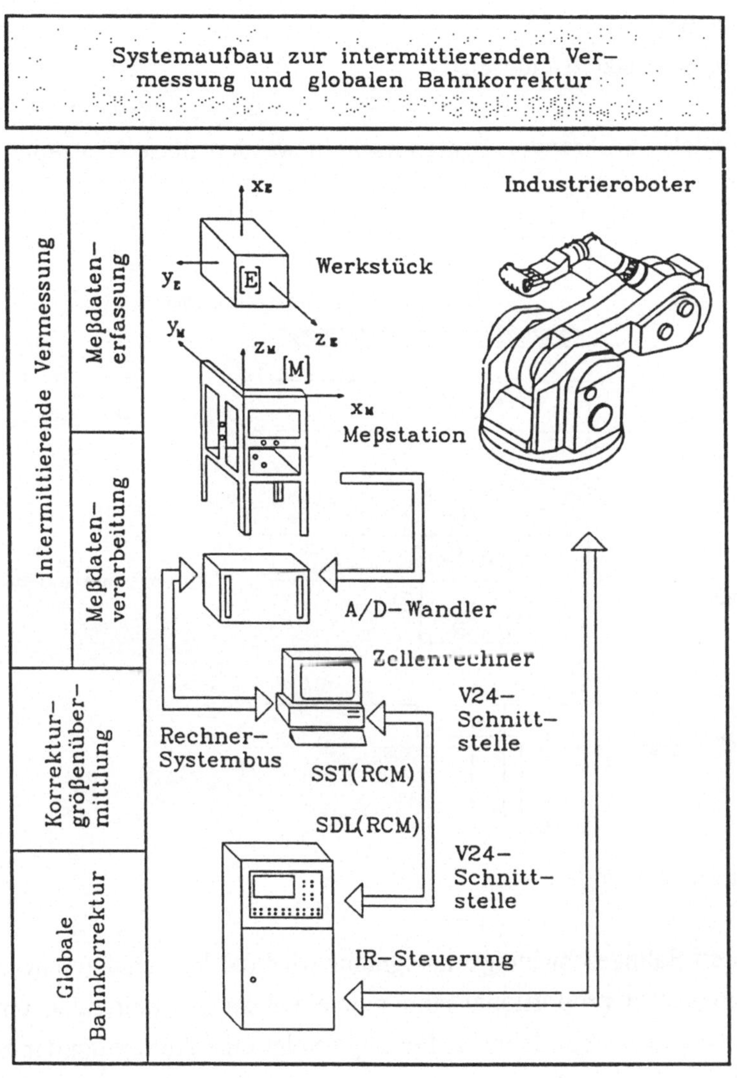

Bild 1.3-5: Systemaufbau zur intermittierenden Vermessung und globalen Bahnkorrektur

1.3.5 Technologische Adaption

Für die Adaption technologischer Abweichungen sind folgende Konzepte der Prozeßregelung möglich:

- direkte Bahngeschwindigkeitsregelung,
- Schnittaufteilung und
- stufenweise Geschwindigkeitsänderung.

Anhand des Beispiels variierender Gratquerschnitt werden diese Konzepte in Bild
1.3-6 verdeutlicht.

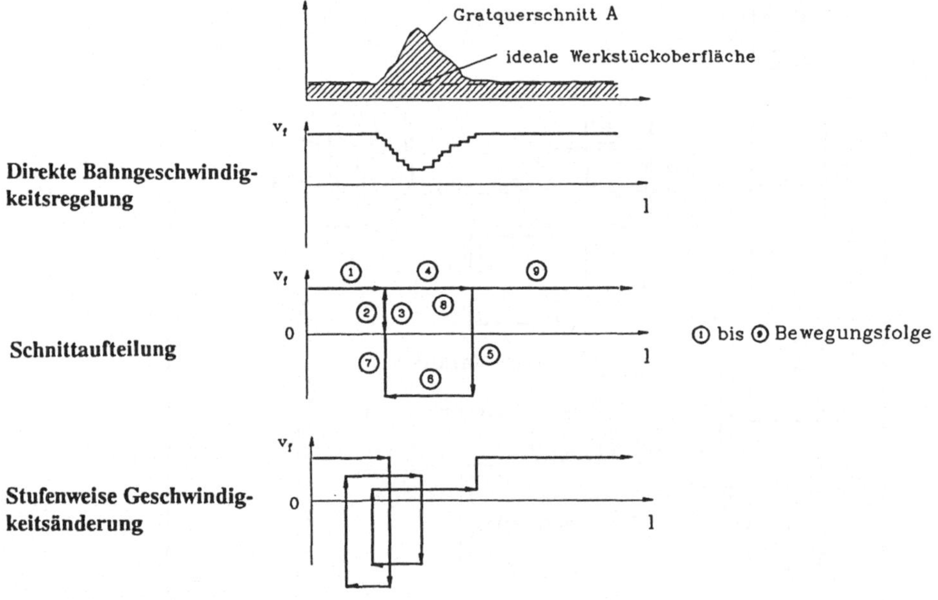

Bild 1.3-6: Konzepte zur Technologieadaption

Bei der direkten Bahngeschwindigkeitsregelung wird die Vorschubgeschwindigkeit
des Roboters umgekehrt proportional zum momentan zu bearbeitenden Gratquerschnitt geregelt. Beim Konzept Schnittaufteilung erfolgt eine Aufteilung der Bearbeitung in zwei oder mehr Durchgänge, wenn der zu bearbeitende Gratquerschnitt zu
groß wird. Die stufenweise Geschwindigkeitsregelung bewirkt bei ansteigenden Bearbeitungskräften ein Zurückfahren des Roboters und erneutes Abfahren der Bahn mit
reduzierter Geschwindigkeit. Für die Aufgaben dieses Projekts erwies sich die direkte
Geschwindigkeitsregelung als beste Lösung.

Für die Bestimmung der technologischen Abweichungen können Motorstromsensoren eingesetzt werden. Eine der Roboter- oder Werkzeugbewegung entgegengesetzte Belastung bewirkt einen Anstieg des Motorstroms. Die Messung des Motorstroms der Werkzeuge ist unabhängig von der Position des Roboters und deshalb besser geeignet als die der Roboterantriebe. Motorstromsensoren zeichnen sich durch niedrigen Preis, einfache Installation und Vermeidung zusätzlich zu bewegender Lasten aus. Nachteilig ist die niedrige Reaktionsgeschwindigkeit und die eingeschränkte Reproduzierbarkeit der erfaßten Werte.

1.3.6 Prototypische Realisierung einer sensorgestützten robotergeführten Gußputzzelle

Im Rahmen dieses Projekts wurde eine robotergeführte sensorgestützte Gußputzzelle aufgebaut. Zur Erzielung einer hohen Flexibilität und leichten Erweiterbarkeit mußten folgende Anforderungen erfüllt werden:

- Eignung des Systems sowohl für Werkzeug- als auch für Werkstückhandhabung durch ein integriertes Wechselsystem. Bei Werkzeughandhabung können vom Industrieroboter zusätzlich Handhabungsaufgaben durchgeführt werden.
- Modularität der Hard- und Softwarekomponenten.
- Realisierung einer leicht anzupassenden Sensordatenverarbeitung: Beim Wechseln der Greifer, Werkzeuge bzw. der Sensorik soll eine Anpassung durch einfache Koordinatentransformation möglich sein.
- Auswertung der Sensordaten in einem seperaten Koppelrechner, um auch umfangreichere Rechenoperationen durchführen zu können.
- Zur Realisierung unterschiedlicher Korrekturstrategien an unterschiedlichen Gratabschnitten soll das Bearbeitungsprogramm des Roboters in Unterprogrammtechnik gestaltet werden.

Der realisierte Aufbau (Bild 1.3-7) besteht im wesentlichen aus folgenden Komponenten:

- Industrieroboter KUKA IR 160/60 mit Werkzeugwechselsystem,
- Robotersteuerung SIEMENS RCM 3.1,
- Werkzeug- und Greifermagazin für 6 Greifer/Werkzeuge,
- Meßzelle mit 6 induktiven Wegaufnehmern,

- 4 stationären Bearbeitungswerkzeuge (Tellerschleifmaschine, Fräseinheit, Bandschleifmaschine, Trennschleifeinheit),
- Motorstromsensoren in den Antrieben der Werkzeuge,
- Koppelrechner (IBM-AT) zur Auswertung der Sensordaten und zur Prozeßsteuerung.

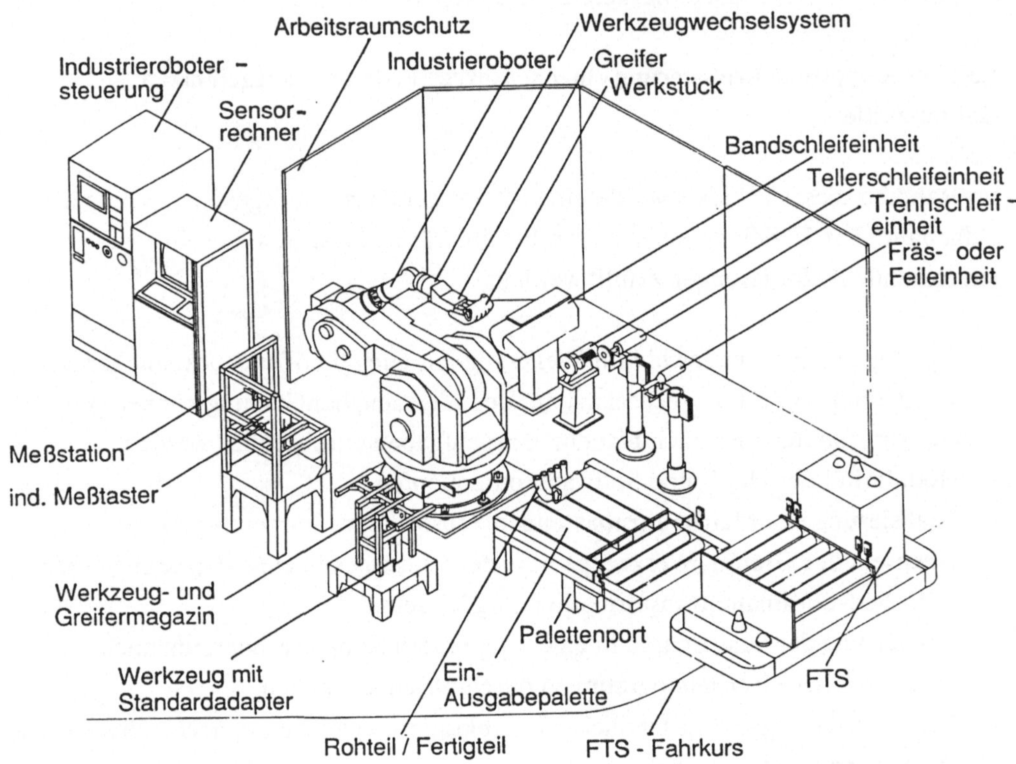

Bild 1.3-7: Gußputzzelle

Das vorgestellte System wurde am IPK anhand eines PKW-Ansaugkrümmers getestet. Es ergab sich bei Verwendung der globalen Bahnkorrektur eine Taktzeit von etwa 90 Sekunden, wobei etwa 15 Sekunden auf die Meßzeit entfielen. Die Anforderungen an die Bearbeitungsgüte wurden erfüllt.

Literaturverzeichnis

1   Riege, W.: Schleifen und Trennschleifen in der Gußputzerei. Düsseldorf: Gießerei-Verlag, 1981.

2   Lennartz, K. D., Hsieh, L.-H., Carbon, M.: Sensorgestütztes Entgraten eröffnet neue Anwendungs-felder. MIC Sondertagung: Automatisiertes Entgraten mit dem Roboter. München: 1988.

3   Spur, G.: Sensoren für Industrieroboter. VDE/VDI-Fachtagung: Sensoren 1983. VDI-Bericht 509. Düsseldorf: VDI-Verlag, 1983.

4   Rogos, J.: Sensoren in der Fertigungstechnik. NTG-Fachberichte 93 "Sensoren Technologie und Anwendung, S.277- 300. Berlin und Offenbach: VDE- Verlag, 1986.

5   Schmid, D., Nowak, H., Michalak, E.: Dynamische Eigenschaften programmgeführter und sensor-geführter Industrieroboter. Forschungsbericht KfK-PFT 127, Kernforschungszentrum Karlsruhe 1986.

6   Mollath, G., Nickolay, B.: Systeme zur mehrdimensionalen Kraft- und Momentenmessung. ZwF 82 (1987) 6. München: Carl Hanser Verlag, 1987.

7   Spur, G., Seliger, G., Furgac, I., Diep, T.V.: Sensorunterstütztes Montagesystem. Robotersysteme, 2 (1986) 1, S. 3-8.

8   Baum, G.: Gußputzen mit Unterstützung durch Sensoren. In: Tagungsband Sensorführung von Ro-botern. Essen, 25.-26.2.1988.

9   Paul, R.P.: Robot Manipulators - Mathematics, Programming and Control. Cambridge: MIT Press, 1984.

10 Denavit, J., Hartenberg, R.S.: A Kinematic Notation for Low-Pair Mechanisms Based on Matrices. ASME Journal of Applied Mechanics, (1955), S. 215-221.

1.4 Untersuchung von Systemen zur mehrdimensionalen Kraft- und Momentenmessung

G. Mollath, B. Nickolay, Berlin

Zusammenfassung

Basierend auf der Untersuchung von Systemen zur mehrdimensionalen Kraft- und Momentenmessung wird der Entwicklungsstand dieser Sensorsysteme aufgezeigt. Es werden die Funktionsprinzipien dieser Sensorsysteme beschrieben und deren Anwendungsgebiete dargestellt. Schwerpunktmäßig wird die Untersuchung des statischen und dynamischen Verhaltens von Kraft-Momenten-Sensoren bezüglich der Gegebenheiten des Einsatzes in Bearbeitungsprozessen beschrieben. Aufbauend auf diesen Versuchsergebnissen werden die Einsatzgrenzen dieser Sensorsysteme aufgezeigt und Empfehlungen zum praktischen Einsatz gegeben.

1.4.1 Einleitung

Die Ausstattung von Industrierobotern mit Systemen zur mehrdimensionalen Kraft- und Momentenmessung soll es ermöglichen, daß durch die Rückkopplung der Sensorsignale zur Robotersteuerung der Industrieroboter in eine kontrollierte Wechselwirkung mit seiner jeweiligen Prozeßumgebung gebracht wird. Dadurch soll dieser in die Lage versetzt werden, Fertigungsprozesse auch bei vornehmlich leicht unterschiedlichen Prozeßbedingungen zu beherrschen /1,2,3/. In den letzten Jahren haben sich folgende Anwendungsgebiete für den Einsatz von Systemen zur mehrdimensionalen Kraft- und Momentenmessung herauskristallisiert:

- Fügevorgänge bei der Montage
  Mehrdimensionale Kraft- und Momenten-Sensoren, die entweder im Roboterarm oder extern in der Montagevorrichtung integriert sind, sollen die Abweichungen im robotergeführten Fügeprozeß (Maß-, Positions- und Orientierungsabweichungen) erfassen. /4,5,6,7/
- Bearbeitungsvorgänge, insbesondere Entgraten
  Der Einsatz dieser Sensorsysteme zur Konturverfolgung als Basis für Entgratvorgänge beruht heute meist auf der Transformation eines Kraftregelproblems in ein Positionsregelproblem. Dabei sollen Konturabweichungen erfaßt werden, deren Ursachen Werkstücktoleranzen sein können. /8,9/

- Qualitätskontrolle
  Bei der Qualitätskontrolle lassen sich beispielsweise Paßungenauigkeiten während der Montage und Steifigkeiten messen.
- Roboterprogrammierung
  Eine Sensorkugel, die auf einem 6D-Kraft-Momenten-Sensor basiert, ermöglicht es dem Anwender, einen Industrieroboter im Teach-in-Betrieb in allen sechs Freiheitsgraden zu steuern. Die von der menschlichen Hand ausgeübten Kräfte und Momente werden zusammen mit den Bahnkoordinaten abgespeichert. Damit wird das Einlernen von Montage- und Bearbeitungsvorgängen erleichtert /9/.
- Sicherheitsüberwachung
  Durch die Überwachung von Grenzwerten der Prozeßgrößen sollen Kollisionen und damit Beschädigungen von Werkzeugen und Werkstücken vermieden werden.

1.4.2 Prinzip der mehrdimensionalen Kraft- und Momentenmessung

Alle Verfahren zur Messung einer Kraft werden auf die Messung der auftretenden Verformung zurückgeführt. Die hierbei üblichen Methoden der Verformungsmessung mit hoher Empfindlichkeit in einem kleinen Meßbereich beruhen darauf, daß sich bestimmte physikalische Eigenschaften bei kristallinen und elektrisch leitfähigen Körpern unter einer von außen eingeprägten Dehnung ändern. Zu diesen physikalischen Eigenschaften gehören der elektrische Widerstand (Widerstandsfolie, piezoresistiv) und die Permeabilität (magnetoelastisch, magnetostriktiv) /10,11/.

Die dafür erforderlichen Anordnungen zur Meßsignalerfassung und -aufbereitung müssen äußere Einflußgrößen wie die Temperatur in gewissen Grenzen kompensieren können und Möglichkeiten zur Linearisierung der Kennlinienverläufe enthalten.

Für Systeme mit einer passiven Nachgiebigkeit (compliance) ist der Einsatz hochempfindlicher Dehnungsmeßmethoden nicht erforderlich /12/. Hierbei kommen vergleichsweise konventionelle Verfahren zur Dehnungs- und Torsionsmessung auf der Basis optischer und mechanischer Abstands- und Längenmeßprinzipien zum Einsatz.

Die Erfassung einer Kraft an einem einer Messung nicht zugänglichen Ort, wie zum Beispiel an einem rotierenden Werkzeug, macht es erforderlich, ersatzweise an einer oder mehreren anderen Stellen Kräfte und Drehmomente zu erfassen. Bei einfachen Aufgabenstellungen, bei denen der Ort des Kraftangriffs und die Wirkrichtung unverändert bleiben, reicht im allgemeinen die Erfassung von zwei Kräften und einem Drehmoment aus. Liegen jedoch Aufgabenstellungen vor, bei denen sich der Kraftangriffspunkt und auch die Richtung der Kraftwirkung ändern können, ist die Erfassung aller sechs Kraft- und Momentenkomponenten erforderlich.

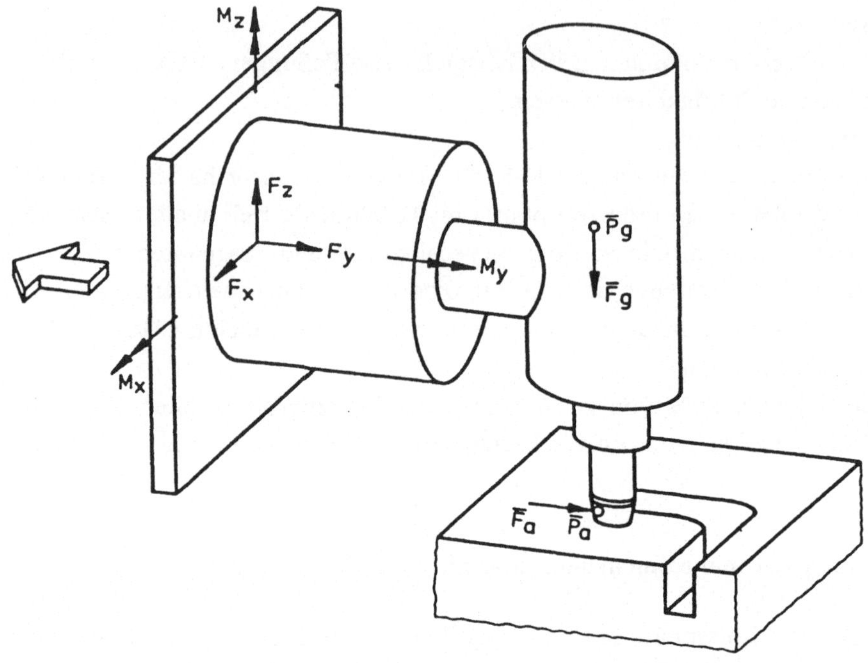

Bild 1.4-1:   Prinzip der mehrdimensionalen Kraft- und Momentenmessung

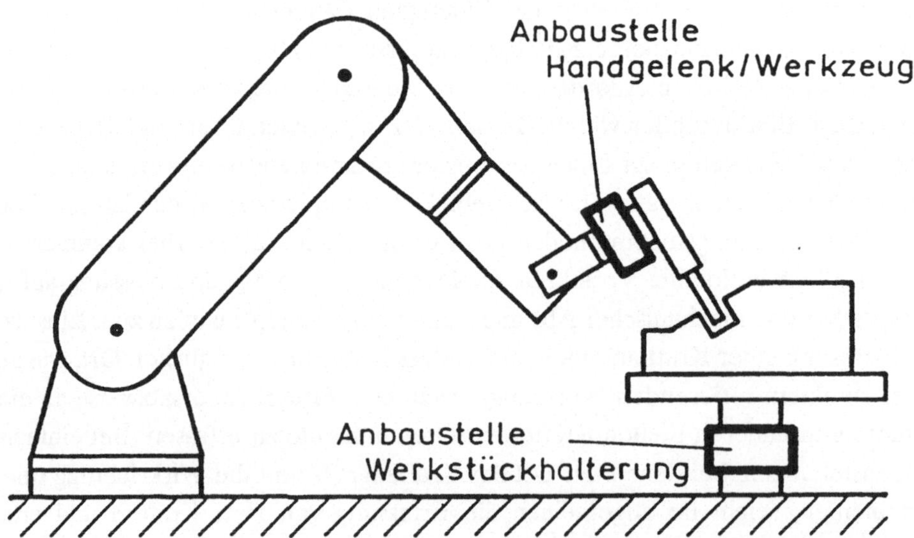

Bild 1.4-2:   Anbaustellen von Systemen zur mehrdimensionalen Kraft- und Momentenmessung

Die hier untersuchten Kraft-Momenten-Sensoren geben die Möglichkeit, an einer Stelle räumlich konzentrierte Kräfte und Momente simultan zu erfassen. Diese Sensoren müssen dabei so installiert sein, daß der gesamte Kraftfluß über sie geleitet wird (Bild 1.4-1). Bei Anbau an einen Industrieroboter ist dies im allgemeinen die Lage zwischen dem Handgelenk und dem Werkzeug beziehungsweise Greifer. Aber auch andere Einbaustellen werden vorgeschlagen /7,13/ , wie etwa in der Halterung einer Montageplattform (Bild 1.4-2).

Für die Auswahl des Anbauortes ist es erforderlich, eine genaue Analyse hinsichtlich auftretender Störgrößen bei der statischen und dynamischen Kraftmessung durchzuführen. Zu den statischen Störgrößen gehört der Einfluß des Eigengewichts der Baugruppe, die an das Sensorsystem angekoppelt ist und auf die die zu messende Kraft einwirkt. Der Einfluß dieser Störgrößen kann zum Beispiel durch einen Nullpunktabgleich kompensiert werden.

Besteht die Möglichkeit, daß die angekoppelte Baugruppe unterschiedliche räumliche Orientierungen einnehmen kann, also die Richtung der Gewichtskraft sich verändert, so muß ständig eine Offset-Berechnung durchgeführt werden. Des weiteren ist bei der Auslegung darauf zu achten, daß die Offset-Werte nicht zu einer Übersteuerung des Meßbereichs führen.

Bei der Abschätzung des dynamischen Verhaltens kraftführender mechanischer Übertragungselemente muß der Einfluß der Systeme zur mehrdimensionalen Kraftmessung berücksichtigt werden. Insbesondere bei kraftgeregelten Anwendungen muß darauf geachtet werden, daß nicht durch den Einbau des Sensorsystems mit der unvermeidlichen Nachgiebigkeit Eigenfrequenzen eines Feder-Masse-Systems in die Bandbreite des Nutzsignals verlagert werden, zum anderen ist zu berücksichtigen, daß die Signalübertragung vom Kraftangriffspunkt zum Sensorsystem durch die Größe der zu bewegenden Massen, Trägheitsmomente und Dämpfung eine Phasenverschiebung erfährt.

1.4.3 Aufbau und Funktion

Der mechanische Grundkörper eines Kraft-Momenten-Sensors auf Dehnungsmeßstreifen- (DMS-) Basis hat meist den in Bild 1.4-3 dargestellten Aufbau /14/. Der Basisring des aus einem Stück gefertigten Sensors ist mit dem Innenkern über vier Speichen verbunden. Der obere Ring ist mit dem Kern über vier Stützen verbunden. Die Speichen und Stützen sind jeweils mit einem DMS-Paar beklebt.

Werden Kräfte oder Momente über den oberen und unteren Ring eingeleitet, bewirken sie je nach Wirkrichtung in den Speichen und/oder Stützen elastische Verformungen. Diese Verformungen verursachen eine Widerstandsänderung der DMS; die daraus resultierenden elektrischen Signale (im Bereich von + - 2,5 mV) müssen zunächst verstärkt werden, um dann über eine Matrix-Multiplikation in Kraft- und Momentenkomponenten umgerechnet zu werden. Diese Signalaufbereitung wird entweder mittels einer Analog-Rechenschaltung oder digital mit einem Mikrorechner realisiert.

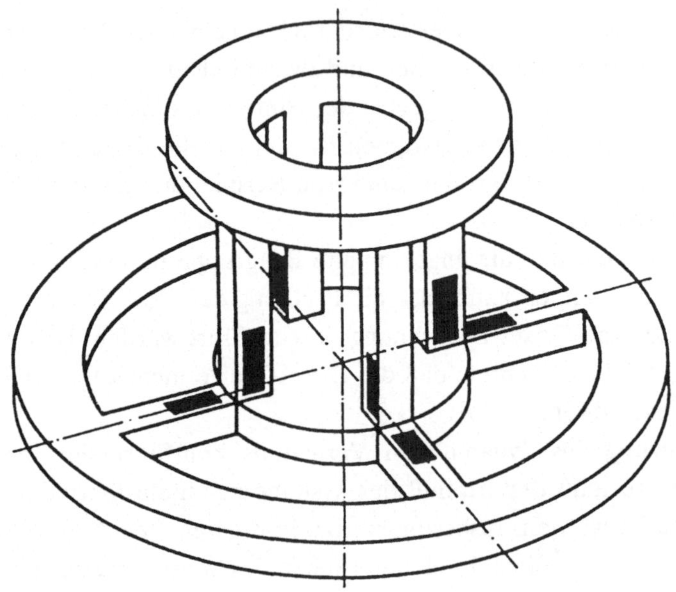

Bild 1.4-3:   Grundkörper eines Kraft-Momenten-Sensors (DFVLR)

Kraft-Momenten-Sensoren mit einer analogen Auswerteeinheit stellen die gemessenen Kraft- und Momentenkomponenten am Ausgang als analoge Spannungen zur Verfügung; bei der digitalen Ausführung der Auswerteeinheit werden diese über eine serielle Schnittstelle in Form von Protokollen ausgegeben.

Zur Zeit sind neuartige Bauformen von Systemen zur mehrdimensionalen Kraft- und Momentenmessung im Entwicklungsstadium /15,16/.

1.4.4 Durchgeführte Untersuchungen

1.4.4.1 Versuchsaufbau

Die Sensorsysteme, die für die Untersuchungen zur Verfügung standen, sind mit ihren Spezifikationen in Tabelle 1.4-1 aufgelistet. Da die Untersuchungen den Gegebenheiten von Bearbeitungsprozessen (Gußputzen, Entgraten) angepaßt werden sollten, wurden die Versuche an Kraft-Momenten-Sensoren mit angeflanschter Werkzeugaufnahme mit Werkzeug, im vorliegenden Fall eine Frässpindel mit Fräser, durchgeführt.

Um unterschiedliche Kraft-Momenten-Sensoren einspannen zu können und um die orthogonale Krafteinleitungsrichtung bei den statischen und dynamischen Untersuchungen definiert ändern zu können, wurde eine spezielle Vorrichtung konstruiert und realisiert (Bild 1.4-4).

Tabelle 1.4-1:   Spezifikationen der untersuchten Kraft-Momenten-Sensoren

Sensortyp Hersteller	KMS 811 3S DFVLR/SEITNER ELECTRONIC	HBM-3D HOTTINGER BALDWIN MESSTECHNIK	SIROTEC SIEMENS
Meßbare Komponenten	6 Kraftkomponenten F_x, F_y, F_z Momentenkomponenten M_x, M_y, M_z	3 Kraftkomponente F_z Momentenkomponenten M_x, M_y	6 Kraftkomponenten F_x, F_y, F_z Momentenkomponenten M_x, M_y, M_z
Meßbereich			
Kraftkomponenten	$\pm$ 500 N	$\pm$ 1000 N	$\pm$ 200 N
Momentenkomponenten	$\pm$ 500 Ncm	$\pm$ 20 Nm	$\pm$ 200 Ncm
Mechanische Überlastbarkeit	10fach (Komponenten einzeln) 5fach (Komponenten zusammen)	keine Herstellerangabe	keine Herstellerangabe
Signalauswerteeinheit	Analog-Auswerteeinheit	TF-Meßverstärker	Digital-Signalauswerteeinheit
Schnittstelle zur Robotersteuerung	Analog-Schnittstelle $\pm$ 10 V	Analog-Schnittstelle $\pm$ 10 V	Serielle Schnittstelle RS 232 C
Äußere Maße			
Durchmesser	99 mm	100 mm	95 mm
Höhe	45 mm	22 mm	82 mm

Weiterhin wurde eine Vorrichtung gebaut, um bei der Untersuchung des dynamischen Verhaltens definierte und reproduzierbare Bedingungen für die Krafteinleitung mit einem Krafteinleitungshammer zu schaffen (Bild 1.4-5).

Bild 1.4-4:   Vorrichtung zur flexiblen Einspannung von Kraft-Momenten-Sensoren

Bild 1.4-5:   Vorrichtung zur definierten Krafteinleitung

1.4.4.2 Untersuchung des statischen Verhaltens

Der statische Test dient der Messung der Kennlinien der einzelen Kraft- und Momentenkomponenten durch Einleitung definierter Kräfte und Momente. Die Kräfte und Momente werden durch Normgewichte aufgebracht; die vom Sensor erfaßten Kraft- und Momentenkomponenten werden mit einem Digital-Voltmeter gemessen.

Im Einzelnen wurden untersucht:

- die Signalverläufe hinsichtlich Linearität und Hysterese,
- das Übersprechen der Komponenten (Verkopplung) und
- die Reproduzierbarkeit der Meßergebnisse.

1.4.4.3 Untersuchung des dynamischen Verhaltens

Bei der Messung des dynamischen Verhaltens wird das zu untersuchende mechanische System durch einen Kraftimpuls angeregt und die Übertragungsfunktion des Systems bestimmt. Aus der Übertragungsfunktion lassen sich insbesondere die Resonanzfrequenzen bestimmen. /17,18/

In Bild 1.4-6 ist der Versuchsaufbau zur Messung der dynamischen Kenngrößen von Kraft-Momenten-Sensoren als Blockschaltbild dargestellt. Durch einen Schlag mit einem Krafteinleitungshammer wird das zu untersuchende mechanische System durch den entstehenden Kraftimpuls angeregt; das dabei vom Piezo-Kraftaufnehmer des Hammers erzeugte Signal dient dem "Digitalen-Signal-Analysator" als Referenzsignal bei der Berechnung des Frequenzganges. Der Krafteinleitungshammer soll ein Signal erzeugen, das über einen dem zu untersuchenden System entsprechenden Frequenzinhalt verfügt. Unter diesem Gesichtspunkt ist ein Signal mit kurzer Impulsdauer, zum Beispiel ein Nadelimpuls, die geeignete Signalform, da hiermit in kürzester Zeit ein breites Frequenzspektrum angeregt wird.

Die durch den Kraftimpuls am Kraft-Momenten-Sensor erzeugte elastische Verformung wird in der Sensorsignal-Auswerteeinheit in kartesische Kraft- und/oder Momentenkomponenten umgerechnet und jeweils eine davon dem zweiten Kanal des "Digitalen Signal-Analysators" zugeführt. Das Prinzip der Messung der komplexen Übertragungsfunktion $G_{YF}(\omega)$ des Systems ist in Bild 1.4-7 als Blockschaltbild dargestellt.

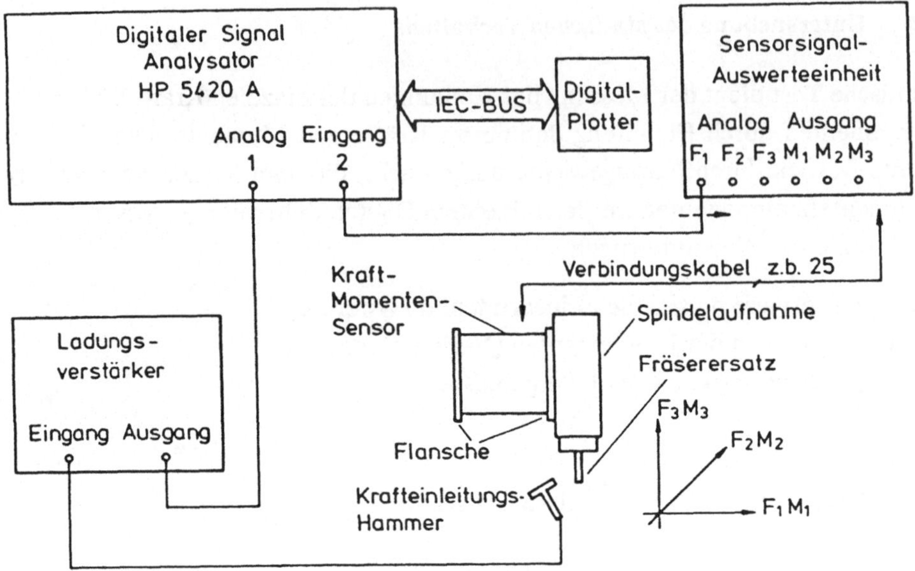

Bild 1.4-6:   Blockschaltbild zur Untersuchung des dynamischen Verhaltens

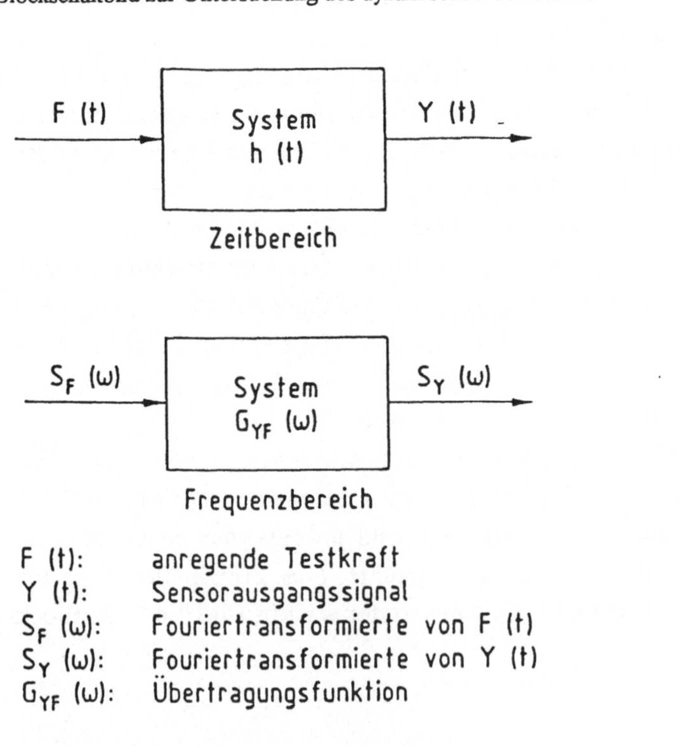

F (t): anregende Testkraft
Y (t): Sensorausgangssignal
S_F (ω): Fouriertransformierte von F (t)
S_Y (ω): Fouriertransformierte von Y (t)
G_{YF} (ω): Übertragungsfunktion

Bild 1.4-7:   Prinzip der Messung der Übertragungsfunktion

Die Übertragungsfunktion ist eine komplexe Größe; sie läßt sich daher in Real- und Imaginärteil

$$\underline{G}_{YF}(\omega) = \mathrm{Re}\left[\underline{G}_{YF}(\omega)\right] + j\,\mathrm{Im}\left[\underline{G}_{YF}(\omega)\right] = R(\omega) + jX(\omega)$$

oder in eine Betrags- und Phasenfunktion

$$\varphi(\omega) = \arctan\left[\frac{X(\omega)}{R(\omega)}\right] \qquad |\underline{G}_{YF}(\omega)| = \sqrt{R^2(\omega) + X^2(\omega)}$$

aufspalten und auf dem Bildschirm des "Digitalen Signal-Analysators" darstellen.

1.4.4.4 Versuchsergebnisse

Die Untersuchung des statischen Verhaltens der Sensoren ergab, daß die Linearitätsfehler und das Übersprechen innerhalb der vom Hersteller angegebenen Grenzen (< 2 %) lagen. Versuche zur Reproduzierbarkeit und zum Hystereseverhalten zeigten ebenfalls keine Abweichungen gegenüber den Angaben der Hersteller.

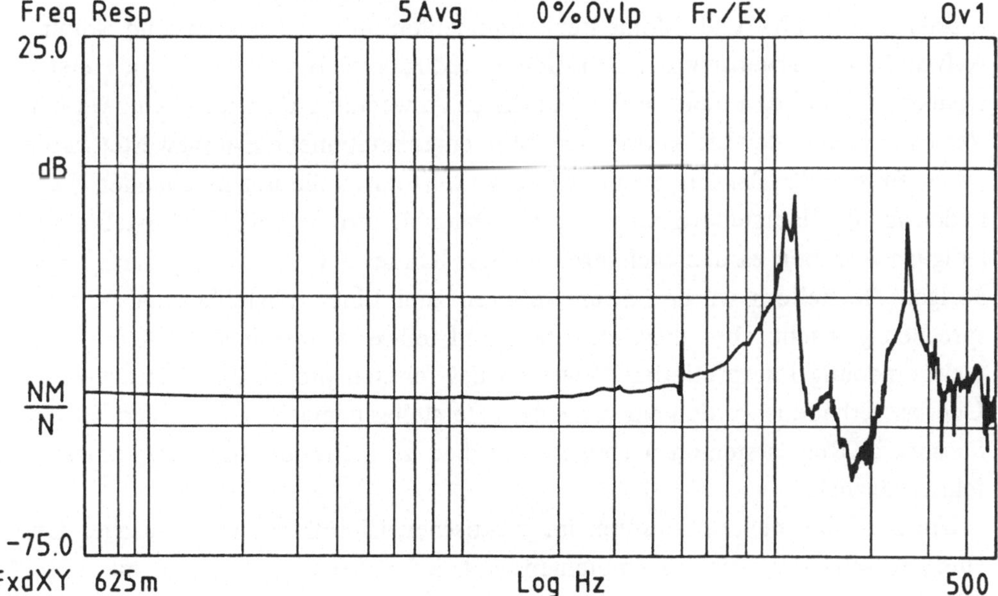

Bild 1.4-8: Übertragungsfunktion der Momentenkomponente M₃ bei Krafteinleitung in Richtung 1

Um die Untersuchungen den Gegebenheiten von Bearbeitungsprozessen anzupassen, wurden die Versuche an Sensoren mit angeflanschter Werkzeugaufnahme mit Werkzeug durchgeführt. Dadurch wurden die Ergebnisse bei der Untersuchung des dynamischen Verhaltens entscheidend beeinflußt. In Bild 1.4-8 ist die Übertragungsfunktion eines Moments dargestellt. Das System mit angeflanschter Werkzeugaufnahme mit Werkzeug zeigt bei etwa 105 Hz starke Eigenschwingungen, deshalb weisen die Frequenz-Übertragungsfunktionen der einzelnen Kraft- und Momentenkomponenten lediglich bis etwa 50 Hz einen linearen Verlauf auf. Da also zwischen dem Ort der Krafteinwirkung - dem Werkzeug - und dem Ort der Meßwerterfassung - dem Sensor - als Übertragungsweg das mechanische System - Werkzeugaufnahme mit Werkzeug - liegt, wird die Bandbreite des Sensorsystems erheblich eingeschränkt. Die Eigenschaften des mechanischen Übertragungsweges können Komponenten anregen, die sogar orthogonal zur jeweiligen Krafteinleitungsrichtung stehen. Diese Komponenten können höhere Werte als die eigentlich angeregte Komponente erreichen.

1.4.5   Erfahrungen mit dem Einsatz von Kraft-Momenten-Sensoren

Durch die Wahl eines anwendungsspezifischen Anbauortes kann der Anwender die Anzahl der Kraft- und Momentenkomponenten minimal halten und somit den Aufwand zur Auswertung der Sensordaten reduzieren. Befragungen von Herstellern ergaben, daß bei den meisten der bekannten Anwendungsfälle lediglich zwei der zur Verfügung stehenden sechs Kraft- und Momentenkomponenten ausgewertet werden.

Der Einsatz der Sensorsysteme wird erschwert durch die unzureichenden Angaben in den von den Herstellern mitgelieferten Datenblättern. Bei einem Hersteller wurden lediglich Angaben zu den Meßbereichen der Kräfte und Momente gemacht. Bei den übrigen Herstellern wurden zwar Angaben zum Linearitätsfehler und zum Übersprechen gemacht, aber diese Angaben sind teilweise unvollständig und manchmal nicht eindeutig interpretierbar. Angaben des für den praktischen Einsatz wichtigen Überlastverhaltens wurden nur von einem Hersteller gemacht. Die für den Einsatz des Sensors in Regelsystemen wichtigen Angaben zum Frequenzübertragungsverhalten fehlen gänzlich.

Um Kraft-Momenten-Sensoren im praktischen Einsatz vor mechanischer Überlastung zu schützen, wäre es empfehlenswert, jeden Sensor mit einem mechanischen Überlastschutz zu versehen. Dies ist lediglich bei einem marktgängigen Sensorsystem vorbildlich realisiert worden. Wünschenswert wäre eine Anzeige des Überlastungsfalls, beziehungsweise, daß dieser Zustand durch ein Signal der übergeordneten Steuerung mitgeteilt werden könnte.

Die Totzeiten im Regelkreis Industrieroboter-Sensor-Prozeß sind auch abhängig von der Sensordatenverarbeitung und der Übertragungszeit der Sensordaten. Bei Anschaltung des Sensors an Industrieroboter wird zunehmend die Datenübergabe in digitaler Form Bedeutung gewinnen. Vorrangig dürfte dabei eine serielle Übertragung mit hohen Baudraten zur Anwendung kommen. Offen ist jedoch die Standardisierung des Datenübertragungsprotokolls. Für Aufgabenstellungen, bei denen der Sensor in dem Regelkreis Industrieroboter-Prozeß eingesetzt wird, ergibt sich die erreichbare Regeldynamik durch Betrachtung des geschlossenen Regelkreises. Dabei ist heute häufig nicht das Sensorsystem, sondern die Industrierobotersteuerung aufgrund ihrer zu niedrigen Interpolationstaktfrequenz ein begrenzendes Element für eine On-line-Einberechnung der Sensordaten /19/.

Literaturverzeichnis

1   Hirzinger, G.; Mettin, F.: Taktiler Sensor für Industrieroboter. Zeitschrift für wirtschaftliche Fertigung 76 (1981) 11, 528 - 532, Carl Hanser Verlag, München.

2   Dillmann, R.; Faller, B.: Kraft-Momenten-Sensor für Industrieroboter. Elektronik 8 (1982), 89 - 95, Franzis-Verlag, München.

3   Fritz, H.; Wurll, P.: Tactile Force-Torque Sensor for Performing Control Tasks in Robotics. Siemens Forschungs- u. Entwicklungs-Bericht Bd. 15 (1986) Nr. 3, Springer Verlag, 1986.

4   Schweizer, M.; Haaf, D.: Taktile Sensoren und ihre Anwendung in programmierbaren Montagesystemen. In: Fachberichte Messen; Steuern; Regeln. Bd. 4: Wege zu sehr fortgeschrittenen Handhabungssystemen. Springer Verlag, Berlin 1980.

5   Spur, G.; Felsing, W.: Belastungsabbau durch Einsatz von Industrierobotern zum Bürsten von Gummi-Metall-Teilen. Forschungsbericht. IPK, Berlin, 1982.

6   Dillmann, R.; Hugel, Th.; Meier, W.: Ein sensorintegrierter Greifer als modulares Teilsystem für Montageroboter. Robotersysteme 2 (1986). Springer Verlag, Berlin.

7   Spur, G.; Seliger, G.; Furgac, I.; Diep. T. V.: Sensorunterstütztes Montagesystem. Robotersysteme 2 (1986), Springer Verlag, Berlin.

8   Felsing, W.: Planungssystematik für die trennende Rohteilbearbeitung mit Industrierobotern. Produktionstechnik Berlin, Band 60. Carl Hanser Verlag, München, Wien, 1987.

9   Hirzinger, G.: Adaptiv sensorgeführte Roboter mit besonderer Berücksichtigung der Kraft-Momenten-Rückkopplung. Robotersysteme 1, 161 - 171 (1985), Springer Verlag, Berlin.

10 Klinger, D.: Der 3-D-Kraftsensor. Roboter 6 (1986), Verlag Moderne Industrie (mi), Landsberg.

11 Mitchell, E. E.; Vranish, J.: Magnetoelastic Force Feedback Sensors for Robots and Machine Tools - an update. Robot Vision and Sensory Controls 5, IFS Publications, 1985.

12 Drake, S. H.: Using Compliance in Lieu of Sensory Feedback for Automatic Assembly. The Charles Stark Draper Laboratory Inc. T-657, Cambridge, MA, 1977.

13 Kasai, M.; Takeyasu, K.; Uno, M.; Muraoka, K.: Trainable Assembly System with an active sensory-table processing 6 axes. Symposium On Industrial Robots. Tokyo, Japan, 1981.

14 Schott, J.: 3-Dimensionaler Kraft/Momentensensor mit dezentralisierter Signalaufbereitung. CCG-Tagungsband, 1984.

15 Hirzinger, G.; Dietrich, J.: Multisensory Robots and sensor-based Path Generation. IEEE International Conference on Robotics and Automation, April 7/10, 1986. San Fransisco, USA.

16 Ono, K.; Hatamura, Y.: A new design for 6-Component Force/Torque sensors. Hitachi Construction Machinery Co. Ltd, Ibaraki, Japan, 1986

17 The Fundamentals of Signal Analysis. Application Note 243. Hewlett Packard Company, Palo Alto, USA, 1985.

18 Saboke, J.: Dynamisches Verhalten von Werkzeugmaschinen. Zeitschrift: Messen, Prüfen, Automatisieren, Oktober 1985.

19 Mollath, G.; Nickolay, B.: Systeme zur mehrdimensionalen Kraft- und Momentenmessung. Zeitschrift für wirtschaftliche Fertigung 82 (1987) 6, 352 - 357, Carl Hanser Verlag, München.

1.5 Eignung von berührungslos messenden Sensoren für das Schweißen mit Robotern

W. Florian und K. Ohlsen

Zusammennfassung

Durch den Einsatz von Sensoren sollen die Variationen der Schweißstoßgeometrie und die Lage der Fügestelle im Raum bestimmt und kompensiert werden. Bei der Beurteilung von Sensoren für eine Schweißaufgabe ist neben der Analyse der Sensoreigenschaften eine detaillierte Erfassung aller Randbedingungen erforderlich. Diese sind durch das Bauteil, die Schweißhilfseinrichtungen und den Schweißprozeß gegeben. Die wichtigsten Beurteilungskriterien sind in Tabellenform zusammengestellt.

1.5.1   Einleitung

Die Industrie präsentiert eine große Anzahl von Sensoren für das Schweißen mit Robotern. Diese Sensoren arbeiten nach unterschiedlichen physikalischen Prinzipien /1/ und jeder hat hierdurch bedingte Stärken und Schwächen. Außerdem existiert ein breites Spektrum möglicher Schweißaufgaben, die sich hinsichtlich der Randbedingungen und des Schwierigkeitsgrades maßgeblich voneinander unterscheiden.

Der potentielle Sensoranwender muß sich deshalb mit der Tatsache abfinden, daß es einen universellen Meßfühler, der für alle Anwendungsfälle gleich gut geeignet ist, nicht gibt. Er ist gezwungen, eine Auswahl zu treffen und nicht selten eine angepaßte Lösung zu akzeptieren.

Der vorliegende Beitrag bietet hierfür eine Entscheidungshilfe.

1.5.2   Beurteilungskriterien für Schweißsensoren

Ziel des Sensoreinsatzes ist stets, die Bewegung des Werkzeugs an die Lage- und Formvariationen eines zu schweißenden Bauteils anzupassen.
Auf den Einsatz eines Sensors kann verzichtet werden, wenn sich die Bauteile einer Serie untereinander nicht unterscheiden und die Lage im Raum durch geeignete Spannwerkzeuge exakt fixiert ist. Auch müßte ein eventueller Verzug beim Schweißen immer in gleicher Größe und Richtung auftreten oder durch Fixierung verhindert werden. Deshalb muß zunächst eine detaillierte Analyse der am Bauteil auftretenden Geometrieveränderungen darüber entscheiden, ob ein Sensoreinsatz überhaupt sinnvoll ist.

Hat der Anwender den Entschluß gefaßt, Lage- und Formvariationen eines Bauteils zuzulassen und mit Hilfe eines Sensors auszugleichen, muß er sich mit der Frage auseinandersetzen, welcher Sensor in der Lage sein wird, die gestellte Aufgabe zu lösen. Folgende Teilziele des Sensoreinsatzes lassen sich formulieren:

— Erkennung des Schweißstoßanfangs
— Schweißstoßverfolgung (Abstands- und Seitenführung)
— Schweißprozeßsteuerung
— Erkennung des Schweißstoßendes.

Um beurteilen zu können, ob die am Bauteil auftretenden Störgrößen genügend genau ausgeregelt werden, sind die Genauigkeitsanforderungen anzugeben, die von dem Gesamtsystem Sensor-Roboter erfüllt werden müssen. Die erforderliche räumliche und zeitlich Auflösung hängt neben den Qualitätsanforderungen auch von den Schweißbedingungen und den Bauteilabmessungen ab. Je größer z. B. die Nahtdicke ist, um so geringer ist die erforderliche Sensorauflösung.

Die Meßgenauigkeit eines Sensors kann durch eine Anzahl von verfahrensbedingten Prozeßstörungen beeinflußt werden. Je nach Prinzip des Sensors (vgl. auch DVS-Merkblatt 0927 /1/) sind zu beachten:

— optische Störungen (z. B. Lichtbogen, Beleuchtung)
— magnetische Störungen (z. B. Schweißstrom, Blaswirkung, Motoren)
— thermische Störungen (z. B. Schweißbad, Raumtemperatur)
— mechanische Störungen (z. B. Erschütterungen, Roboterbewegung).

Diese Störungen hängen weitgehend von Randbedingungen wie Schweißverfahren, Schweißparametern, Spannvorrichtungen und vom Verhalten des Roboters ab, so daß vor der Beurteilung der eigentlichen Sensoreigenschaften auch diese Einflußgrößen genau erfaßt werden müssen.

Die Tabelle 1.5-1 (am Ende des Kapitels 1.5) ermöglicht ein Beurteilen der Eignung von Sensoren für das Schweißen mit Robotern incl. einer Analyse der Wechselwirkungen zwischen Sensor, Schweißprozeß und Bauteil.

1.5.3 Beurteilen eines induktiven Sensors

Nach einer Marktanalyse und anhand von Vorversuchen wurde für die Untersuchungen ein Sensor der Firma Precitec (Typ MS 1) ausgewählt. Dabei handelt es sich um einen mehrspuligen Wirbelstromsensor mit Elektronik zur Amplituden- und Phasenauswertung. Das Gerät verfügt über 3 analoge Signalausgänge, welche Informationen liefern über

- Abstand Sensor - Werkstückoberfläche (U_A)
- Seitliche Lage des Sensors relativ zu einer Werkstückkante (U_N)
- Anstellwinkel des Sensor gegenüber der Werkstücknormalen (U_{AM}).

Die Sensorsignale sind nicht voneinander unabhängig.

Da genaue Angaben über Größe und gegenseitige Abhängigkeit der Ausgangssignale nicht vorlagen, mußte der Sensor zunächst auf einem Meßplatz vermessen werden, bevor Versuche zur Stoßanfangssuche und Stoßverfolgung sowie Schweißversuche am Roboter durchgeführt werden konnten.

1.5.3.1 Der induktive Sensor auf dem Sensormeßplatz

Die Bilder 1.5-1 und 1.5-2 zeigen die Versuchsaufbauten des Sensormeßplatzes. Mit ihrer Hilfe ist die Erfassung der Sensorausgangssignale in Abhängigkeit von Lage und Orientierung des Sensors relativ zum Werkstück durchgeführt worden.

Im kartesischen Koordiantensystem wurde der Sensor stets nur in einer Koordinate verfahren bzw. gekippt.

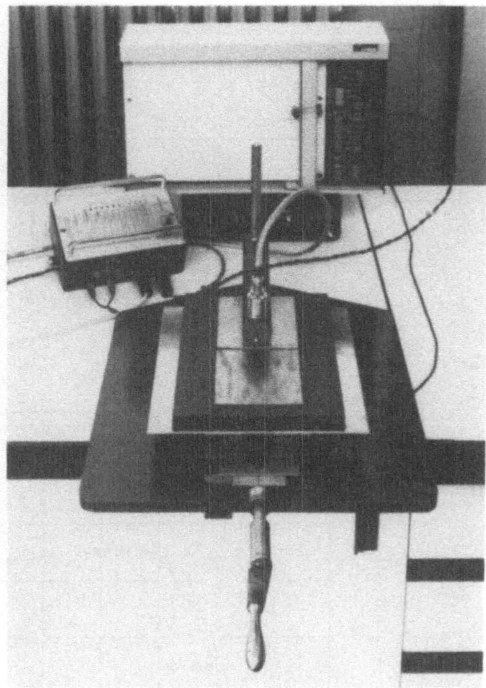

Bild 1.5-1: Versuchsaufbau zur Bestimmung des Einflusses von Winkeln zwischen Sensorachse und Werkstücknormale

Bild 1.5-2: Versuchsaufbau für Verfahrversuche mit dem induktiven Sensor

Um beurteilen zu können, welchen Einfluß der Führungsabstand z auf die Positionssignale hat, war der Sensorkopf senkrecht über einer ebenen Stahlplatte von 10 mm Dicke angeordnet.

Die horizontale Abmessung dieses Bleches wurde mit 200mm x 200mm festgelegt. Hierdurch konnte ausgeschlossen werden, daß die Begrenzungen der Platte und somit die x-y-Positionierung des Sensorkopfes einen Einfluß auf die Sensorsignale hatte.

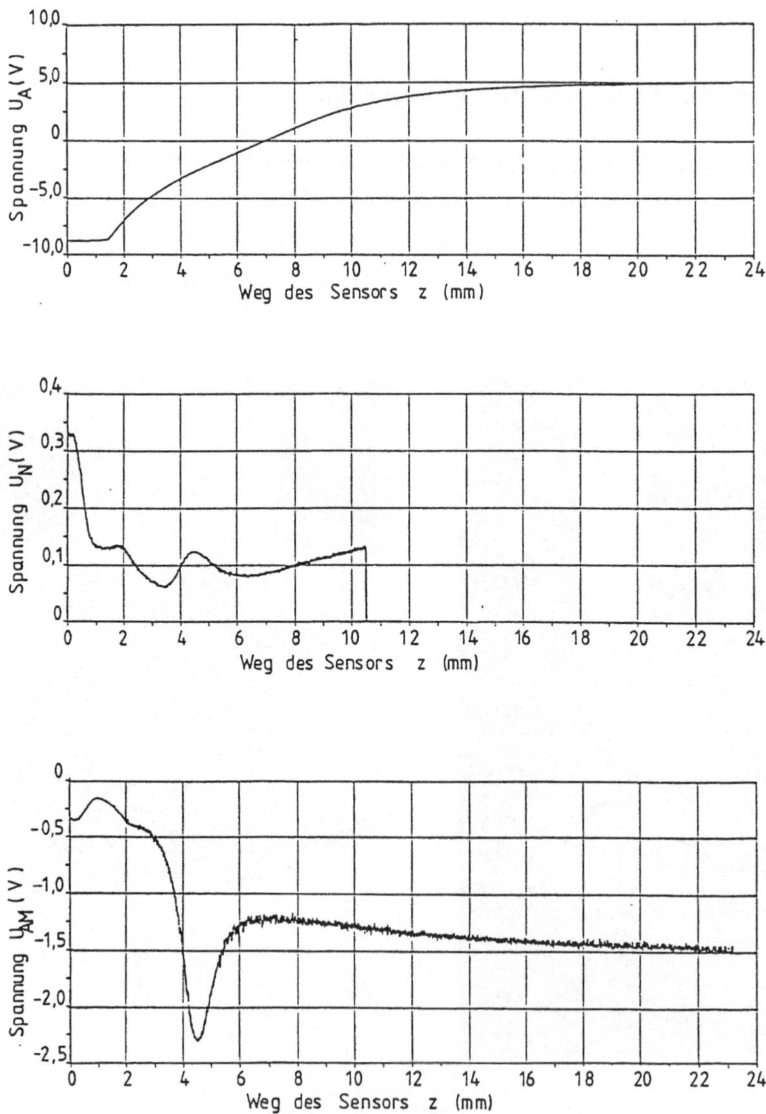

Bild 1.5-3: Sensorspannungen als Funktion des Abstandes über einem ebenen Blech

Bild 1.5-3 zeigt die Spannungsverläufe U_A, U_N und U_{AM}, aufgetragen über dem Verfahrweg z. Die Spannung U_A weist z = 1.5 mm aufwärts einen monoton steigenden Verlauf auf. Sie läßt sich daher ab dem genannten Wert zur Abstandsführung eines Schweißbrenners verwenden. Die Spannung strebt für große Entfernungen gegen einen konstanten Wert von etwa 5 V. Da mit zunehmenden Abstand der Meßeffekt kleiner wird, endet der nutzbare bereich bei ca. z = 16 mm.

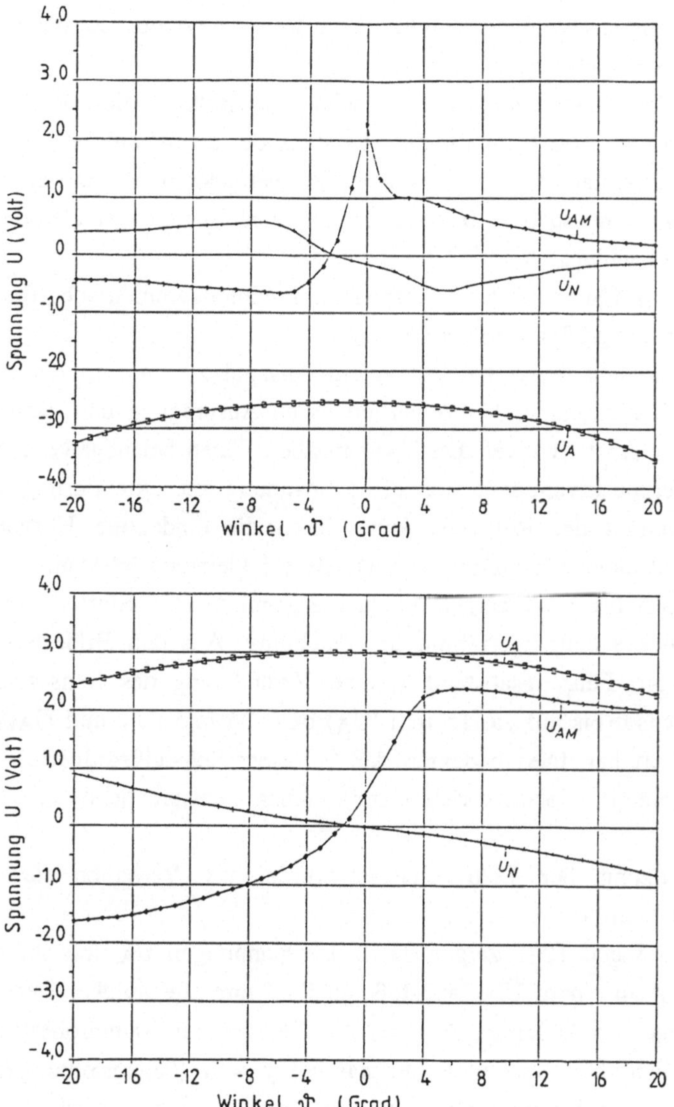

Bild 1.5-4: Sensorspannungen als Funktion des Anstellwinkels zwischen Werkstücknormale und Sensorachse, Meßabstände: z = 4 mm (oben) z = 9 mm (unten)

Verwendet der Benutzer die Nahtlagenspannung U_N zur Seitenführung, so ist der Meßbereich Δz weiter eingeschränkt, da U_N bei $z = 10,5$ mm sprungartig zu Null wird (Verfahrrichtung: zunehmendes z). Beim Verfahren mit abnehmendem z beobachtet man ein Einsetzen der Spannung bei ca. $z = 8$ mm (Hysterese).

Sowohl das Seitensignal U_N als auch das Winkelsignal U_{AM} weisen, speziell unterhalb von $z = 6$ mm, eine starke z-Abhängigkeit auf. In der Praxis bedeutet dies die Notwendigkeit einer genauen Abstandsführung, damit die Istwerte der Regelkreise für Seitenführung und Werkzeugorientierung nicht beeinflußt werden. Da U_{AM} zudem bei ca. 4,5 mm ein ausgeprägtes Minimum aufweist, liegt der optimale Führungsabstand bei z-Werten zwischen 6 und 8 mm.

Den Einfluß des Anstellwinkels ϑ zwischen Sensorkopf-Mittelachse und Werkstücknormale zeigt das Bild 1.5-4 für die Meßabstände $z = 4$ mm und $z = 9$ mm. Man erkennt wieder die Zunahme von U_A mit größer werdendem Abstand z. Bei allen Abständen z ist ferner eine zu $\vartheta = 0$ spiegelsymetrische Spannungsänderung $U_A (\vartheta)$ bis max. 0,6 V zu beobachten.

Der Verlauf von U_N ist zu $\vartheta = 0$ annähernd zentralsymmetrisch, die Krümmung der Kurve nimmt mit größer werdendem z ab.

Die Winkelspannung U_{AM} hat bei einem Abstand $z = 4$ mm ein Maximum im Bereich $\vartheta = 0$. Bei zunehmendem z verliert es an Ausprägung und verschiebt sich in Richtung positiver Anstellwinkel. Da U_{AM} in allen Fällen bei negativen Winkeln stets kleiner ist als bei positiven, läßt sich diese Spannung zur Orientierungsregelung verwenden. Die Qualität der Regelung kann durch die eindeutige Kurventendenz bei großen Führungsabständen z höher ausfallen als bei kleinen z-Werten.

Die Bilder 1.5-5 bis 1.5-7 zeigen Versuchsergebnisse zum Einfluß von Begrenzungen des Werkstückes beim Verfahren in y-Richtung. Aus den Bildern wird deutlich, daß, abhängig vom Führungsabstand z, eine Veränderung des Sensorsignals eintritt, wenn sich der Sensor bis auf ca. 15 mm (U_A) bzw. 35 mm $(U_N$ und $U_{AM})$ der Werkstückkante genähert hat. Dies bedeutet, daß bei einer Schweißstoßverfolgung Störkonturen (Bauteilkanten, Spannvorrichtungen) einen entsprechend großen Abstand haben müssen.

Nach Abschätzung der Feldgeometrie wurde das Verhalten des Sensors an Schweißstößen bestimmt.

Die Bilder 1.5-8 und 1.5-9 zeigen die Sensorspannungen U_A und U_N beim Verfahren in y-Richtung an einem Überlappstoß mit 0,85 mm Blechdicke. Der beim Verfahren in y-Richtung sich ändernde Abstand des Sensors zur Bauteiloberfläche wird am Signal U_A deutlich. Die Spannung U_N hat bei $y = 0$ (Sensormitte genau über der Oberblechkante) einen Wendepunkt. Damit ist der Sensor zur Abstands- und Seitenführung bei einem Überlappstoß von 0,85 mm grundsätzlich geeignet. Der Führungsabstand sollte zwischen 5 und 7 mm liegen, der seitliche Fangbereich beträgt ca. ±15 mm, der Meßbereich ± 5 mm.

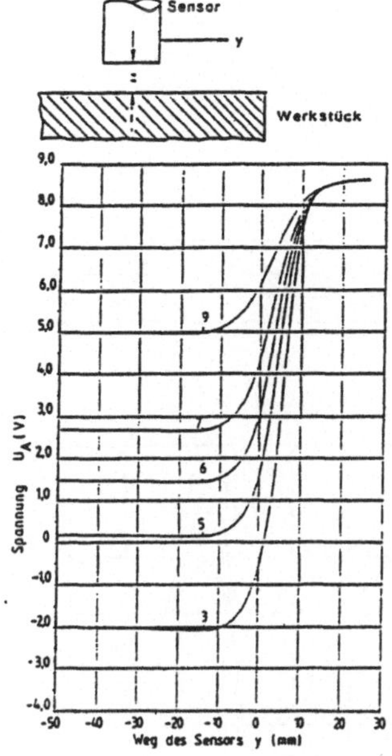

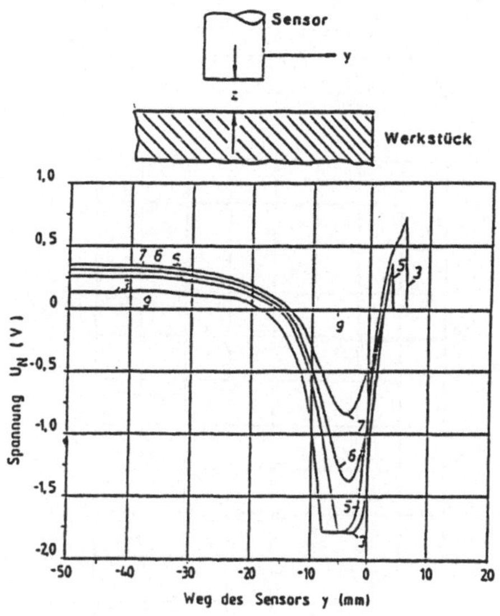

Bild 1.5-5: Sensorspannung U_A als Funktion von y beim Übergang über die Werkstückgrenze (Parameter: Führungsabstand: z in mm)

Bild 1.5-6: Sensorspannung U_N als Funktion von y beim Übergang über die Werkstückgrenze (Parameter: Führungsabstand z in mm)

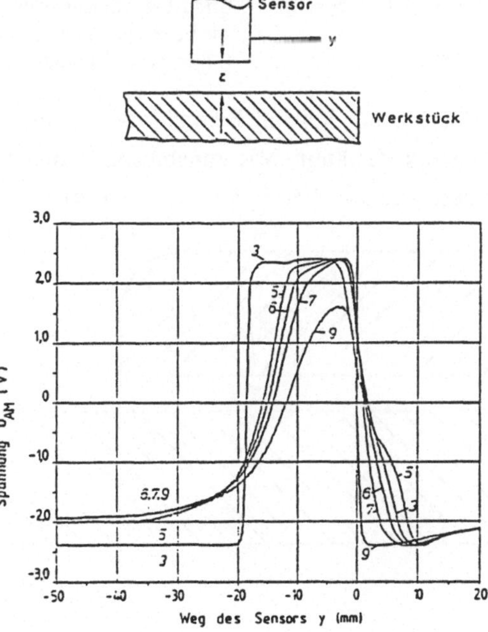

Bild 1.5-7: Sensorspannung U_{AM} als Funktion von y beim Übergang über die Werkstückgrenze (Parameter: Führungsabstand z in mm)

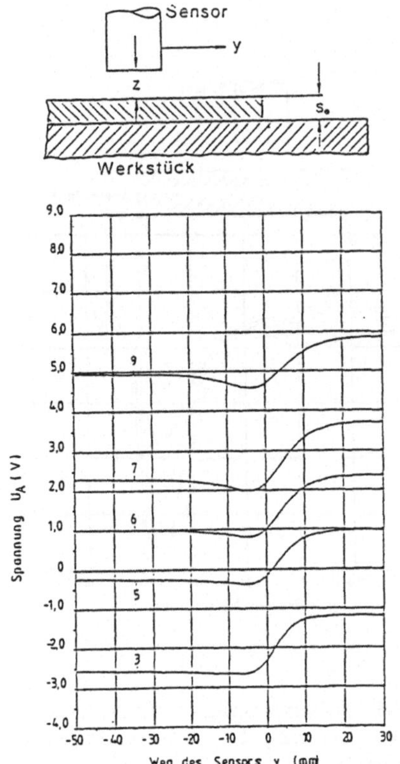

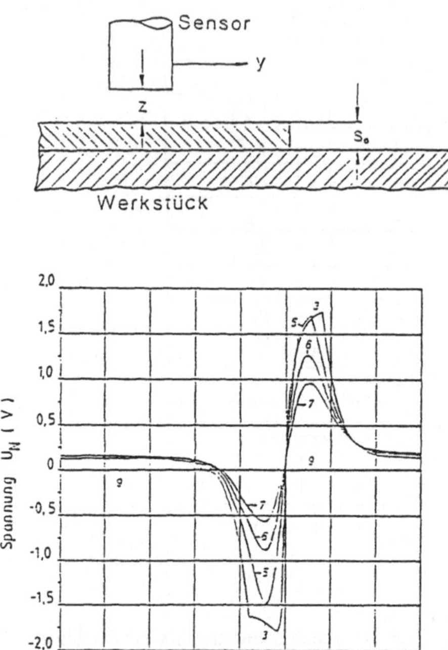

Bild 1.5-8: Sensorspannung U_A am Überlappstoß als Funktion von y, s_o = 1 mm (Parameter: Führungsabstand z in mm)

Bild 1.5-9: Sensorspannung U_N am Überlappstoß als Funktion von y, s_o = O,85 mm (Parameter: Führungsabstand z in mm)

Versuche mit anderen Oberblechdicken im Bereich von 0,6 mm bis 5mm haben ebenfalls die Eignung des Sensors bestätigt. Mit zunehmender Blechdicke muß jedoch der Führungsabstand vermindert werden (bei 5 mm: $z \leq$ 3 mm).

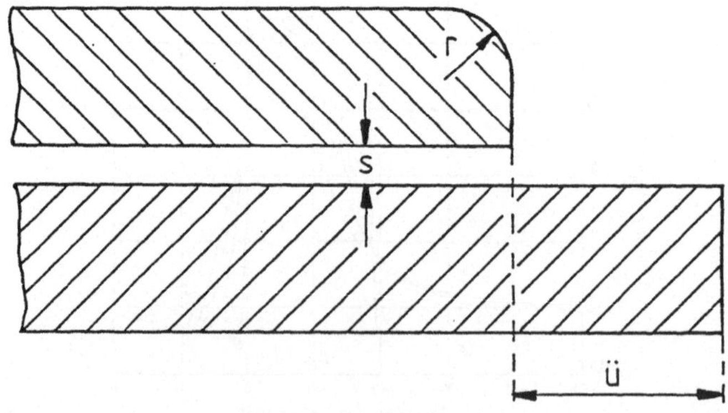

Bild 1.5-10: Kantenradius r, Spaltbreite s und Unterblechüberstand ü an einem Überlappstoß

Weitere Versuche waren notwendig, um den Einfluß von Stoßvariationen am Bauteil auf die Führungsgenauigkeit des Sensors abschätzen zu können. Beim Überlappstoß waren z. B. der Einfluß von Kantenabrundungen (r) am Oberblech, eines Spaltes (s) zwischen Ober- und Unterblech oder des Unterblechüberstandes (ü) zu ermitteln (Bild 1.5-10).

Die Bilder 1.5-11 bis 1.5-13 zeigen die Versuchsergebnisse. Aus Bild 1.5-11 läßt sich ablesen, daß die Lage des Wendepunktes des Nahtlagesignals nur unwesentlich vom Kantenradius beeinflußt wird. Bild 1.5-12 zeigt die Verschiebung des Wendepunktes von U_N durch 2 unterschiedliche Spaltbreiten zwischen Ober- und Unterblech eines 3 mm-Überlappstoßes. Sie bleibt auch bei einer Spaltbreite von 2 mm noch unter 0,1 mm. Dies bewirkt in der Praxis eine ausgesprochene Unempfindlichkeit der Seitenführung eines Werkzeuges gegenüber Spalten. Bild 1.5-13 macht dagegen deutlich, daß selbst ein Blechüberstand von 12 mm nicht ausreicht, um ein zur Seitenführung geeignetes Signal U_N zu erhalten (Wendepunkt nicht bei $U_N = 0$). Bei ü $\geq$ 25 mm ist die Verwendung des Signals U_N zur Seitenführung möglich.

Für andere Schweißstoßformen, z. B. Stumpf- oder T-Stöße, müssen entsprechende Versuche durchgeführt werden, um die Signalformen sowie den Meß- und Fangbereich des Sensors zu bestimmen.

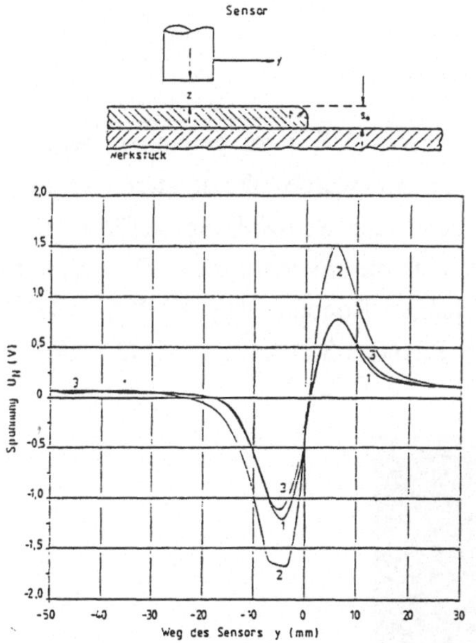

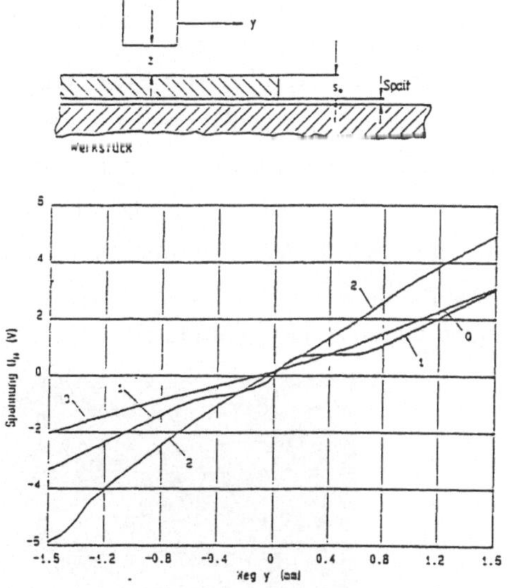

Bild 1.5-11: Sensorspannung U_N am Überlappstoß als Funktion von y bei unterschiedlichen Kantenradien r, Führungsabstand z = 6 mm
Kurve 1: r = 0 s_0 = 3 mm
Kurve 2: r = 1 mm s_0 = 3,2 mm
Kurve 3: r = 3 mm s_0 = 3 mm

Bild 1.5-12: Sensorspannung U_N am 3 mm-Überlappstoß als Funktion y bei unterschiedlichen Spaltbreiten, Führungsabstand 10 mm
Kurve O: spaltfrei aufliegendes Oberblech,
Kurve 1: Spaltbreite 1 mm,
Kurve 2: Spaltbreite 2 mm

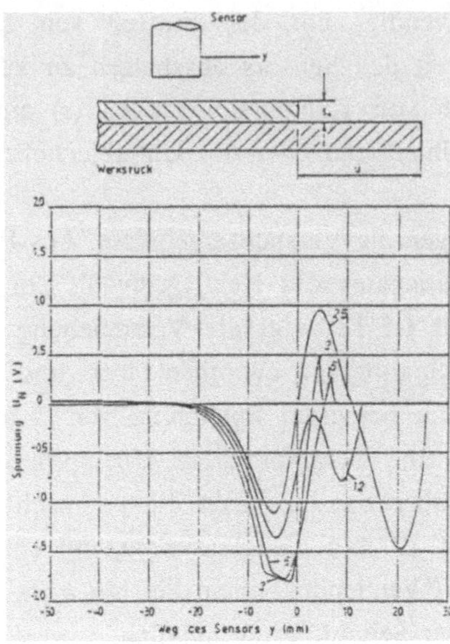

Bild 1.5-13: Sensorspannung U_N am O,6 mm-Überlappstoß als Funktion von y bei unterschiedlichen Unterblechüberständen (ü) Führungsabstand z = 6 mm, die Zahlen an den Spannungsverläufen geben den Unterblechüberstand in mm an

1.5.3.2 Schweißversuche mit dem induktiven Sensor

Um Erkenntnisse über die Praxistauglichkeit des Sensors MS 1 zu gewinnen, wurden abschließend Schweißversuche durchgeführt. Der Sensor wurde hierzu starr mit dem Schweißbrenner verbunden und vor diesem während der Schweißung geführt (Bild 1.5-14). Der Abstand betrug 38 mm (bezogen auf die Sensormitte). Das System Brenner-Sensor war mechanisch an einen sechsachsigen Roboter, Typ KUKA 161/15, gekoppelt. Die elektrische Verbindung mit der Siemens-Steuerung RCM3 erfolgte über deren Analogschnittstelle.

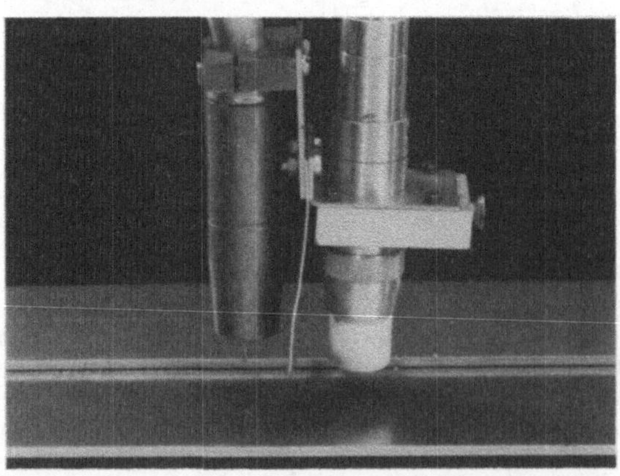

Bild 1.5-14: Induktiver Sensor und Schweißbrenner beim Verfolgen eines Überlappstoßes

Als Werkstücksimulation diente ein gerader 3 mm-Überlappstoß. Der Sensor wurde sowohl zum Finden des Stoßanfangs als auch zur Führung des Brenners während der Schweißung benutzt.

Bild 1.5-15 zeigt die Bewegung des Sensors während des Suchvorganges. Zuerst wurde die Höhenposition des Unterbleches bestimmt (A), danach die seitliche Lage der Oberblechkante (B). Zuletzt erfolgte die Suche nach dem Stoßanfang (über C nach D). Galt der Stoßanfang in "D" als gefunden, so wurde noch um die Sensor-Vorlaufstrecke von 38 mm weitergefahren, danach befand sich der Brenner in "D". Nach kurzem Anhalten der Roboterhand zum Zünden des Lichtbogens wurde eine fest programmierte Strecke bis zum Stoßende sensorgeführt geschweißt.

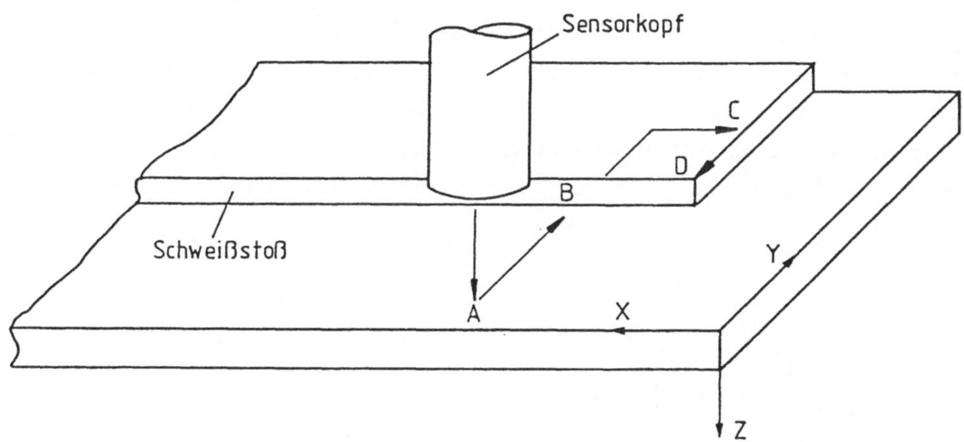

Bild 1.5-15: Weg des induktiven Sensors bei der Stoßanfangssuche

Eine Beeinträchtigung des Systems Sensor-Roboter durch den Schweißprozeß war nicht erkennbar. Die erzielte Nahtqualität war gut.

Auf die beschriebene Weise konnten Verschiebungen des Werkstückes in die Richtungen x, y und z (Bild 1.5-15) erkannt und ausgeglichen werden. Es ist zu beachten, daß Verdrehungen des Werkstücks wegen der fehlenden Vorlaufkompensation nur bedingt zulässig sind. Aus dem gleichen Grunde führen Welligkeiten im Stoßverlauf zu unvermeidbaren Fehlern, deren Größe aber bei Kenntnis des Vorlaufes und der zu erwartenden Winkel zwischen programmierter Roboterbahn und tatsächlichem Stoßverlauf berechenbar sind.

Der Anwender muß hier individuell entscheiden, ob diese Fehler für ihn tolerierbar sind.

1.5.4 Beurteilung optischer Sensoren

Für die Versuche wurden zwei Laserabtastsensoren ausgewählt, die nach dem Triangulationsprinzip das Schweißstoßprofil vorlaufend vermessen. Es handelt sich um die Systeme "Seampilot" der Fa. Oldelft und "Elko-VGS" der Fa. Elko. Diese Sensoren sind über digitale Schnittstellen mit der Robotersteuerung verbunden. Hierüber werden die Korrektursignale für die Brennerposition sowie Signale für die Geschwindigkeitskorrektur übertragen. Bei Bedarf können beliebige zusätzliche Daten ausgetauscht werden.

1.5.4.1 Optische Sensoren auf dem Sensormeßplatz

Auf dem Sensormeßplatz wurden der Meßbereich und die räumliche Auflösung des Sensors "Seampilot" ermittelt. Bild 1.5-16 zeigt die Grenzen der Meßfläche im Sensorkoordinatensystem. Der Abstand zwischen Unterkante des Sensors und oberer Grenze der Meßfläche beträgt 40 mm. In Bild 1.5-17 ist der Abstandsmeßfehler für verschiedene Abstände in Meßflächenmitte wiedergegeben. Die Auflösung ist besser als 0,1 mm.

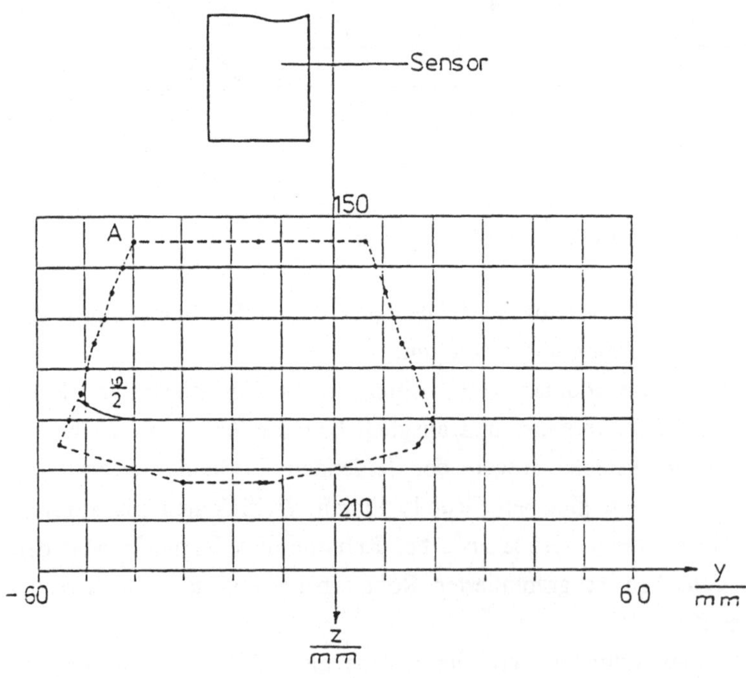

Bild 1.5-16: Meßflächengrenzen des optischen Sensors "Seampilot"

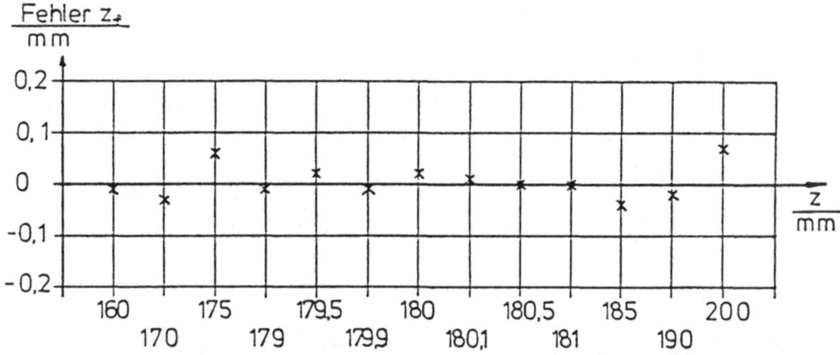

Bild 1.5-17: Abstandsmeßfehler des optischen Sensors "Seampilot", Meßort: y = 25 mm im Sensorkoordinatensystem

Um den Einfluß von Stoßnichtidealitäten zu ermitteln, wurde mit dem "Seampilot" an einem 10 mm-Überlappstoß der Einfluß von Geometrievariationen des Werkstükkes bestimmt. Variiert wurden Kantenradius r des Oberblechs bzw. Flankenwinkel ß am Oberblech (Bild 1.5-18). Die Ergebnisse hängen von den Sensorvoreinstellungen ab, die wie folgt festgelegt waren:

- Oberflächenrauhigkeit F: 1 mm
- "Kantenvorbereitung" E : 5 mm (Bild 1.5-19).

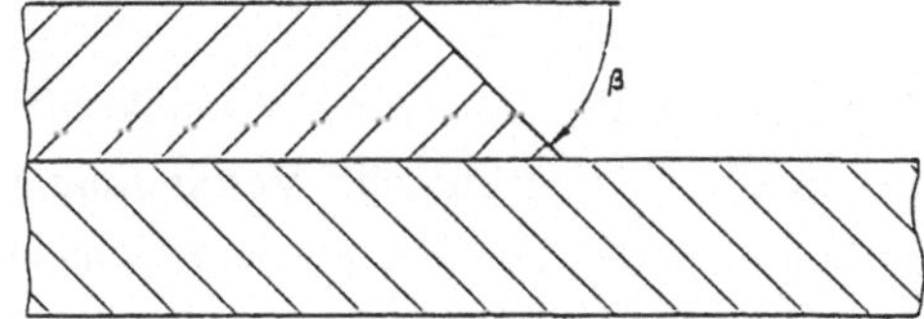

Bild 1.5-18: Flankenwinkel ß der Oberblechstirnfläche

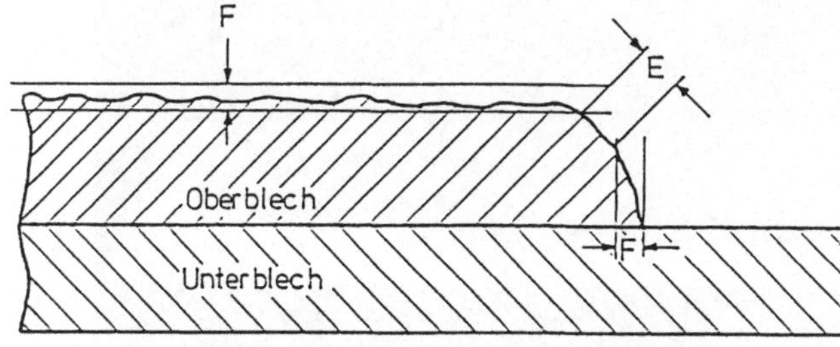

Bild 1.5-19: Bedeutung der Sensorvoreinstellungen F und E

Die Variation des Kantenradius zwischen 1 mm und 10 mm führte zu folgenden Verschiebungen des Arbeitspunktes:

Kantenradius r/mm	0	1	2	3	5	6	10
Verschiebung y/mm	0	0,155	-0,07	-0,365	-0,935	-0,905	-2,27
Fehler) z/mm	0	0,025	-0,09	0	0,055	-0,14	0,055

Die Variation des Flankenwinkels ß ergab Arbeitspunktverschiebungen, die vom vorausberechenbaren Wert abwichen:

Flankenwinkel ß		90°	80°	75°	60°	45°	30°
Abweichung vom	y/mm	0	0,025	0,145	-0,06	-0,12	-0,52
berechneten Wert (Fehler)	z/mm	0	-0,015	-0,075	0,015	-0,005	0,15

Hieraus ergibt sich, daß von diesem Sensor bei guter Führungsgenauigkeit Überlappstöße mit Kantenradien bis 3 mm und Flankenwinkeln bis 45^0 beherrscht werden.

1.5.4.2 Verfahr- und Schweißversuche

Der Sensor "Seampilot" wurde zur Untersuchung seiner Eignung zur Schweißkopfführung an den in 1.5.3.2 erwähnten Roboter gekoppelt. Die elektrische Verbindung mit der Robotersteuerung erfolgte über eine V.24-Schnittstelle. Der Sensor wurde mechanisch mit der Roboterhand verbunden und bei der Stoßsuche und -verfolgung in einem konstanten Abstand von 32 mm vor dem Schweißbrenner geführt.

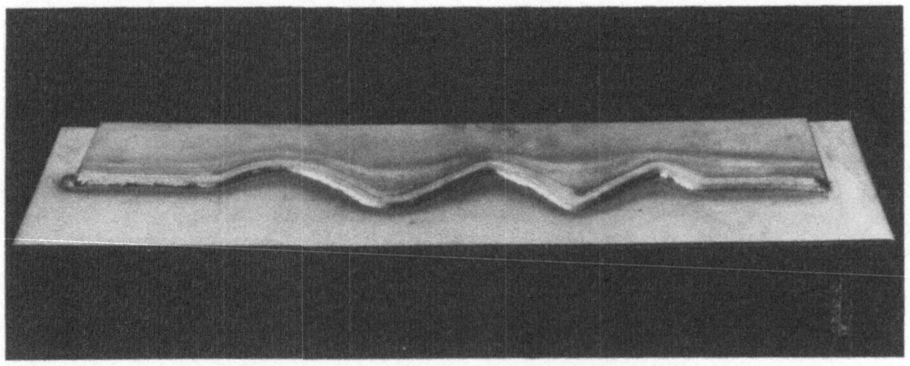

Bild 1.5-20: Unter Sensorführung geschweißter 3 mm-Überlappstoß

Anders als der induktive Sensor besitzt der "Seampilot" die Fähigkeit zur Vorlaufverarbeitung, so daß auch Verdrehungen des Werkstückes sowie Krümmungen im Stoßverlauf beherrschbar sind. Allerdings mußte wegen des unidirektionalen Datentransfers zwischen Sensor und Roboter zum Zeitpunkt der Versuchsdurchführung die Werkzeugorientierung während des Schweißens konstant gehalten werden (s. auch Kap. 1.6). Einen nach diesem Verfahren geschweißten 3 mm-Überlappstoß zeigt Bild 1.5-20. Die programmierte Bahn war eine Gerade. Der gewellte Stoßverlauf wurde durch den Sensor erkannt und verfolgt. Zusätzlich hielt der Sensor die resultierende Schweißgeschwindigkeit trotz erheblicher Korrekturbewegungen konstant. Stoßanfang und -ende wurden vom Sensor gefunden. Das erzielbare Schweißergebnis ist ausschließlich von den eingestellten Schweißparametern abhängig.

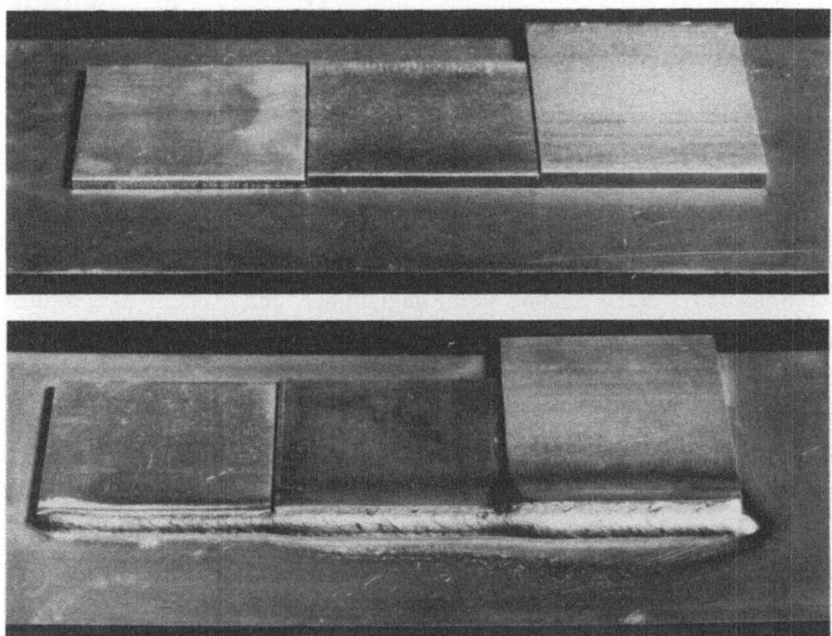

Bild 1.5-21: Überlappstoß mit variabler Oberblechdicke vor und nach der Schweißung

Bild 1.5-21 zeigt einen Überlappstoß und das zugehörige Schweißergebnis, bei dem der Sensor die Schweißgeschwindigkeit der variablen Oberblechstärke angepaßt hat. Möglich wird dies durch seine Fähigkeit, die Oberblechstärke zu messen und daraus die gewünschte Nahtquerschnittsfläche zu berechnen. Die Oberblechstärke variierte stufenweise von 3 mm über 4 mm nach 5 mm, die Schweißgeschwindigkeit von 0,57 über 0,32 nach 0,21 m/min. Tabelle 1.5-1: Zusammenstellung möglicher Beurteilungskriterien für den Einsatz von Sensoren Der Versuch zeigt die Eignung des "Seampilot" zur Steuerung des Schweißprozesses über die Schweißgeschwindigkeit. Andere Möglichkeiten des Sensoreingriffs auf die Schweißparameter können realisiert werden.

Mit Hilfe der gewonnenen Erfahrungen war es möglich, Bauteile aus der Kfz-Industrie sensorgeführt zu schweißen. Probleme durch erschwerte Zugänglichkeit zum Bauteil, hervorgerufen durch massive Spannvorrichtungen, konnten durch Entwicklung und Anwendung angepaßter Programmierstrategien gelöst werden (s. Kap. 1.6). Der Bau einer optimierten Sensor- und Brennerhalterung brachte hierbei zusätzliche Vorteile.

Beim sensorgeführten Verfolgen eines Überlappstoßes mit dem Sensor "Elco-VGS", gekoppelt an einen Industrieroboter Manutec r3 mit Steuerung RCM3, traten nicht vernachlässigbare Regelabweichungen auf. Diese führten beim geraden Stoß zu Höhenabweichungen von ± 0,8 mm und zu Seitenabweichungen von ± 0,6 mm. Zudem neigte der Regelkreis zu Schwingungen. Die Ursache hierfür konnte wegen der Geschlossenheit des Sensorsystems nicht ermittelt werden. Mit einiger Wahrscheinlichkeit ist sie in der unvollkommenen Kopplung zwischen Roboter und Sensor begründet, die sich während des Versuchszeitraums im Laborstadium befand.

1.5.5   Schlußfolgerungen

An induktiven und optischen Sensoren wurden umfangreiche Versuche zur Bestimmung ihrer Eigenschaften beim Einsatz zum Schweißen durchgeführt. Möglichkeiten und Grenzen der Sensoren werden anhand von Diagrammen und Bildern dargestellt.

Es zeigen sich Unterschiede zwischen den einzelnen Meßprinzipien hinsichtlich der Möglichkeiten und Grenzen ihrer Anwendung sowie der Handhabbarkeit. Einfache Aufgaben lassen sich durch kostengünstige und leicht zu handhabende Sensoren lösen, während komplizierte Aufgaben einen entsprechend höheren Aufwand erfordern. Auch unter den Sensoren, die nach dem gleichen Meßprinzip arbeiten, sind Unterschiede feststellbar - man erkennt hier unterschiedliche Stadien der Entwicklung.
er den Sensoren, die nach dem gleichen Meßprinzip arbeiten, sind Unterschiede feststellbar - man erkennt hier unterschiedliche Stadien der Entwicklung.

Literaturverzeichnis

1   DVS-Merkblatt 0927, Teil 1, Juni 1988,
    Sensoren für das vollmechanische Lichtbogenschweißen DVS-Verlag GmbH

Tabelle 1.5-1: Zusammenstellung aller Beurteilungskriterien für den Einsatz von Sensoren

Bauteilanalyse	- Stoßform (s. DIN 1912, Teil 1) z. B. Stumpf-, Eck-, Überlapp-, Parallel-, T-Stoß - Nahtvorbereitung (s. DIN 1912, Teil 5) z. B. V-, K-, HV-, Y-Naht - Abmessungen der Einzelteile und der Stoßgeometrie, z. B. Blechdicken, Winkel, Spaltbreiten incl. der möglichen Variationen (z. B. Heftstellen)	
	- Lagevariationen Verschiebungen	x-Richtung Δx y-Richtung Δy z-Richtung Δz
	Rotationen	um x-Achse: $\Delta\alpha$ um y-Achse: $\Delta\beta$ um z-Achse: $\Delta\gamma$
	- Stoßvariationen, Abweichung des Stoßverlaufs von der programmierten Soll-Bahn - Oberflächenbeschaffenheit, (Farbe, Reflexionsgrad, Rauhigkeit, elektr. Leitfähigkeit) incl. der möglichen Variationen - Werkstoffe incl. der möglichen Variationen - Konturmerkmal für den Stoßanfang (z. B. Fläche, Ecke, Kante), ggf. Merkmal einer Ersatzkontur, die nicht zum Schweißstoß selbst gehört, aber in einer festen Beziehung zur Stoßanfangskontur steht - Konturmerkmal des Schweißstoßes für das Stoßverfolgen (z. B. Flächenschwerpunkt einer V-Naht, Kante, Spaltmitte) ggf. einer Ersatzkontur	

Ziel des Sensor-einsatzes	- Stoßanfangserkennung - Schweißstoßverfolgung (Abstands- und Seitenführung) - Schweißprozeßsteuerung - Stoßendeerkennung	
Genauigkeits-anforderungen	räumliche Auflösung	in Schweißrichtung in der Seitenführung in der Abstandsführung
	zeitliche Auflösung	
Randbedingungen	Schweißverfahren	Stromquelle Schweißbrenner
	Schweißbedingungen	Strom (Drahtvorschubgeschwindigkeit), evtl. Pulsen Schweißgeschwindigkeit Pendeln (Form, Amplitude, Frequenz) Spannung
	Schweißzusatz und Hilfsstoffe	Spannvorrichtungen, Drehtisch Nachgiebigkeit Abstand vom Schweißstoß
	Schnittstelle Roboter-Sensor Regelzeitverhalten des Systems Roboter-Sensor Funktionsprinzip, vgl. DVS-Merkblatt O927 /1/ geometrie- oder prozeßorientierter Sensor	
	Einsetzbarkeit für	Stoßanfangserkennung Stoßendeerkennung Schweißstoßverfolgung Schweißprozeßsteuerung

Sensoranalyse	- Abmessungen des Sensors - Gewicht des Sensors - Arbeitsabstand (Sensor - Bauteil) - Versorgung (Energie, Kühlmittel) - zuläss. Umgebungstemperatur - Vorlauf, Vorlaufverarbeitung - zeitliche Auflösung - räumliche Auflösung in Schweißrichtung, Seiten- und Abstandsführung - Anzahl der unabhängigen Meßgrößen bei einer Messung (z. B. gleichzeitige Bestimmung von Höhen- und Seitenabstand, Spaltbreite, Blechdicke, Winkel u. a.) - Abhängigkeit der Sensorausgangssignale vom Winkel zwischen Sensor und Bauteil (Muß der Sensor z.B. senkrecht auf einer Fläche stehen?) - Art der Sensorsignale (analog, digital, binär) - Ausgangsspannungen, Schnittstellenprotokolle, Anschlußbelegungen - Fangbereich des Sensors (auswertbares Meßsignal) - Meßbereich des Sensors (eindeutiges, nicht unbedingt abstandsproportionales Meßsignal) - linearer Meßbereich des Sensors (abstandsproportionales Signal) - Integrationsfläche bei einer Messung (z. B. Durchmesser des magnet. Feldes bei induktivem Sensor, Durchmesser des Laserlichtpunktes bei optischem Sensor o. ä.) - bei vorlaufenden Sensoren: kleinster Krümmungsradius des Schweißstoßes - Kompensation der ungewollten Geschwindigkeitsabweichung, die infolge von Korrekturbewegungen des Roboters entsteht - Meßwertverarbeitung, Zusatzfunktionen (z. B. Software zur Erkennung und Verarbeitung von Heftstellen) - Sensorfreiheitsgrade (Drehung um Sensorachse, Drehung um Brennerachse, Verschiebung in Abstandsrichtung) - Preis

Analyse von Wechselwirkungen: Sensor-Schweißprozeß-Bauteil	- Sensoreigenschaften, die Einfluß auf den Schweißprozeß haben (z. B. bei Lichtbogenpendelsensor: Pendelart, Frequenz, Amplitude, Strom) - Schweißprozeßbedingte Einflüsse (Störungen) auf das räumliche Auflösungsvermögen des Sensors: optische Störungen (z. B. Lichtbogen, Beleuchtung), magnetische Störungen (z.B. Schweißstrom, Motoren), thermische Störungen (z.B. Schweißbad, Raumtemperatur), mechan. Störungen (z.B. Erschütterungen, Roboterbewegung) - Werkstoffe, für die der Sensor geeignet ist (ferritisch, austenitisch, NE-Metalle) - Schweißverfahren, für die eine grundsätzliche Eignung vorliegt (WIG, MAG (Kurz-, Lang-, Sprüh-, Impulslichtbogen, UP, Laser), ggf. Einschränkungen des nutzbaren Strombereichs - Schweißstoß-(Fugen-)-Formen, für die eine grundsätzliche Eignung vorliegt, ggf. Einschränkungen - Kollisionsprobleme beim Stoßanfangssuchen oder Schweißstoßverfolgen (Sensor, Brenner, Bauteil, Spannvorrichtungen) - Beeinflussung der Sensorsignale beim Stoßanfangssuchen oder Schweißstoßverfolgen durch Störkonturen (z. B. Spannvorrichtungen oder Bauteilgeometrien) - Erwünschte und unerwünschte Beeinflussung der Sensorsignale durch Werkstoffvariationen - Oberflächenvariationen - Variationen der Schweißstoßkontur (Kantenverrundungen, Spalte, Winkel- und Höhenversatz, Änderung der Schweißstoßkontur, Verzüge beim Schweißen)
Benutzerfreundlichkeit der Hard- und Softwarekomponenten	- Bedienungsanweisung, Benutzeroberfläche. - Möglichkeit der Analyse der Meßwerterfassung und verarbeitung zum Beseitigen von Fehlmessungen - Anpaßbarkeit bei Veränderung der Schweißaufgabe

1.6 Die Sekantenmethode - Ein Verfahren zur Erweiterung der Einsatzmöglichkeiten intelligenter Sensoren bei unidirektionalem Datentransfer

K. Ohlsen und W. Florian, Berlin

Zusammenfassung

Die Sekantenmethode ist für Sensor-Roboter-Systeme mit unidirektionalem Datentransfer bestimmt. Durch die Realisierung der variablen Brennerorientierung erweitert sie den Einsatzbereich solcher Systeme ohne Mehrkosten in Richtung technisch anspruchsvoller Schweißaufgaben.

Die von der Robotersteuerung für die Anwendung zu erfüllenden Vorausetzungen gehen nicht über den allgemein üblichen Leistungsumfang heutiger Geräte hinaus. Besonderheiten des Verfahrens und seine Anwendung werden beschrieben

1.6.1 Einleitung

"Variable Brennerorientierung" bedeutet beim Schweißen einen beliebig veränderlichen räumlichen Anstellwinkel des Brenners zur Fügestelle. Die Senkantenmethode - ein im Sensorversuchsfeld der BAM entwickeltes Programmierverfahren - ermöglicht das Nutzen der hierzu notwendigen Freiheitsgrade des Werkzeugs beim sensorgeführten Schweißen mit Robotern. Das Verfahren ist immer dann vorteilhaft einsetzbar, wenn die Schnittstelle zwischen einem vorlaufenden Sensor und dem zu führenden Roboter für unidirektionalen Datentransfer (d. h. Datenfluß nur vom Sensor zur Robotersteuerung) ausgelegt ist.

Diese einfache Schnittstelle bietet mit ihrem relativ unkomplizierten Transferprotokoll gegenüber bidirektionalen Schnittstellen den Vorteil der leichten Anpaßbarkeit an verschiedene Sensoren und Robotersteuerungen. Bei Verwendung des unidirektionalen Transfers mußte bisher eine entscheidende Einschränkung hingenommen werden: Wie in Bild 1.6-1 gezeigt, war die Richtung des Vorlaufvektors zwischen Brenner und Sensor während des Schweißvorganges stets parallel zur programmierten Bahn zu halten. Dreht man Brenner und Sensor aber, z. B. vor einer Kurve des Schweißstoßes, um den Winkel $\delta(t)$, dann tritt bei unidirektionalem Datentransfer ein Meßfehler $F(t)$ auf, der sich nach Durchfahren der Vorlaufstrecke als Fehler in der Werkzeugbahn äußert (Bild 1.6-2).

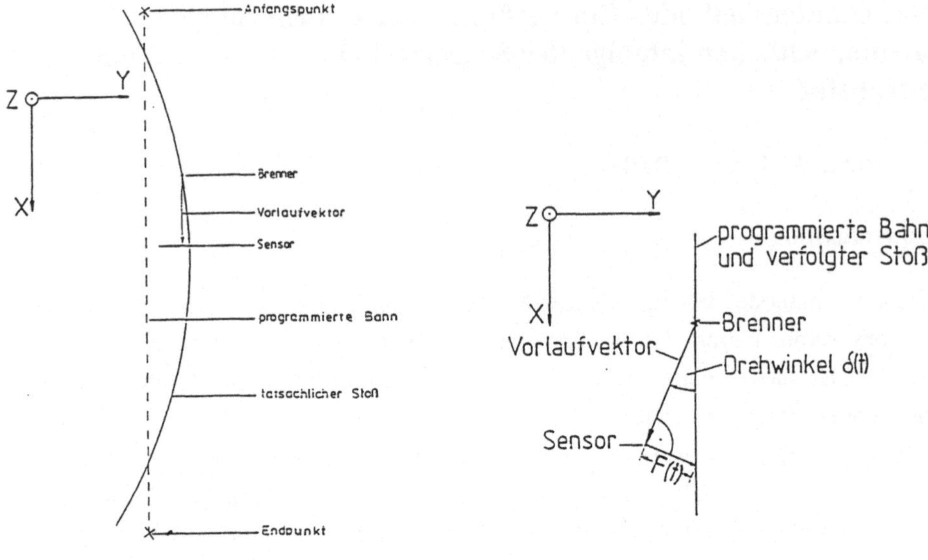

Bild 1: Stoßverfolgung mit konstanter Brennerorientierung

Bild 2: Fehlmessung durch Verdrehen des Vorlaufvektors gegenüber der programmierten Bahn

Eine variable Orientierung des Brenners ist - obwohl im vorliegenden Fall nicht zulässig - aus schweißtechnischen Gründen häufig erforderlich. Man benötigt sie z. B., um bei eingeschränkter Zugänglichkeit zum Werkstück Schweißungen überhaupt ausführen zu können.

Das vorgestellte Programmierverfahren löst diesen Konflikt: Es läßt trotz unidirektionalen Datentransfers eine freie Orientierungsvariation des Brenners während des Schweißvorganges zu.

1.6.2 Voraussetzungen für die Anwendung

Zum Arbeiten mit diesem Programmierverfahren kann im allgemeinen auf vorhandene Hilfsmittel zurückgegriffen werden. Veränderungen an Systemkomponenten sind nicht erforderlich. Man benötigt lediglich einen vorlaufenden Schweißsensor, der zwei voneinander unabhängige Signale liefert.

Diese müssen proportional zu seiner Entfernung von einer zu verfolgenden Kontur sein. Im folgenden wird davon ausgegangen, daß eine Vorlaufkorrektur incl. Geschwindigkeitskorrektur durchgeführt wird und daß die Robotersteuerung mit Zirkularinterpolation ausgerüstet ist. Ferner sollte der Winkel, der die Drehung des Vorlaufvektors in der Zeichenebene beschreibt, von der Robotersteuerung angezeigt werden, damit er dem Benutzer für Berechnungen zur Verfügung steht.

1.6.3 Sensorgeführtes Konturfolgen mit variablem Anstellwinkel

Ein gerader Stoß soll aus technischen Gründen mit der in Bild 1.6-3 gezeigten Veränderung des Anstellwinkels geschweißt werden. Trotzdem muß wegen der genannten Einschränkungen des unidirektionalen Datentransfers die Orientierung des Brenners relativ zur programmierten Bahn konstant bleiben.

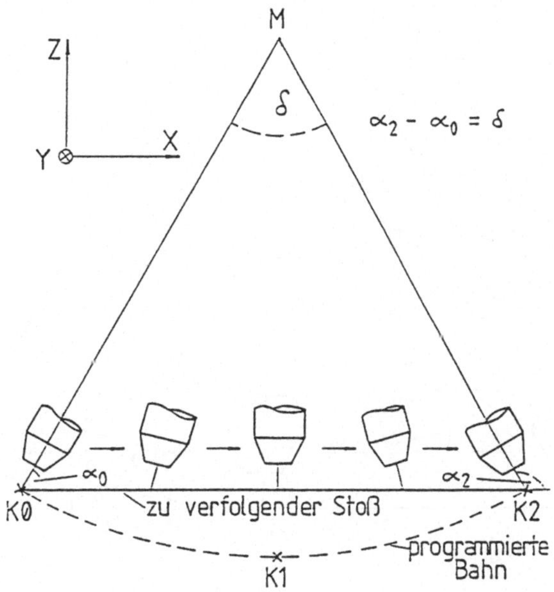

Bild 3: Seitenansicht einer Schweißung mit veränderlichem Anstellwinkel

Das beschriebene Verfahren basiert darauf, diese Bedingung durch einen an sich naheliegenden "Kunstgriff" zu erfüllen: Die programmierte Bahn ist nicht, wie üblich, eine Gerade, sondern ein Kreisbogen, d. h. für den Roboter ein Zirkularsatz. Dieser ist durch drei Punkte, K0 bis K2, eindeutig festgelegt. Man gibt dem Brenner nun in K0 die gewünschte Anfangsorientierung α_0 und in K2 die Endorientierung α_2. Die Orientierung in K1 wird von der Robotersteuerung automatisch durch Interpolation ermittelt.

Beim Abfahren des programmierten Kreisbogens ohne Sensor verändert sich die Orientierung des Brenners im Raum kontinuierlich. Trotzdem bleibt, wie gefordert, der Winkel zwischen programmierter Bahn und Brenner konstant. Durch Einsatz eines Sensors kann man die Position des Brenners in radialer Richtung auf den geraden Stoß korrigieren. Damit ist das beabsichtigte Ziel erreicht: Der Brenner folgt dem Stoß mit variabler Orientierung, seine Bahn setzt sich dabei aus zwei Komponenten zusammen. Die erste zeigt in Richtung der programmierten Kreisbahn, die zweite in radiale Richtung (Bild 1.6-4).

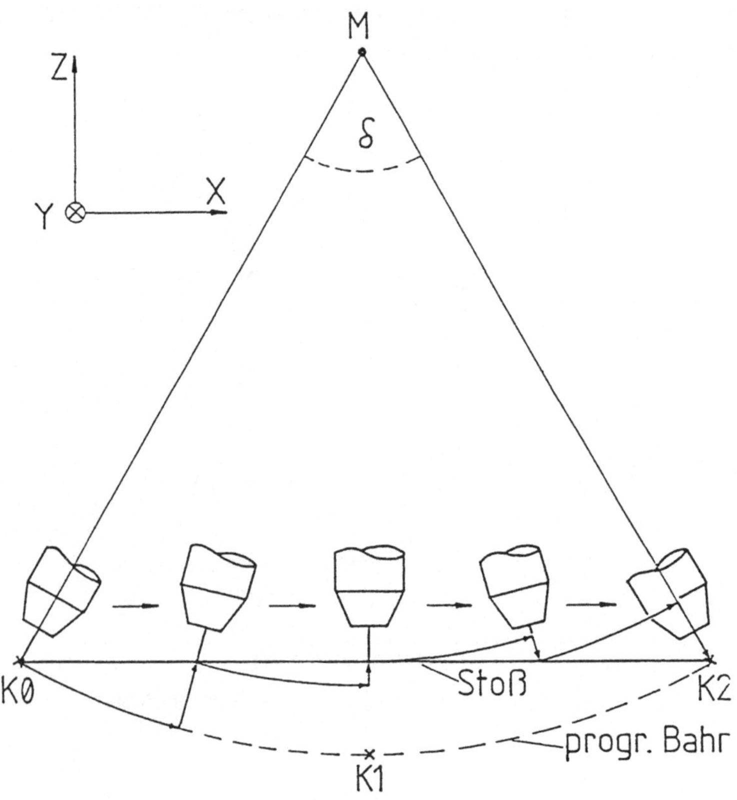

Bild 4: Zusammensetzung der Brennerbewegung

Bei diesem Beispiel wurde vereinfachend davon ausgegangen, daß die Meßwerterfassung an der Brennerspitze selbst erfolgt und Korrekturbewegungen unmittelbar ausgeführt werden. Diese Voraussetzung wird von vorlaufenden Sensoren naturgemäß nicht erfüllt. Daher sind beim Programmieren des Roboters bestimmte Randbedingungen einzuhalten.

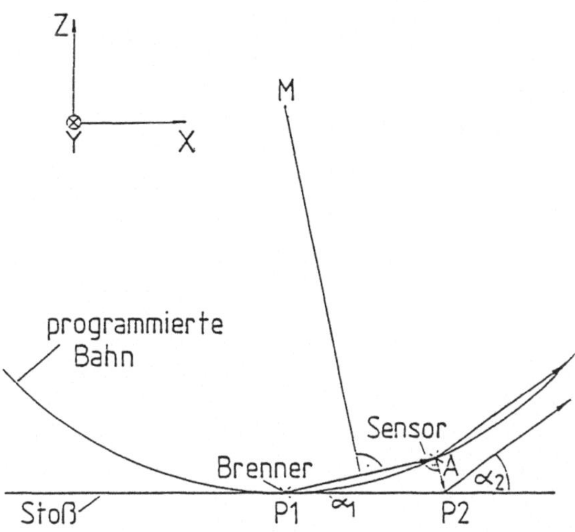

Bild 5: Korrektur bei vorlaufendem Sensor

Bild 1.6-5 verdeutlicht das Problem: Position und Orientierung des Brenners und damit des Vorlaufvektors sind in zwei Punkten, P1 und P2, vorgegeben. Die Hauptidee, nach der das vorgestellte Programmierverfahren benannt ist, besteht darin, folgende Bedingungen einzuhalten: Lage und Radius des Kreisbogens müssen so gewählt werden, daß der Vorlaufvektor während der gesamten Umorientierung eine Sekante an die programmierte Kreisbahn darstellt.

Entspräche in diesem Bild der Stoßverlauf exakt dem Kreisbogen, so würde der Sensor keine Abweichung vom Stoß mesen. Demzufolge träten auch keine Korrekturbewegungen des Roboters auf. Der Brenner würde mit variabler Orientierung entsprechend dem Verlauf des Kreisbogens geführt.

Im vorliegenden Fall soll jedoch ein gerader Stoß verfolgt werden. Daher wird eine Abweichung A gemessen. Diese wird unter Berücksichtigung der Vorlaufstrecke als Korrekturbewegung dem programmierten Weg überlagert. Der Brenner folgt somit dem Stoß; eventuell vorhandene Abweichungen des Stoßverlaufs von der in Bild 1.6-5 gezeigten Geraden führen zu zusätzlichen Korrekturbewegungen. Das Ergebnis besteht im Unterschied zur üblichen Programmierung darin, daß auch hier der Brenner seine Orientierung gegenüber dem Stoß zwischen P1 und P2 verändert hat.

Um das Verfahren universell einsetzbar zu machen, wurde der Tatsache Rechnung getragen, daß bei vielen Schweißaufgaben zwischen fester und variabler Orientierung gewechselt werden muß. In diesem Fall ist bei Anwendung der Sekantenmethode die programmierte Bahn aus stetig ineinander übergehenden Geradenstücken und Kreisbögen zusammenzusetzen.

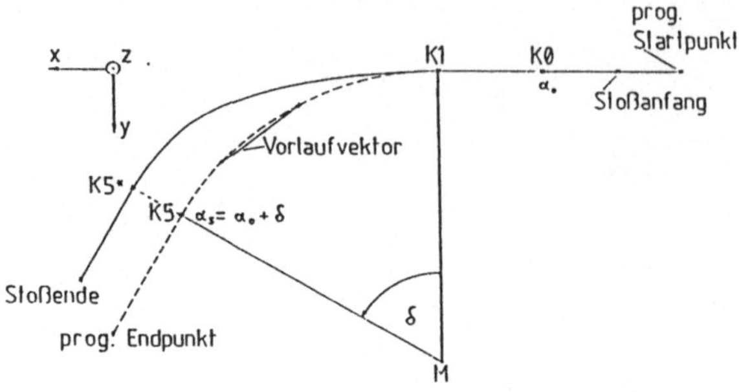

Bild 6: Mit variabler Orientierung zu schweißender Stoß und zu progammierende Bahn

Der in Bild 1.6-6 skizzierte in einer Ebene z = konst. liegende Stoß (durchgezogene Linie) soll geschweißt werden. Bis zum Punkt K0 ist eine konstante Brennerorientierung α_0 gefordert. Zwischen K0 und K5* ist eine Orientierungsänderung um den Winkel δ vorgesehen. Schließlich soll der Stoß bis zu seinem Ende mit der konstanten Brennerorientierung α_0+ δ geschweißt werden.

Die (abweichend vom Stoßverlauf) zu programmierenden Bahnstücke sind gestrichelt eingezeichnet. Der Kreisbogen K1,K5 ist so angeordnet, daß sich die gewünschte Orientierungsänderung δ ergibt und gleichzeitig die Sekantenbedingung eingehalten wird. Korrekturen in radialer Richtung führen dann zur gewünschten Stoßverfolgung.

1.6.4 Betrachtung der Übergänge Gerade-Kreis

Im folgenden genügt die Betrachtung der zu programmierenden Bahn (Bild 1.6-7). Die Vorgänge beim Abfahren des Kreisbogens wurden bereits beschrieben. Besondere Beachtung verdienen jetzt noch die Übergangsstellen zwischen Kreisbogen und anschließenden Geradenstücken

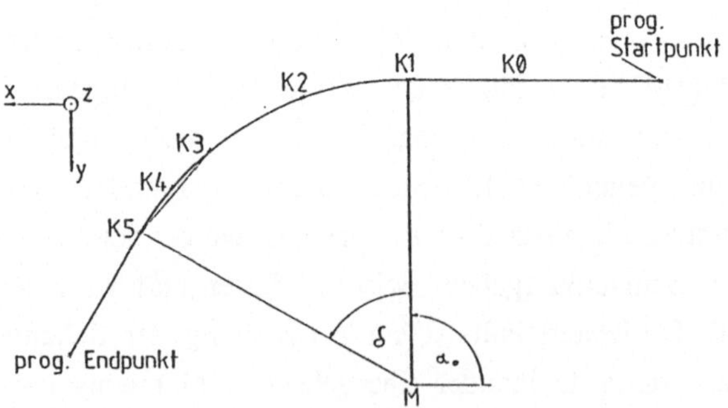

Bild 7: Zu programmierende Bahn mit Stützpunkten

Befindet sich das Werkzeug in K0, so bildet der Vorlaufvektor noch eine Tangente an den Kreisbogen. Hat es sich zum Punkt K1 bewegt, soll der Vorlaufvektor die Sekantenstellung eingenommen haben. Es muß demnach über die Strecke K0,K1 ein Eindrehvorgang stattfinden, an dessen Ende der Sensor genau über dem Kreisbogen steht.

Im Idealfall müßte der Sensor so gedreht werden, daß er während des Eindrehvorganges stets über dem Kreisbogen bleibt. Da die meisten Robotersteuerungen z. Z. aber nur über eine linear mit dem Weg verknüpfte Variation der Orientierung verfügen, muß beim Eindrehen ein bestimmter Fehler hingenommen werden. Seine Größe ist abhängig vom Verhältnis Vorlauf/Radius des programmierten Kreisbogens. Die resultierende Abweichung ist berechenbar.

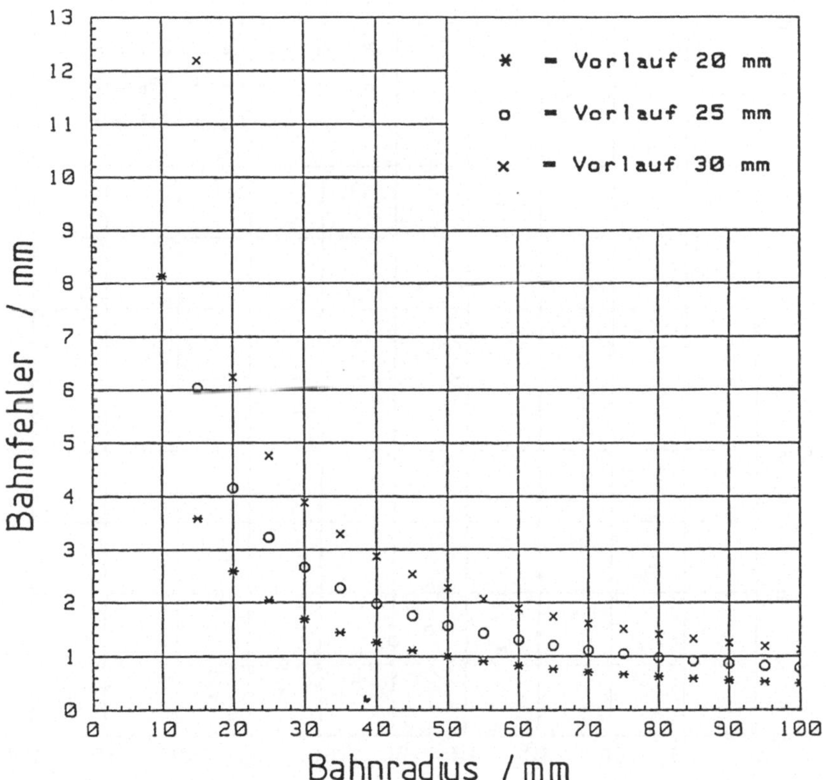

Bild 8: Korrekturfehler in Abhängigkeit von Bahnradius und Vorlauf beim Eindrehen in einem Abschnitt

In Bild 1.6-8 ist der Bahnfehler in Abhängigkeit von Bahnradius und unterschiedlichem Vorlauf wiedergegeben. Man erkennt folgenden Zusammenhang: Je kleiner der Vorlauf und je größer der Radius des programmierten Kreisbogens ist, desto kleiner wird die maximale Abweichung des Brenners von der Idealbahn. Bei einem Vorlauf von 20 mm und einem Radius von 100 mm beträgt sie 0.5 mm.

Beim Übergang vom Kreisbogen auf das abschließende Geradenstück ist ein Ausdrehvorgang notwendig. Hierbei bewegt sich der Brenner auf einem Teilkreisbogen von K3 nach K5, wobei der Sensor im Idealfall über der Geraden von K5 zum Endpunkt bleiben müßte. Der hier auftretende Fehler liegt in der gleichen Größenordnung wie beim Eindrehvorgang.

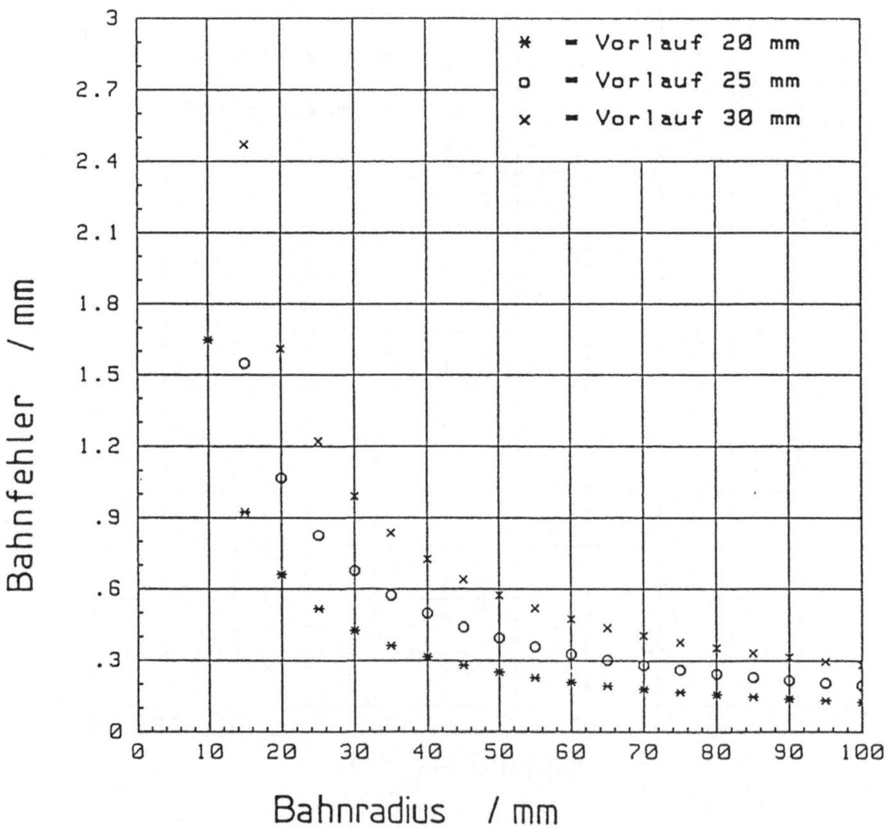

Bild 9: Korrekturfehler in Abhängigkeit von Bahnradius und Vorlauf beim Eindrehen in zwei Teilabschnitten

Alle auftretenden Fehler kann man erheblich vermindern, indem man Ein- und Ausdrehvorgang in je zwei Teilabschnitte zerlegt (Bild 1.6-9). Dies bedeutet z. B. beim Eindrehen einen zusätzlich zu programmierenden Punkt zwischen K0 und K1. Behält man im übrigen den Vorlauf von 20 mm und den Radius von 100 mm bei, so vermindert sich der Fehler auf weniger als 0,15 mm.

Man erkennt, daß bei etwas erhöhtem Einrichtaufwand am Roboter das Verfahren sehr kleine Stoßfolgefehler erzeugt. Bei nicht zu abrupten Orientierungsänderungen ist die Genauigkeit auch bei geringem Aufwand selbst für den Dünnblechbereich ausreichend.

1.6.5 Berechnung der Koordinaten und Orientierungswinkel

Es gibt verschiedene Verfahren, sensorgeführte Roboter mit Hilfe der Sekantenmethode zu programmieren. Allen gemeinsam ist die Tatsache, daß nach Bestimmung der notwendigen Koordinaten und Orientierungswinkel diese zum Teil "off-line" in die Robotersteuerung eingegeben werden müssen.

Der Unterschied zwischen den Realisierungsverfahren besteht in der Erzeugung der notwendigen Daten. Man kann sie zum einen graphisch ermitteln, indem man das Problem (tatsächliche Bahn, gewünschte Orientierungen zu programmierende Bahn konstruiert und die benötigten Werte durch Messung bestimmt. Zum anderen ist unter Benutzung des vorliegenden Algorithmus eine analytische Ermittlung möglich.

Um einen Praxiseinsatz der Methode anwenderfreundlich zu gestalten, wurde in der BAM ein Programm geschrieben, das die notwendigen Rechenoperationen durchführt.

Als Eingangsgrößen benötigt es im wesentlichen die Koordinaten der Punkte K0 und K5 des zu schweißenden Stoßes mit den gewünschten Orientierungen des Brenners.

Als Ergebnis erhält man:
— die Koordinaten der Punkte für die Zirkularinterpolation des Hauptkreisbogens K1,K2,K3 sowie die Orientierungen in K1 und K3
— die Koordinaten für den Ausdrehkreisbogen K3,K4,K5 (siehe auch Bild 1.6-7).

Damit sind dem Benutzer sämtliche benötigten Daten gegeben. Nähere Informationen sind bei den Autoren (Bundesanstalt für Materialforschung- und prüfung) erhältlich.

1.6.6 Bewertung

Das beschriebene Verfahren liefert gute Ergebnisse mit berechenbaren Fehlern, die selbst im Dünnblechbereich in der Mehrzahl der Anwendungsfälle vernachlässigbar sind. Bei nicht zu schnellen Orientierungsänderungen bleibt der Programmieraufwand gering.

Versuche in der BAM haben gezeigt, daß sich Schweißaufgaben aus der Kfz-Industrie mit starken Orientierungsänderungen unter Anwendung der Sekantenmethode lösen lassen. Hierbei mußte beachtet werden, daß sich die tatsächliche Bahnlänge aus programmierter Bahn und Korrekturbewegungen zusammensetzt. Sie ist deshalb stets länger als die beabsichtigte. Die tatsächlich erzielten Orientierungsänderungen weichen damit geringfügig von den erwarteten ab. In der Praxis wirkt sich dieser Effekt nicht störend aus.

1.7 Robotersteuerungsfunktionen und Schnittstellen zur Ankopplung vorlaufender Sensoren

R. Kram, Erlangen

U. Kreienkamp, Erlangen

R. Friedrich, Erlangen

Zusammenfassung

Leistungsfähige moderne Steuerungssysteme besitzen neben dem Roboterbewegungsprogramm frei programmierbare zyklische Programme, sogenannte Sensorfunktionen, mit direktem Systemeingriff auf Position, Geschwindigkeit und Orientierung der aktuellen Roboterbahn. Die Sensorsignale werden dabei der Steuerung in binärer, digitaler, analoger Form oder auch über intelligente Schnittstellen mit vollständigen Datenprotokollen übermittelt.

Während sich Sensoren zunächst aufgabenbezogen fest im Raum, in der Zuführung oder am Werkstücktisch befinden können, kommen für die Konturfolge fast ausschließlich roboterhandgebundene Sensoren in Betracht. Der Einsatz vorlaufender Sensoren ist dabei zum Teil aus technologischen Gründen notwendig, wie z. B. optische Sensoren beim Bahnschweißen, und außerdem oft steuerungstechnisch sinnvoll. Die Algorithmen für die diesbezügliche Sensordatenaufbereitung sind wegen der notwendigen Berücksichtigung zusätzlicher Einflußgrößen aufwendig. Sie erfordern, wie bei den gezeigten Beispielen zum sensorgeführten Bahnschweißen, zusätzliche Rechenleistung. Ebenso sind die Sensorfunktionen im Steuerungssystem bezüglich Schnittstellenfunktionalität und Sensordatenintegration zu erweitern. Das resultierende Gesamtsystem aus den Komponenten Roboter, Sensor, Sensorrechner und Steuerung erreicht durch den abgestimmten Komplettansatz einen hohen Leistungsstand.

Bei direkter Integration der Meßwerte vorlaufender Sensoren wird für bestimmte Anwendungen durch optimierte Sensoralgorithmen in der Robotersteuerung ein wesentlicher Dynamikgewinn erzielt. Dies ermöglicht das sensorabhängige Abfahren auch unbekannter Konturen mit großen Bahngeschwindigkeiten.

1.7.1 Sensordatenverarbeitung in RC–System: Übersicht

Die Anforderungen in der Fertigungsautomatisierung verlangen den Einsatz von Sensoren und Sensorsystemen um die Technologiebearbeitung und die Bewegungsführung des Industrie–Roboters den on–line–Bedingungen anzupassen.

Die Aufgaben des Sensoreinsatzes sind dabei Abstandsmessung und Kantenerfassung, Werkstückerkennung und Programmteilkorrektur, Korrektur und Einstellung von Bahngeschwindigkeit, Position und Orientierung, die sensorgestützte Programmerstellung oder auch die Optimierung der Prozeßparameter.

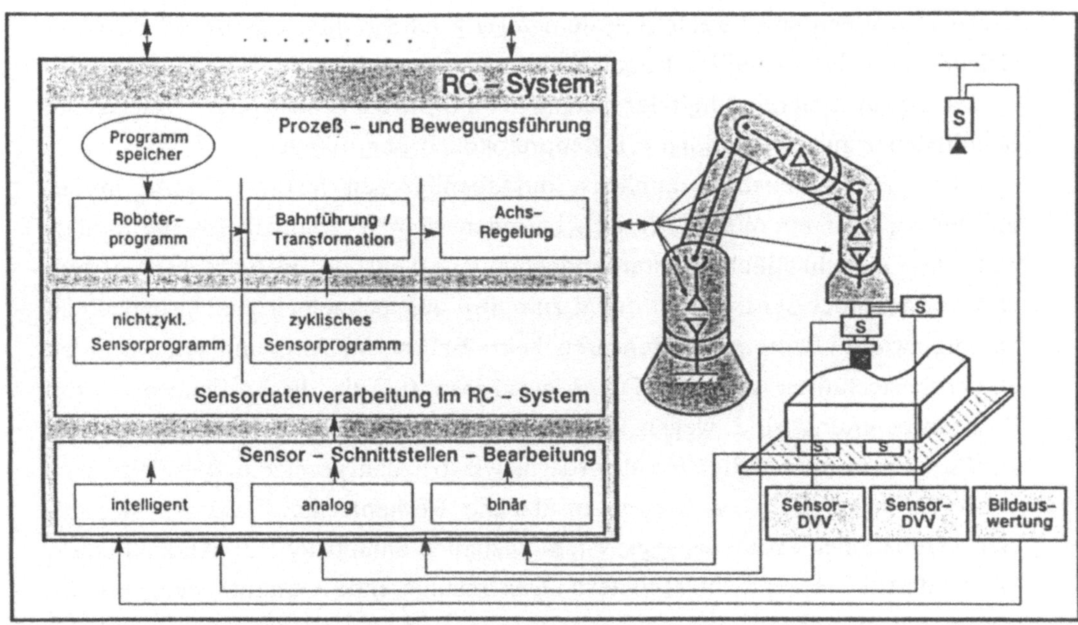

Bild 1.7.–1: Sensordatenverarbeitung im RC–System

Steuerungstechnisch notwendig ist dazu die Eingriffsmöglichkeit auf die entsprechenden Systemgrößen in Programmablauf, Bewegungsplanung, Bahninterpolation und Prozeßführung und die freie Programmierbarkeit der Funktionen innerhalb des Echtzeitsystems für die technologiespezifische Datenaufbereitung.

Im Steuerungssystem SIROTEC RCM beispielsweise werden hierfür die Möglichkeiten zur Definition des nichtzyklischen Systemeingriffs innerhalb des Roboterhauptprogrammes und zur bahnbegleitenden Sensordatenverarbeitung über zyklische Programme, den Sensorfunktionen, mit dem entsprechenden Systemeingriff über Komplexfunktionen bereitgestellt (Bild 1.7-1). Komplexfunktionen sind Geschwindigkeitsführung, Orientierungs- und Bahnkorrektur im wählbaren Koordinatensystem, automatische Konturabspeicherung und Überwachungsfunktionen. Für die Aktivierung der analogen und intelligenten Schnittstellen, die Steuerung des Datenverkehrs und das Laden der Dateninhalte sind entsprechende Roboterprogrammanweisungen verfügbar (/1/).

1.7.2 Einrechnung vorlaufender Sensoren beim Bahnschweißen

Ein wichtiges Einsatzgebiet sensorgeführter RC-Systeme ist die Schweißnahtfolge beim Bahnschweißen, um fertigungstechnisch unvermeidbare Werkstück-, Kontur- und Lagetoleranzen auszugleichen. Anwendbar sind hier zunächst induktive Sensoren, deren Meßprinzip auf der Erfassung der magnetischen Gesamtfeldstärke beruht, dann Prozeßsensoren wie Lichtbogensensoren, die ihre Information unmittelbar aus den Prozeßgrößen ableiten, und schließlich Laser-Sensoren, auch als Laser-Scanner bezeichnet, die durch die zyklische Auslenkung quer zur Naht die genaue Nahtlage relativ zum Sensor bestimmen. Die Stärke der Laser-Sensoren liegt in der hohen Genauigkeit und damit der Einsetzbarkeit bis zu kleinen Blechdicken. Wegen dem Meßprinzip können sie während des Schweißprozesses die Naht nicht im Arbeitspunkt, sondern nur vorlaufend erfassen.

Der prozeßtechnische Sensorvorlauf bringt zunächst regelungstechnische Vorteile, da der Vorlauf Totzeiten durch Schnittstellenbearbeitung und Datenaufbereitung kompensieren hilft. Allerdings entsteht hierdurch Mehraufwand in der Sensordatenverarbeitung, da die Sensorwerte abhängig von der Vorlaufzeit, die sich aus Vorlaufabstand und Geschwindigkeit ergibt, zwischengespeichert und Einflußgrößen wie Geschwindigkeits- und Orientierungsänderung zwischen Meßzeitpunkt und Korrekturzeitpunkt berücksichtigt werden müssen.

Da die für Sensorfunktionen zur Verfügung stehende Rechenzeit in der schnellen zyklischen Interpolationsebene im Steuerungssystem begrenzt ist, findet bei der betrachteten Systemlösung die Meßdatenaufbereitung im Sensorrechner statt, um auch für Sonderfälle und spezifische Sensoranordnungen flexibel zu reagieren   (Bild 1.7–2). Über die intelligente serielle Schnittstelle teilt die Steuerung dem Sensor Information über die Schweißnaht, Konturbeginn und –ende und, wenn notwendig, zyklische Information über Roboterposition, Werkzeuggeschwindigkeit, Sensorachsposition und Prozeßstatus mit, während der Sensorrechner die aufbereiteten Korrekturwerte für die Bahninterpolation zurückgibt.

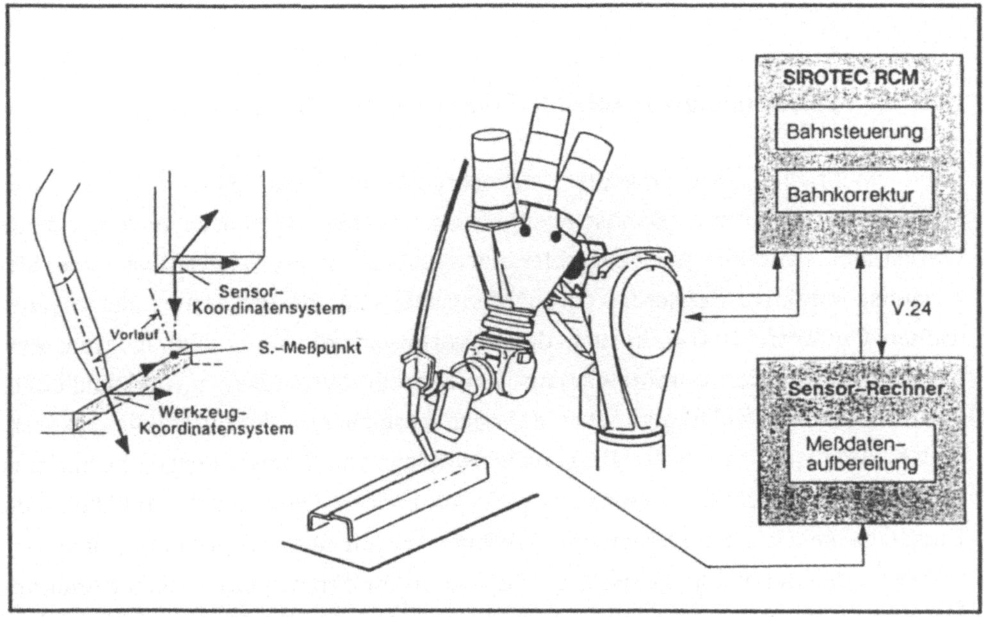

Bild 1.7.–2: Sensorgeführte Schweißnahtverfolgung: Systemlösung

Es ergeben sich somit für die Steuerung die Aufgaben

- Anstoßen und Verwalten des Technologieprozesses
- Initialisierung und Verwaltung der Kommunikation
  Sensor – Steuerung
- Steuerung von Roboter und Sensorachse
- Information des Sensorrechners über Roboter- und Prozeßstatus
- zyklische Ausgabe von Roboter- und Sensorachsposition
- zyklisches Einlesen und Einrechnen der Korrekturwerte
- Berechnung und Ausgabe von Schweißparametervorgaben

für den Sensorrechner

– Auswählen der entsprechenden Technologiealgorithmen
– Aufnehmen und Aufbereiten der Sensormeßdaten
– zyklische Berechnung der Korrekturwerte aus
      – Roboterposition– und Orientierung
      – Sensorachsposition
      – Vorlaufzeit
      – Sensormeßdaten
– zyklische Übertragung der Korrekturwerte an die Steuerung.

Im Steuerungssystem werden hierzu funktional eine flexible Einrechnung der Korrekturwerte im spezifischen kartesischen Koordinatensystem, das kann das Bahn–, Welt–, oder Werkzeugkoordinatensystem sein, benötigt um die Aufbereitung der Sensormeßwerte zu erleichtern und den Gesamtalgorithmus zu optimieren.

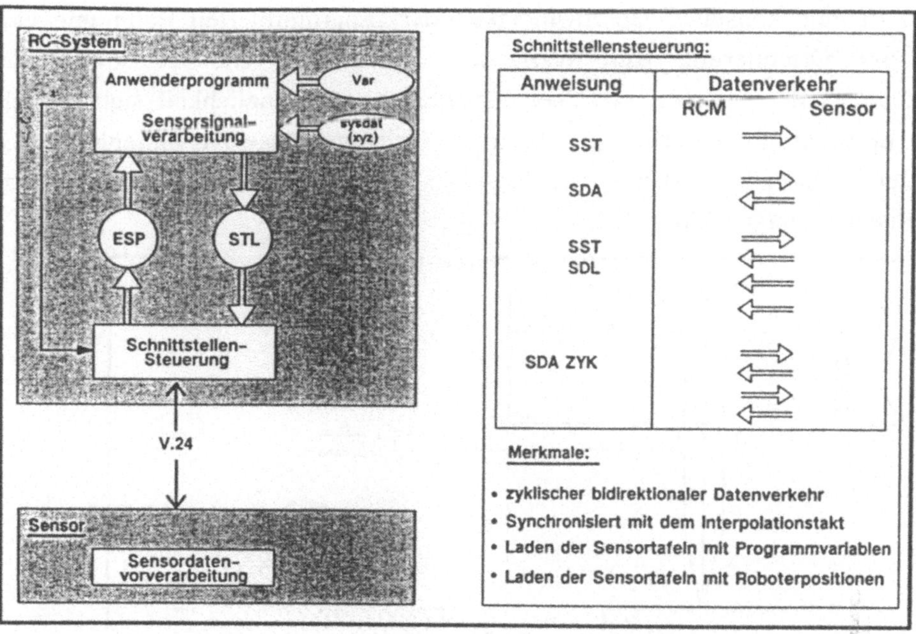

Bild 1.7.–3: Sensorgeführte Schweißnahtverfolgung: Intelligente Sensorschnittstelle

Ebenso wird eine vollständige Funktionalität der intelligenten Sensorschnittstellen hinsichtlich Kommunikationsablauf und Dateninhalte benötigt, um einmal eine zyklische bidirektionale Datenübertragung synchronisiert mit dem Interpolationstakt zu ermöglichen, und zum anderen über flexible Anwenderbefehle projektierbare Systeminformation wie Programm- und Prozeßstatus, Parameter und Verfahrdaten, in die Schnittstellenausgangsspeicher, die Sensortafeln, zu laden (Bild 1.7-3).

Das im Gesamtsystem Sensor-Steuerung-Roboter-Prozeß abgestimmte und optimierte Lösungskonzept zeigt ein technologisch gutes Ergebnis, da durch die erweiterte Basisfunktionalität der Steuerung bei den sensorseitigen Nahtfolgestrategien verschiedenartige und einsatzsspezifische Algorithmen zugelassen werden.

1.7.3 Direkte Einrechnung vorlaufender Sensoren

Bei bestimmten technologischen Anwendungen ist eine direkte Verarbeitung der Meßwerte von vorlaufenden Sensoren in der Steuerung sinnvoll. Im zyklischen Algorithmus in der Sensorfunktion kann eine unmittelbare regelungstechnische Optimierung erfolgen.

Da bei kleinen Interpolationstakten nur begrenzte Rechenzeit zur Verfügung steht, ist eine konstante Geschwindigkeit der programmierten Bahn und eine konstante Orientierung zum Werkstück nützlich. Es müssen sowohl der Fangbereich des Sensors an Ecken als auch die Zugänglichkeit sichergestellt sein. Letzteres gilt natürlich gleicherweise für den Einsatz vorlaufender, intelligenter Sensoren beim Bahnschweißen. Die prinzipielle Aufteilung von Meß- zu Arbeitspunkt zeigt Bild 1.7-4.

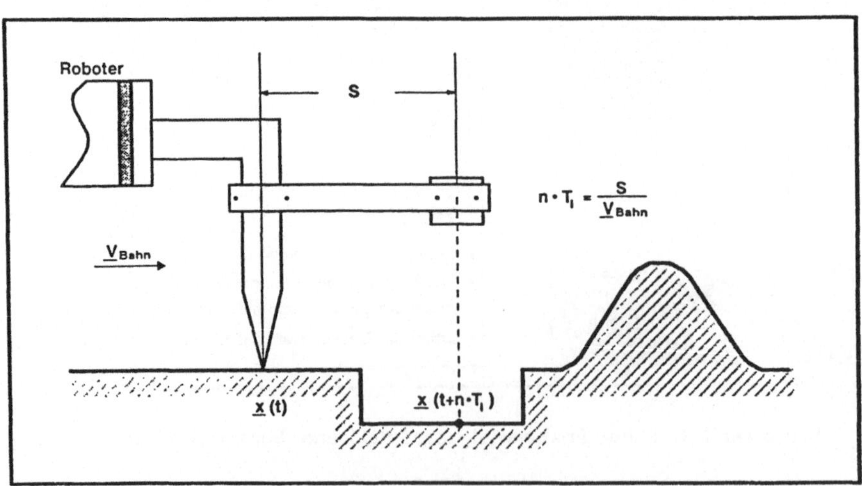

Bild 1.7.-4: Konturfolgeaufgabe bei vorlaufenden Sensoren

Um die Dynamik des Konturfolgeverhaltens zu erhöhen ist neben der grundsätzlichen Totzeitkompensation des Steuerungssystems durch die a-priori-Kenntnis der Bahn, bzw. des Konturüberganges, auch das Verhalten der Übergangsfunktion selbst entsprechend dem gewählten Gütekriterium:

$$J = \int_{0}^{t_e} |x_{soll} x(t) - x_{ist}(t)|\, dt$$

zu optimieren (Bild 7.1–5).

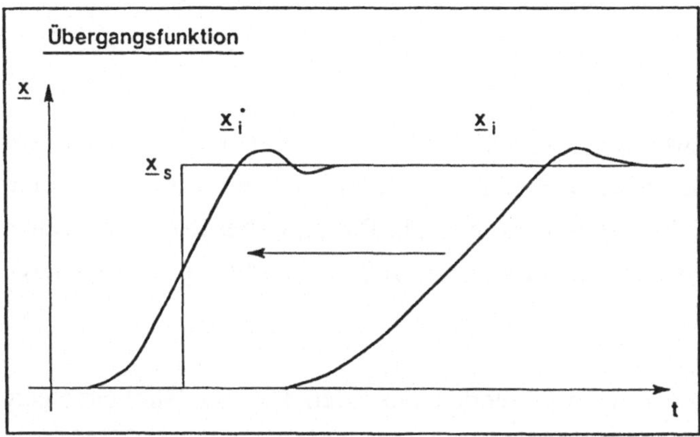

Bild 1..7–5: Regelungstechnische Zielsetzung

Für die Reglerstruktur- und -parameterauslegung ist insbesondere eine Modellierung der Konturfolgeaufgabe hilfreich. Durch die Befestigung des Sensors unmittelbar in der Roboterhand beeinflußt die Roboterfolgedynamik die Sensormeßsignale.
Soll aus den Sensormeßwerten der Konturverlauf abgeleitet werden, muß neben dem Sensormeßwert der Positionsistwert aus Stellgrößenverlauf und Systemdynamikmodell in den Algorithmus einbezogen werden. Es ergibt sich also

$$x_{soll,k+n} = f\,(x_{ist,k}\ x_{sen,k})$$

$$= g\,(x_{korr}, T_t, T_{ers}, x_{sen,k})$$

Der Sensoralgorithmus enthält dann neben dem Verstärkungsfaktor und dem Schiebespeicher einen Konturbildner mit Roboterstreckenmodell.

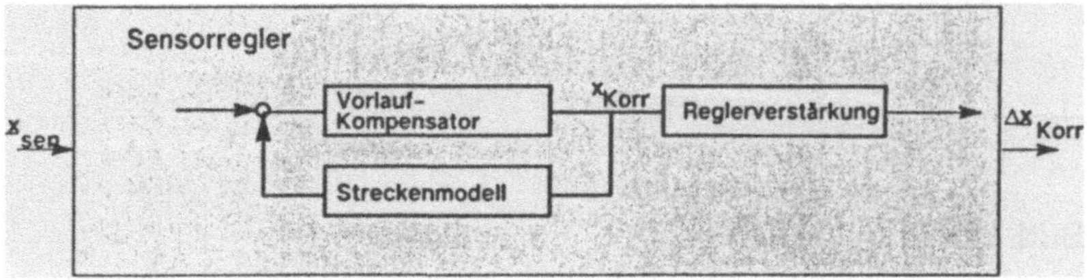

Bild 1.7.–6: Reglerentwurf

Da sowohl die on–line gewonnene a–priori Information über die Bahn als auch die Dynamik der Regelstrecke in den Algorithmenentwurf einbezogen worden sind, kann mit dem beschriebenen Sensorregler die Dynamik bei der Konturfolge unbekannter Bahnen mit vorlaufenden Sensoren außerordentlich gesteigert werden.

Die positiven Erfahrungen mit vorlaufenden Sensoren für das Nahtverfolgen beim Bahnschweißen wie auch mit neuartigen Algorithmen für das Verfolgen unbekannter Konturen zeigen, daß einmal prozeß– und einsatzspezifische Lösungen vorteilhaft sein können, daß zum anderen durch geeignete Systemkonfiguration und –flexibilität entsprechend den Applikationsanforderungen hervorragende Ergebnisse mit sensorgestützten RC–Systemen erzielt werden können.

Literaturverzeichnis

1   Meier, Ch.; Sensor–Technology with Robot–Mounted–Sensors
        Proceedings of the 4rd Robot Vision and Sensory Control,
        London UK, Oktober 1984.

1.8 Konturfolgen durch vorlaufende Sensoren

M. Dlabka, J. Held, U. Kirchhoff, J. Timm, Berlin

Zusammenfassung

Ist die Geometriestruktur einer durchzuführenden Fertigungsaufgabe a'priori nicht bekannt, so ist eine sensorgeführte Roboterbewegungserzeugung unumgänglich. Ein Verfahren zur Bahnkorrektur besteht darin, daß vor Ausführung der Fertigungsaufgabe eine Vermessung der Geometrieparameter der Fertigungsaufgabe vorgenommen und aus diesen Meßdaten eine Anwenderprogrammkorrektur durchgeführt wird. Bestimmte Klassen von fertigungstechnischen Geometrieabweichungen erfordern Korrekturen während der Durchführung der Fertigungsaufgabe. Mit den bisher verfügbaren IR-Steuerungen können Sensor-unterstützt nur kleine Bahnkorrekturen vorgenommen werden, ohne daß technologische Randbedingungen verletzt werden. Diese Beschränkung entfällt bei Anwendung des vorgestellten Konzeptes zur lokalen Online-Bahnplanung mit vorlaufendem Sensor. Der Verfahrensansatz wird am Beispiel des Konturfolgens bei einer ebenen Bearbeitungsfläche ausführlich aufgezeigt.

Der steuerungsspezifische Korrekturalgorithmus des vorgestellten Konzeptes kann als einfache Erweiterung in eine bestehende Steuerung integriert werden und erfordert nur einen geringen zusätzlichen numerischen Aufwand.

1.8.1 Einleitung

Der industrielle Einsatz von Robotersystemen beschränkt sich derzeitig überwiegend auf Fertigungsprozesse, die, abgesehen von der internen Sensorik für die Achsregelkreise der Steuerung, keine weitere Sensorik für die Bewegungssteuerung erfordern. Voraussetzung hierfür ist eine hohe Wiederholgenauigkeit der vorgegebenen geometrischen Relationen des auszuführenden Fertigungsprozesses. Sind diese Bedingungen nicht erfüllt, so ist der Einsatz von Sensoren für die Bewegungsführung des Roboters erforderlich.

Im Hinblick auf die sensorisch erfaßbaren Geometrieabweichungen von vorabbekannten Beziehungen in einer Fertigungsaufgabe lassen sich, bezogen auf das Basiskoordinatensystem des Roboters, zwei Grundtypen unterscheiden.

Im ersten Fall sind die geometrischen Relationen der vom Roboter auszuführenden Bewegungsaufgabe bezogen auf das aufgabenspezifische Bezugssystem (z.B. Werkstückkoordinatensystem) konstant. Nur die relative Lage zwischen diesem Bezugssystem und dem Roboterbasiskoordinatensystem variiert. Die Geometriekorrektur kann sich in diesem Falle auf die Ermittlung der Änderung der relativen Lage beider Bezugssysteme zueinander und der Verschiebung des nominell abgelegten Bewegungsablaufes beschränken. Dieser Vorgang erfolgt vor dem Beginn der Bearbeitung in Form einer Anwenderprogrammkorrektur durch Nullpunktverschiebung. Die eigentliche Bewegungsausführung kann dann ohne weitere sensorische Korrektur durchgeführt werden. Für die Ermittlung der Abweichungen lassen sich in Abhängigkeit von dem verwendeten Sensorkonzept automatisch ablaufende und programmierbare Steuerungsfunktionen entwickeln /1,2,3/.

Der zweite Fall ist dadurch gekennzeichnet, daß auch bezogen auf das aufgabenspezifische Bezugssystem sich die geometrischen Relationen für die Bewegungsführung verändern, wie z.B. bei einer werkstückbezogenen Variation der Bearbeitungsbahnen oder durch den Bearbeitungsprozeß bedingte Abweichungen vom nominellen Bahnverlauf. Ein möglicher flexibler Lösungsansatz für diesen Fall ist eine kontinuierliche Korrektur der vorprogrammierten Bewegungsausführung mit Hilfe einer geeigneten Sensorik.

In derzeitigen, industriell eingesetzten Robotersteuerungen erfolgt die bewegungsbegleitende Bahnkorrektur im allgemeinen auf der exekutiven Ebene durch Aufschaltung von bestimmten, aus der Sensorinformation abgeleiteten Werten auf die achsspezifischen Führungsgrößen der Lageregler oder auf die kartesischen Führungsgrößen am Ausgang des kartesischen Bahninterpolators. Beiden Ansätzen liegt das identische Korrekturprinzip zu Grunde. Sie unterscheiden sich aus systemtheoretischer Sicht nur

$$V^*(t) \approx \sqrt{V^2(t) + \left(\frac{\Delta x}{\Delta t}\right)^2} \qquad (1)$$

$V(t)$	vorgegebene Geschwindigkeit
$V^*(t)$	tatsächliche Geschwindigkeit
Δx	Bahnabweichung
Δt	Interpolationstakt

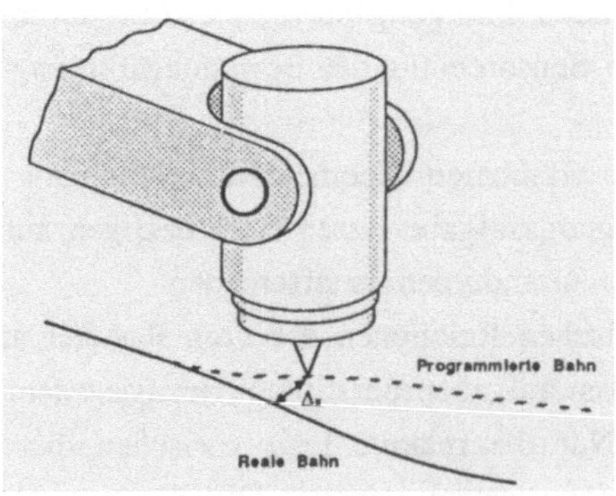

Bild 1.8-1: Bewegungsvorgang mit Bahnabweichungen

durch eine nichtlineare Skalierung, die durch eine Koordinatentransformation gegeben ist. Die Gültigkeit dieses Verfahrens ist durch die Verletzung von technologischen Parametern und Überschreitung von systembedingten Dynamikgrenzen gegeben. Diese Grundproblematik ist in Bild 1.8-1 beispielhaft an dem Problem der Abweichung der tatsächlichen von der programmierten Bahn veranschaulicht. Die in einem Interpolationstakt zusätzlich zu verfahrende Strecke führt, wie Gleichung (1) zu entnehmen ist, zu einer Veränderung der geplanten Geschwindigkeit.

Große Bahnabweichungen führen damit zu den o.g. Effekten. Der Lösungsansatz ist damit nur für kleine Bahnabweichungen gültig. Ein Verfahren zur Ausregelung größerer Bahnabweichungen, das zu keiner Verletzung der genannten Randbedingungen führt, wird im folgenden am Beispiel der lokalen Bahnplanung mit vorlaufendem Sensor vorgestellt.

1.8.2 Vorlaufende Sensoren

Von der Erfassung eines Bahnmerkmals durch den Sensor bis zur Einrechnung der Korrekturwerte bzw. der neuen Bahn (bei der lokalen Bahnplanung) ist eine Zeitverzögerung zu berücksichtigen, die durch die Taktung der jeweiligen Roboter-Steuerungsebene und Informationsverarbeitungszeiten des Sensorsystems gegeben ist. Da für die Korrekturen jeweils zukünftige Bahnelemente benötigt werden, lassen sich die Kompensation dieser Zeitverzögerungen und der Vorlauf zur Erfassung zukünftiger Bahnelemente nur durch einen vorlaufenden Sensor erreichen. Die Zahl der erforderlichen Sensor-Freiheitsgrade ist abhängig von der Beschaffenheit der Bearbeitungsfläche, dem Flanschpunkt der Sensor-Kinematik an den Roboter und möglichen Scan-Eigenschaften des Meßsystems. Der Zusammenhang zwischen Sensorpunkt SP und dem Basissystem muß durch eine Sensor-Transformation beschrieben werden. Bei einer Kopplung des Sensors an den Endeffektor sind für die Freiheitsgrade folgende Fälle denkbar /4/, /5/:

— Die Bearbeitungsfläche ist absolut eben, d.h. die Bewegung des Sensors kann in einem Freiheitsgrad bei konstanter Vorlauflänge erfolgen.

— Die Bearbeitungsfläche ist in erster Näherung nicht gekrümmt. Höhenänderungen werden entweder in einem zweiten Freiheitsgrad des Sensors oder durch Abstandsmessungen erfaßt.

— Die Bearbeitungsfläche weist eine (fast) beliebig geformte Oberfläche auf. Vom Sensor wird zusätzlich die Orientierung der Oberfläche erfaßt. Der Sensor besitzt daher bis zu 5 Freiheitsgrade.

Je nach Anforderung, die natürlich auch vom Bearbeitungsprozeß und von dem Werkstück abhängt, müssen die Freiheitsgrade des Sensors gewählt werden.

1.8.3 Ein Verfahren zur lokalen Bahnplanung mit vorlaufendem Sensor

In dem folgenden Beispiel einer Schweißnahtverfolgung werden die steuerungs- und verfahrenseitigen Probleme der lokalen Bahnplanung erläutert. Damit die Zusammenhänge nicht zu kompliziert werden, das wesentliche jedoch erläutert werden kann, wird angenommen, daß die Bearbeitungsfläche eben ist und der Sensor nur einen Freiheitsgrad (Bild 1.8-2) besitzt. Die Aufgabe besteht darin, mit einem vorlaufenden Sensor, der durch eine Nachführ-Regelung stets auf der zu verfahrenden Arbeitsbahn gehalten wird, eine Trajektorie zu generieren, so daß das Werkzeug bzw. der Werkzeugpunkt genau auf dieser Bahn verläuft.

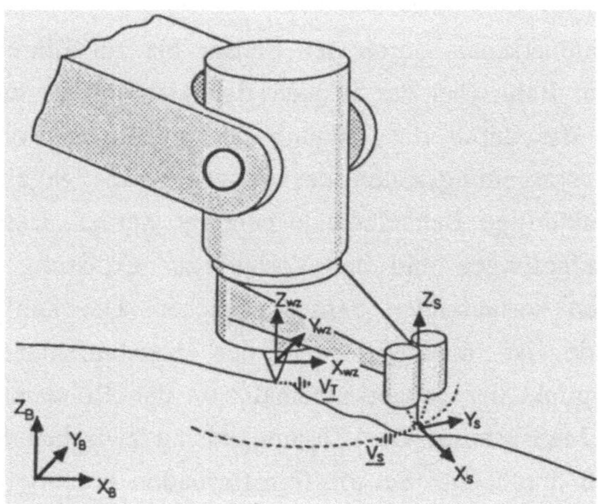

Bild 1.8-2: Endeffektor mit vorlaufendem Sensor

Die globale Aufgabenstellung zerfällt in zwei grundlegende Teilaufgaben:

Teilaufgabe 1 - Bahnverfolgung durch den Sensor

Der Sensor ist beweglich in einem Freiheitsgrad über der Bearbeitungsebene angeordnet. Ihm kommt die Aufgabe zu, zwischen der zu verfolgenden Bahn und seiner Umgebung zu unterscheiden. Das Unterscheidungsvermögen wird durch eine geeignete Auswertung des aus dem Bahnmerkmal resultierenden Sensorsignals erreicht. Mit dem Sensorsignal wird entweder mit einer Regeleinrichtung die Sensorachse so nachgeführt, daß der Sensor genau auf der Bahn liegt (tracken), oder durch Scannen die Lage der Bahn identifiziert.

Die Genauigkeit der Regelung ist bei beweglich angeordneten Sensoren von besonderer Bedeutung, da die Regelgröße zugleich Führungsgröße der Bahngenerierung für das Werkzeug ist. Hierbei ist zwischen statischer und dynamischer Genauigkeit zu unterscheiden. Die statische Genauigkeit bestimmt den kleinstmöglichen Fehler mit dem ein Bahnpunkt bestimmt werden kann. Dieser hängt von dem Sensor, der Sensorsignalauswertung und von dem statischen Fehler der Regeleinrichtung ab. Der dynamische Fehler, der bei gekrümmten Bahnen in Erscheinung tritt, hängt von der Bandbreite der Sensorsignalverarbeitung, von der Bandbreite des Nachführregelkreises des vorlaufenden Sensors, seiner Bahngeschwindigkeit V_{SP} , und von der Tangentialgeschwindigkeit V_{TCP} des Werkzeuges ab. Es gilt näherungsweise (Bild 1.8-3)

$$\omega_F = \frac{\left| V_{TCP} - V_{SP} \right|}{\left| SP - TCP \right|} \tag{2}$$

ω_F Bandbreite des Sensorführungssignals

V_{TCP}, V_{SP} Tangentialgeschwindigkeiten im Tool-Center-Point (TCP) und im Sensorpunkt (SP)

TCP, SP die Koordinaten des Tool-Center- Point (TCP) bzw. des Sensorpunktes (SP)

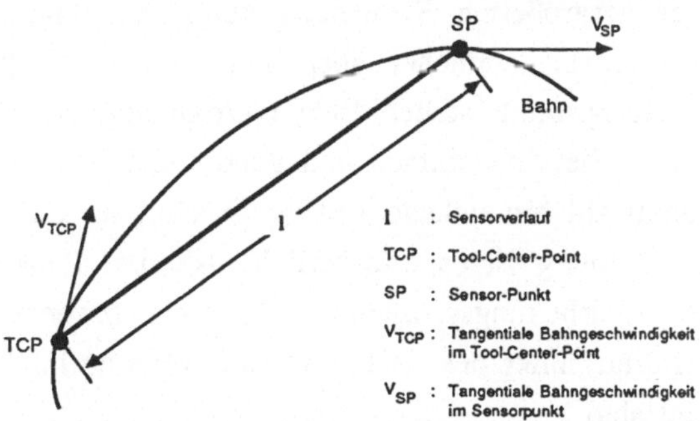

Bild 1.8-3: Abschätzung der Bandbreite des Sensorführungssignals

Die Bandbreite des Regelungskreises für das Führungsverhalten sollte etwa 5 bis 10 mal größer sein, um ein ausreichend gutes Bahnverfolgungsverhalten zu erzielen.

Teilaufgabe 2 - die Bahnplanung

Die Daten über die zukünftige Bearbeitungsbahn werden, nach Vorverarbeitung, im bewegten Sensorkoordinatensystem erfaßt. Die Bahnplanung erfolgt bei dem hier beschriebenen Verfahren im Basiskoordinatensystem des Roboters. Das hat zunächst zur Folge, daß die Sensordaten aus den Sensorkoordinaten in die Basiskoordinaten umzurechnen sind. Diese Aufgabe wird formal durch eine Folge von Matrixoperationen gelöst:

$$\overline{T}_{RB}^{SP} = \overline{T}_{RB}^{TCP} \cdot \overline{T}_{TCP}^{SP} \quad ; \quad \overline{P}_{RB} = \overline{T}_{RB}^{SP} \cdot \overline{P}_{SP}$$

$\overline{T}_{RB}^{SP}$ Sensorkoordinaten im Basissystem

$\overline{T}_{RB}^{TCP}$ Werkzeugkoordinaten im Basissystem

$\overline{T}_{TCP}^{SP}$ Sensorkoordinaten im Werkzeugkoordinatensystem

$\overline{P}_{RB}, \overline{P}_{SP}$ Sensor-Aufpunkt in Roboter- bzw. Sensorkoordinaten

Liegen die zukünftig vom Werkzeug zu erreichenden Bahnpunkte im Basiskoordinatensystem vor, läßt sich die Bahnplanung durchführen. Da nur einzelne Punkte der Bahn aufgrund der lediglich in bestimmten Zeitabständen möglichen Sensorsignalvorverarbeitung und Transformation der Bahnkoordinaten aus den Sensor- in die Basiskoordinaten erfaßt werden können, muß die Bahn zwischen den bekannten Bahnpunkten interpoliert werden.

Prinzipiell können Geraden-, Polynom-, Spline- oder andere Interpolationsfunktionen herangezogen werden. Hierbei entstehen zwei sich widersprechende Forderungen, die sich aus der vergrößerten Rechenzeit komplexer Interpolationsmethoden bzw. der kürzeren Rechenzeit einfacher aber ungenauerer Interpolationsmethoden ergeben. Einen guten Kompromiß stellen Bahnapproximationen mit quadratischen Interpolationsverfahren dar. Sie sind einfach und daher schnell berechenbar und liefern bei geeigneter Stützpunktwahl hinreichend genaue Ergebnisse. Für die Berechnung von Polynomen zweiter Ordnung ist es erforderlich, daß drei Punkte der Bahn bekannt sind. Zu Beginn des Bearbeitungsprozesses sind daher besondere Maßnahmen zu ergreifen, da nur der Startpunkt des TCP und ein weiterer Punkt der Bahn durch den Sensor (SP) bekannt sind.

Die folgende Rechnung hat im Prinzip für jede Koordinate zu erfolgen, je drei für Position bzw. die Orientierung. Die Interpolation erfolgt im allgemeinen in Position und Orientierung getrennt, kann aber ohne weiteres nach folgendem Schema auch gemeinsam erfolgen (Bild 1.8-4).

Hierzu führen wir einen Bahnparameter s ein und machen für die Interpolationsfunktion den Ansatz

$$P(s) = A + Bs + Cs^2 \qquad (-1 <= s <= 1)$$

P(s)   vektorwertiges Polynom an der Stelle s

s   Bahnparameter

A,B,C   Koeffizienten-Vektoren

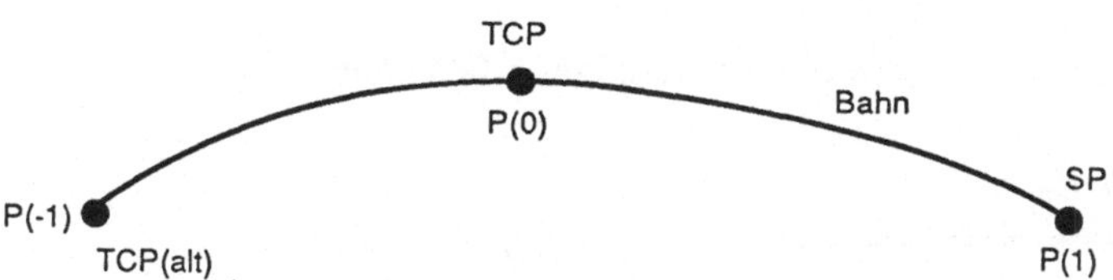

Bild 1.8-4: Stützpunkte beim Interpolationspolynom 2. Ordnung

Die Dimension des Vektor-Polynoms ist drei oder sechs je nachdem, ob die Orientierung miteinbezogen wird. Aus den drei gegebenen Punkten (Bahnpunkte)

P (-1) : alter Werkzeugpunkt

P(0) : aktueller Werkzeugpunkt

P(1) : neuer, vom Sensor erfaßter Bahnpunkt

erhält man die drei unbekannten Koeffizienten-Vektoren

$$A = P(0) \qquad\qquad A = (a1 ....an)^T$$
$$B = (P(1) - P(-1))/2 \qquad\qquad B = (b1........bn)^T$$
$$C = (P(-1) - 2P(0) + P(1))/2 \qquad C = (c1........cn)^T$$

bzw. eingesetzt

$$P(s) = P(-1)\, s(s-1)/2 + P(0)(1-s^2) + P(1)s(s+1)/2.$$

Im Fall der quadratischen Interpolationsfunktion kann am Anfang, beim Vorliegen von nur zwei Punkten, einfach *P(-1) = P(0)* gesetzt werden, wodurch eine Gerade von *P(0)* bis *P(1)* generiert wird. Hierzu ist zu berücksichtigen, daß der Bahnparameter s eine Funktion der Zeit ist, d.h. es gilt: *s = s(t)*.

Für den Betrag der Bahntangentialgeschwindigkeit erhält man

$$\left\|\frac{dP(s(t))}{ds(t)}\right\| \frac{ds(t)}{dt} = \left\|V_T(t)\right\| \; ; \qquad \frac{dP(s(t))}{ds(t)} = B + 2Cs \qquad\qquad (3)$$

Für die Berechnung der Bahn läßt sich vorteilhaft die inkrementelle Form von Gl.(3) verwenden

$$\|V_T(t)\| dt = \sqrt{\sum_{k=1}^{n} \left(b_k + 2c_k s \right)^2} \; ds$$

Zu einem vorgegebenen t_i läßt sich das notwendige s_i berechnen:

$$\Delta s_i = \frac{\|V_T(t_i)\|}{\sqrt{\sum_{k=1}^{n} (b_k + 2c_k s \, (t_i))^2}} \; \Delta t_i \quad , \quad s(t_i) = \sum_{j=1}^{i} \Delta s_i$$

Besondere Maßnahmen sind am Bahnanfang und Bahnende zu ergreifen.

Der Start am Bahnanfang wird durch eine Suchphase eingeleitet. Ein spezielles Suchprogramm des vorlaufenden Sensors z.B. ein Scan-Vorgang innerhalb des Bewegungsbereiches des Sensors, in diesem Fall auf einem Kreis mit dem Radius VL = ITCP-SPI um den Werkzeugpunkt, dient zur Bestimmung des Bahnanfanges. Da im allgemeinen über den Bahnanfang a'priori-Kenntnisse vorliegen, dürfte der Suchvorgang allein mit dem Sensor in den meisten Anwendungsfällen zum Erfolg führen. Liegt der Bahnanfangspunkt nicht innerhalb des Bewegungsbereiches des Sensors, muß der Suchvorgang durch eine systematische, den gesamten Arbeitsbereich erfassende Suche unter Einbeziehung der Roboterfreiheitsgrade durchgeführt werden.

Die Terminationsbedingung für den Bearbeitungsvorgang wird in Abhängigkeit vom jeweiligen Bearbeitungsprozeß gesetzt. Zum einen ist der Einsatz spezieller Sensorik möglich, zum anderen das Auswerten geometrischer Verhälnisse wie der zurückgelegten Wegstrecke, von a'priori Kenntnissen des Abstandes zum Startpunkt oder das Erreichen eines bestimmten geometrischen Raumes.

Aufgrund des Interpolatortaktes (IPO-Taktes) Δt_{IPO} ist es möglich, daß ein Rest der Bahn mit dem Weg

$$\Delta s = \|V_T(t^*)\| \; \Delta t_{IPO}$$

nicht mehr verfahren wird, da die Bahn irgendwo zwischen dem Erfassen des letzten Bahnpunktes und dem Setzten der Terminationsbedingung abbricht. Dieses vorzeitige Abbrechen der Bahn kann durch eine gezielte Strategie vermieden werden. Durch den ständigen Nachführvorgang der Sensorkinematik werden tatsächlich in sehr viel kürzerem Abstand Sensordaten verarbeitet. Diese Ergebnisse werden nur zu den IPO-Taktzeiten dem Interpolator zur Verfügung gestellt. Eine mögliche Strategie besteht nun darin, den letzten vom Sensor tatsächlich erfaßten Wert dem IPO zur Bahnplanung zuzuführen. Bei einem Verarbeitungstakt von Δt_{sen} ist der maximale Restwegfehler

$$\Delta s = \|V_T (t^*)\| \, \Delta t_{sen}$$

der sicherlich dann akzeptabel ist. In diesem Zusammenhang kann auch eine a'priori-Kenntnis der Bahnlänge bei der Detektierung des Bahnendes ausgenutzt werden.

1.8.4 Realisierung

Zur Verifikation und praktischen Erprobung des Verfahrens wurde am IPK-Berlin eine gerätetechnische Konfiguration, bestehend aus einem IR-System Manutec R3 mit einer RCM 2-Steuerung, einer Sensorik zur Kantendetektion und einem Rechnersystem mit direkter Buskoppelung zur RCM 2 realisiert (Bild 1.8-5).

Das Sensorsystem besteht aus zwei schaltenden Triangulationssensoren, die mittels eines an der Achse 6 des Roboters befestigten Auslegers über die Verfahrebene zur Kantenaufnahme bewegt werden. Die Vorverarbeitung der Sensorsignale zur Kantenerkennung wird auf einem 68000'er Rechnersystem durchgeführt, das über eine V24-Schnittstelle mit der RCM 2-Robotersteuerung verbunden ist. Der Algorithmus zur Nachführung der Sensorachse (Achse 6 der Roboterkinematik) und die Durchführung der lokalen Bahnplanungsalgorithmen befinden sich auf einer speziellen Rechnerkarte, die über Dual-Ported-RAM's mit dem RCM 2-Bus der Roboter-

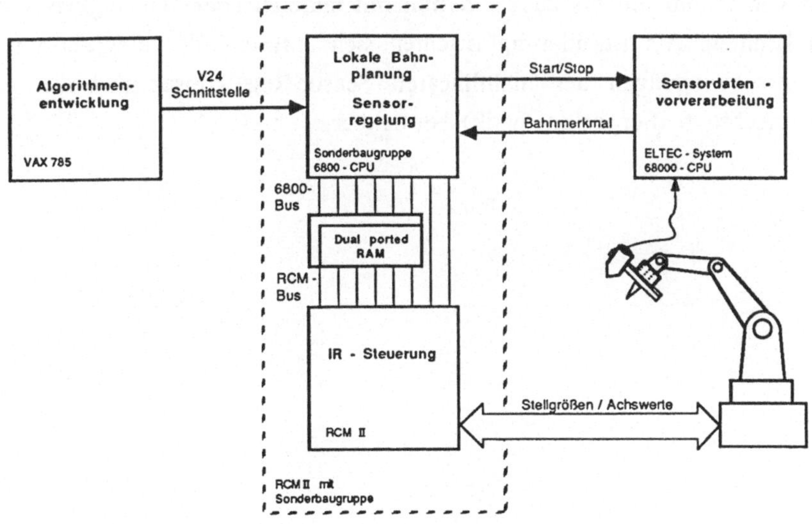

Bild 1.8-5: Blockstruktur der realisierten Konfiguration

steuerung verbunden· ist. Die Verfahrgeschwindigkeit längs der Bahn kann über einen Overridesteller beeinflußt werden.

Entwicklung und Test der in der Hochsprache C implementierten Programme erfolgten unter VMS auf einem VAX 785-Rechnersystem, das zum Programmtransfer über eine V24-Schnittstelle mit dem Steuerungssystem verbunden ist. Bild 1.8-6 zeigt die Roboter-Sensor-Konfiguration beim Abfahren einer unregelmäßigen Kontur, die durch zwei sich überlappende Bleche gebildet wird.

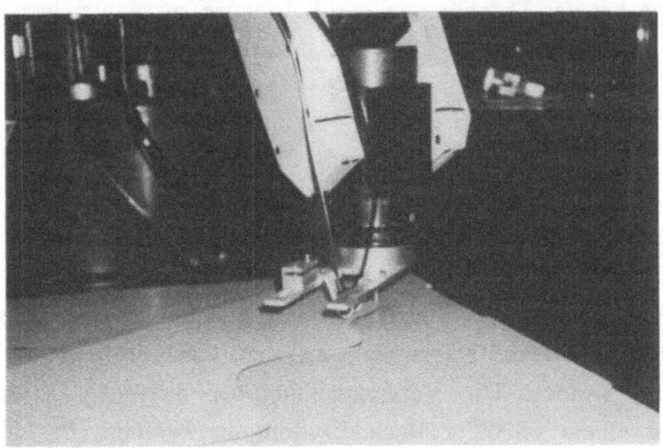

Bild 1.8-6: Roboter/Sensor-Konfiguration zur Kantendetektion

Bei den Versuchen ergab sich, daß Referenzkonturen mit einem minimalen Krümmungsradius von 20mm mit bis zu 2,5 m/min mit hinreichender Genauigkeit abgefahren werden konnten. Als Limitierung machten sich aufgrund des eingesetzten Meßprinzips Grenzschwingungen des nichtlinearen Sensor-Regelkreises und die geringe Dynamik der Achse 6 (Sensorkinematik) bemerkbar.

Literaturverzeichnis

1   Spur, G.; Duelen, G.; Pörschke, H.: Einsatz induktiver Abstandssensoren beim MAG-Schweißen, Technische Messen, 51. Jahrgang, 1984, Heft 7/8, S. 249-254

2   Geißelmann, H.; Ossenberg, K.; Niepold, R.; Tropf, H.: Sichtsysteme in der Industrie - Beispiele aus der Anwendung, Robotersysteme 1, Springer Verlag, 1985, S. 129-137

3   Gardstam, B.: Car Body Assembly with ASEA 3-Dm, Vision Proceedings of the 5th International Conference on Robot Vision and Sensor Controls, Amsterdam, 29-31 Okt. 1985

4   Sergatskii, G.I.; Nazarenko, K.O.; Korotun, Yu.M.: Welding Robot Guidance Systems, Proceedings of the 11th International Symposium on Industrial Robots, 7-9 Okt.1981

5   Vorbeek, W.J.P.A.; Beckmann, L.J.H.F.; Oomen, G.L.: Control Strategy for an Arc-Welding under Sensory Guidance, Proceeedings of the 5th International Conference on Robot Vision and Sensory Controls, Amsterdam, 29-31 Okt. 1985

1.9 Autonomes Konturfolgen beim Bearbeiten mit Industrieroboter

D. Schmid, R. Zobel, Aalen

Zusammenfassung

Ein Verfahren zum autonomen Konturfolgen wird vorgestellt. Das Konturfolgen ist insoweit autonom als daß keine Bahn vorprogrammiert werden muß. Die erforderliche Sensorik ist außerordentlich einfach und mechanisch robust, da auf Kraft/Momenten-Sensoren verzichtet wird und zur Bahngenerierung lediglich die Strom- bzw. Leistungsaufnahme der Werkzeugspindel herangezogen wird. Einschränkungen im Verfahren liegen darin, daß die Kontur eben ist und das Bearbeitungswerkzeug von rotierender Art ist.

1.9.1 Einleitung

Mit der Aufgabenstellung des Konturfolgens befaßt man sich seit langem. Es sind eine Reihe von Sensoren für das Messen von Reaktionskräften und Reaktionsmomenten im Roboterhandwurzelflansch entwickelt worden /1/.../3/. Sie liefern die Kraft/Momenten-Sensorsignale, die man für das taktile Konturfolgen stets zu benötigen glaubt. Daneben gibt es Publikationen zur Verarbeitung dieser Kraft/Momenten-Sensorsignale /4/.../9/. Hier geht es darum, an welcher Stelle und in welcher Weise in den Signalweg zur Bewegungssteuerung eingegriffen wird. Heute üblich ist eine Bahnerzeugung auf der Basis eines Programms, das sensorisch korrigiert wird oder aber, daß in sogenannter Hybridregelung gesteuert wird.

Hier arbeiten Kraftregelkreis und Positionsregelkreis parallel miteinander und regieren mit wechselnder Dominanz. In einer Reihe anderer Fälle erfolgt das Konturfolgen aufgrund einer Konturerfassung mit taktilen Sensoren oder berührungslosen meist induktiven Sensoren oder mittels Laserscanner oder mit Lichtschnittprojektion und Videokamera.

All diesen Verfahren ist gemeinsam, daß eine Bahn zumeist grob vorprogrammiert sein muß, die Sensorführung sich also nur auf die Korrektur einer Bahn bezieht und daß die Sensorsignale als gerichtete Größen, also als Vektoren zur Verfügung stehen müssen. Entsprechend dem Anbringungsort der Sensoren, sei es, daß sie mit dem Roboter mitbewegt sind oder aber, daß sie ortsfest sind, wird eine mehr oder weniger komplexe Koordinatentransformation für die Sensorsignalverarbeitung notwendig.

1.9.2 Das Prinzip der autonomen Sensorführung

Aufgebaut ist hier ein Sensorregelkreis bei dem die Regelgröße dem Betrag einer Auslenkkraft F_{ist} oder der Stromaufnahme I_{ist} oder der Leistung P_{ist} eines vom Roboter gehandhabten Werkzeug entspricht. Das Sensorsignal ist also eine skalare Größe und nicht eine vektorielle Größe. Stellgröße dieser Regelung ist der Fahrrichtungswinkel in einem ortsfesten Koordinatensystem (Bild 1.9-1).

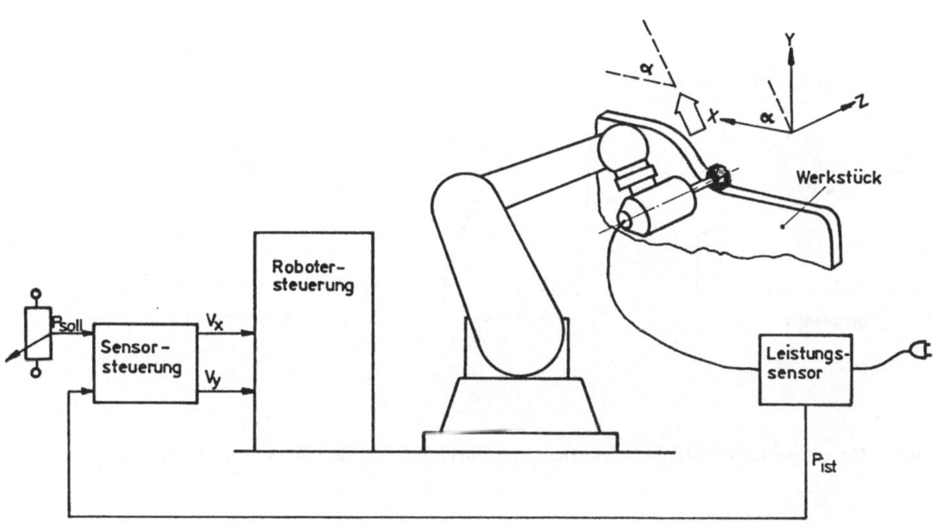

Bild 1.9-1: Wirkungsplan für Sensor, Sensorsteuerung und Robotersteuerung

Der Robotersteuerung werden für dieses ortsfeste Koordinatensystem - das durchaus schief im Raum liegen kann - von der Sensorsteuerung die Fahrgeschwindigkeitssignale v_x und v_y übertragen.

Das Steuerungsprinzip beruht darauf, daß die momentane Fahrrichtung beibehalten wird, wenn Soll- und Istleistung übereinstimmen. Fällt die Istleistung P_{ist} unter die Solleistung P_{soll}, so wird die Fahrrichtung vom Werkzeug ausgesehen nach links schwenkend verändert also der Fahrrichtungswinkel reduziert und übersteigt die Istleistung die Solleistung, so wird die Fahrrichtung rechtsschwenkend verändert (Bild 1.9-2). Damit umfährt man Außenkonturen im Gegenuhrzeigersinn und Innenkonturen im Uhrzeigersinn, wobei es keine Beschränkungen im Drehwinkelbereich bzw. in der Zahl der Umläufe gibt.

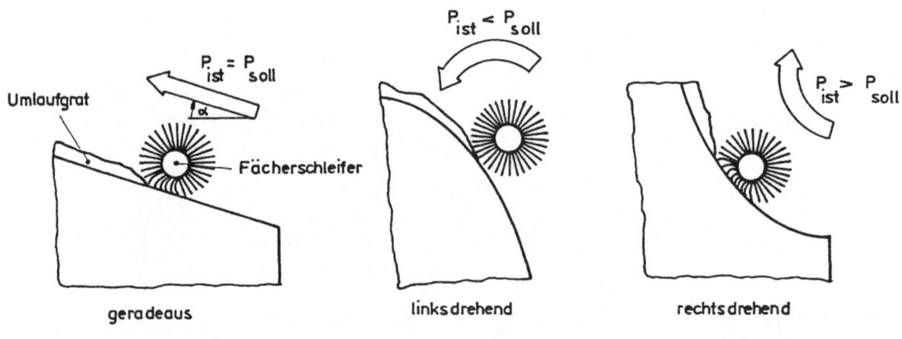

Bild 1.9-2:   Regelung auf konstante Schnittleistung durch Nachstellen der Fahrrichtung

Natürlich läßt sich durch Vertauschen der Reaktionen auch ein gerade umgekehrter Konturumlaufsinn erreichen.

Durch Überlagerung einer Zustellbewegung in Z-Richtung kann ein Werkstück nicht nur längs einer Linie, sondern über eine komplexe Mantelfläche hinweg rundum (Bild 1.9-3a) oder mit zyklischem Umschalten des Umlaufsinns pendelnd bearbeitet werden (Bild 1.9-3b). Es besteht bei diesem Verfahren des Konturfolgens eine gewisse Verwandtschaft zu den Techniken der Nachformsteuerungen /10/, /11/.

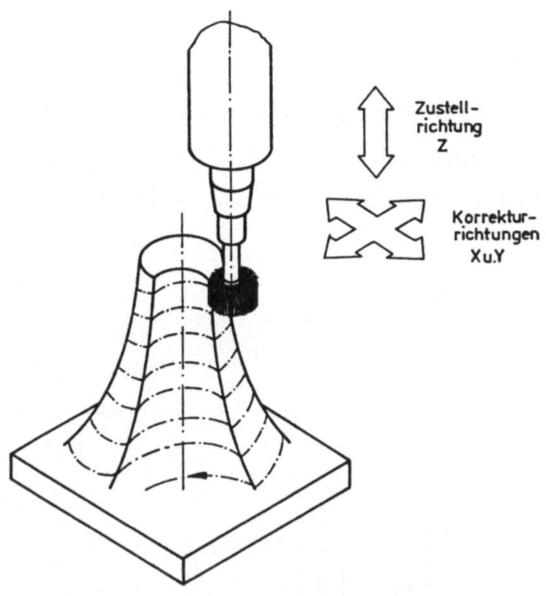

a)   durch kontinuierliche Zustellung

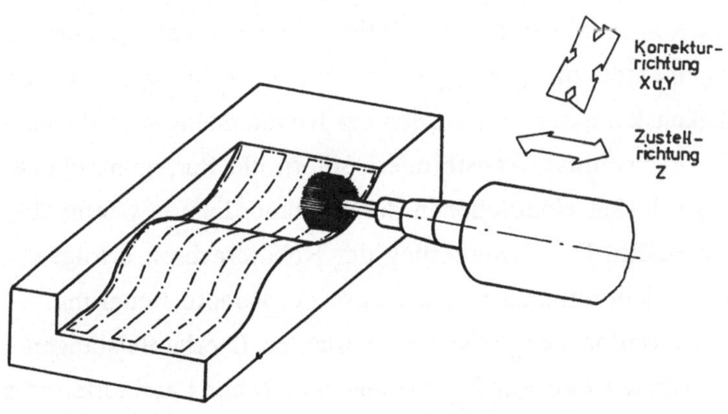

b)   durch pendelnde Bewegung und zyklische Zustellung

Bild 1.9-3:   Räumliche Werkstückbearbeitung

1.9.3 Aufbau der Steuerung

Regelungstechnisch liegt eine Leistungsregelung (oder Stromregelung) mit PI-Regler vor. Die Stellgrößen für die Fahrrichtung mit den Geschwindigkeitskomponenten v_x und v_y werden aus dem Fahrrichtungswinkel abgeleitet (Bild 1.9-4).

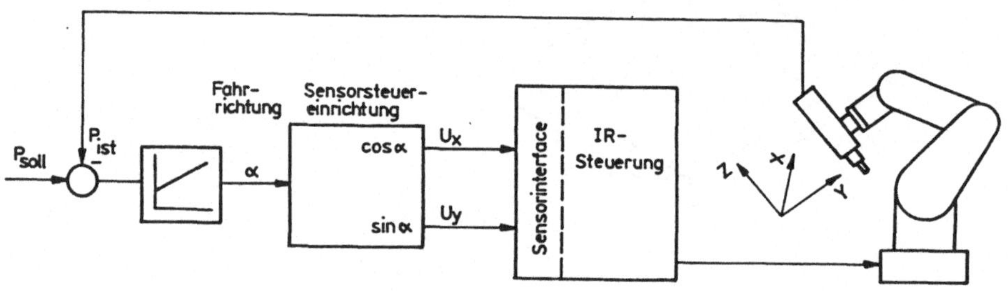

Bild 1.9-4: Aufbau der Regeleinrichtung

Für einen konstanten Betrag der Bahngeschwindigkeit v_B werden die Geschwindigkeitskomponenten zu $v_x = v_B \sin \alpha$ und zu $v_y = v_B \cos \alpha$ berechnet. Diese Geschwindigkeitskomponenten werden der Robotersteuerung als Sensorsingale übertragen und dort nochmals transformiert, sofern die Bewegungsebene am Werkstück nicht zufällig mit den Hauptebenen des Weltkoordinatensystems der Robotersteuerung zusammenfällt. Die Ansteuerung der Roboterachsen erfolgt in üblicher Weise über die interne Koordinatentransformation der Robotersteuerung.

Zur Kompensation der meist zeitinvarianten Leerlaufleistungen (oder Leerlaufströme) wird von der Leistung P_{ist} die augenblickliche Leerlaufleistung P_1 subtrahiert, bevor das Werkzeug in Eingriff kommt. Auch wird der PI-Regler erst aktiviert, wenn das Werkzeug im Eingriff ist. Den Zeitpunkt des Werkzeugeingriffs erkennt die Steuerung selbsttätig am kurzzeitigen Ansteigen der Leistung P_{ist} über einen Schwellwert.

Die Vorgabe des Anfangswerts für den I-Anteil des PI-Reglers bestimmt die Anfangsfahrrichtung α_A. Bei Beendigung des Konturfolgens wird entweder in der momentanen Bearbeitungsebene unter einem frei wählbaren Winkel α_E vom Werkstück weggefahren oder aber es wird in Z-Richtung aus der Bearbeitungsebene herausgefahren und dann in üblich programmierter Weise die Roboterbewegung fortgesetzt bzw. beendet.

Alle Parameter, also die Anfahrrichtung α_A, die Wegfahrrichtung α_E, die Bahngeschwindigkeit v_B, die Kreisverstärkung K_P, die Nachstellzeit T_n, der Leistungssollwert P_{soll}, und der Leistungsschwellwert P_{grenz} sind fernbedienbar und können somit bei der Roboterprogrammerstellung festgelegt werden.

1.9.4 Sensorik

Als Sensoren sind handelsübliche Leistungsmeßwertgeber oder Strommeßwertgeber bzw. Transfoshunts mit nachgeschalteter elektronischer Betragsbildung und Filterung geeignet. Die Meßwertgeber werden einfach in den Stromkreis des Bearbeitungswerkzeugs geschaltet. Das Bearbeitungswerkzeug wird direkt vom Roboter gehandhabt und enthält keine weitere Sensorik, so daß bezüglich Platzbedarf, Kollisionsraum und mechanischer Empfindlichkeit keinerlei Probleme entstehen. Die Sensorik sitzt im Schaltschrank und nicht am Roboter.

1.9.5 Anwendung und Ausblick

Eine vorteilhafte Anwendung des Verfahrens liegt überall dort, wo ein rotierendes Werkzeug zum Einsatz kommt und das Werkzeug nicht geometrieerzeugend ist, sondern sich vielmehr auf dem Werkstück abstützen kann. Dies ist z.B. der Fall beim Polieren, beim Bürsten (Bild 1.9-6), beim Schleifen im Sinne von Glätten und auch beim Fräsen von Umlaufgraten, sofern man an gratfreien Stellen einen geringen Abtrag zuläßt. Von Vorteil ist eine gewisse Nachgiebigkeit des Werkzeugs, wie sie bei Polierscheiben und bei Bürsten systembedingt vorhanden ist. Momentane Regeldifferenzen wie sie z.B. an spitzwinkligen Ecken unvermeidbar sind, werden dann durch die Elastizität des Werkzeugs aufgefangen.

Bild 1.9-5:   Autonome Sensorführung beim Bürsten. Das Werkstück

kann auf der Magnetspannplatte beliebig aufgespannt werden

Die erreichbaren maximalen Bahngeschwindigkeiten hängen z.Zt. noch überwiegend von den Verzugszeiten der Sensorsignalverarbeitung in der Robotersteuerung ab. Man erreicht Bahngeschwindigkeiten von etwa 10 mm/s. Die Sensorsignalverarbeitungszeit im Roboter beträgt hierbei ca. 120 ms. Erhöht man die Bahngeschwindigkeit über obengenannten Wert hinaus, so wird die Regelung zunehmend entdämpft. Eine Reduzierung der Rechenzeiten für die Sensorsignalverarbeitung, wie sie sicher mit der nächsten Robotersteuerungsgeneration erfolgt, wird dann auch höhere Geschwindigkeiten ermöglichen.

Das Verfahren des Konturfolgens kann man auch zum automatischen Einlernen von programmierten Roboterbewegungsabläufen einsetzen. In Verbindung mit der automatischen Raumpunkt-Generierungs-Funktion (ARG-Funktion), wie sie z.B. die Robotersteuerung RCM 3 besitzt, gelingt eine stark zeitverkürzte Programmerstellung. Die Programmteile, welche nicht von der Werkstückgeometrie abhängen, werden off-line programmiert und die werkstückabhängigen Partien werden automatisiert durch das Konturfolgen erstellt.

Literaturverzeichnis

1   Model F S6 - 120A, 6-Axis-Force-Sensor,
ASTEK Engineering, Inc.Watertown, MA

2   6-Achsen-Kraft/Momenten-Sensor
Dr.Seitner Meß- und Regeltechnik GmbH, Herrsching

3   Kraft/Momenten-Sensor
Sirotec FT1, Siemens, Erlangen

4   Mason, M.T.: Compliance and Force Control for
Computer Controlled Manipulators
IEEE Vol. SMC-11, No. 6, 1981

5   Held, H.: Verbesserungen dyn. Eigenschaften sensorgeführter Roboter
Interner Zwischenbericht zum BMFT-
Verbundprojekt FT 2.420, 1986, Berlin

6   Hirzinger, G.: Robots with Force-Torque-Sensing,
Process Automation Vol.4, 1982

7   Luh, J.Y.S.: Design of Controll Systems for Industrial Robots
Handbook of Industrial Robotics,
John Wiley & Sohn, New York 1985, S. 198, 199

9   Kuntze, H.-B. u.a.: Kraft- und Positionsregelung eines Industrieroboters
zur Bearbeitung komplexer Werkstücke.
VDI-Bericht 598, Düsseldorf 1986, S. 99-117.

10   Augsten, G.: Zweiachsige Nachformeinrichtungen.
ISW Berichte Bd. 5. Berlin, Heidelberg
New York: Springer 1972

11   Schmid, D.; Rögele R. u. Frick W.: Selbsttätige Schnittaufteilung beim
Nachformfräsen. wt-Z.ind.Fertig. 67 (1977) S. 547-549

1.10 Untersuchung des Verhaltens von Bildwandlern für den industriellen Einsatz

W. Geisler, Berlin

Zusammenfassung

Die Kamera bildet eine wesentliche Komponente von Bildverarbeitungssystemen. Für den industriellen Einsatz ist daher die Kenntnis der Eigenschaften der Kamera von wesentlicher Bedeutung. Deshalb wird die Abhängigkeit der Übertragungskennlinien von Fernsehkameras von Änderungen des Bildinhalts und Schwankungen der Beleuchtungshelligkeit gemessen und hinsichtlich ihrer Bedeutung für die digitale Bildverarbeitung interpretiert.

Dafür wird ein Meßaufbau mit einem digitalen Bildverarbeitungssystem beschrieben und ein einfaches Meßverfahren entwickelt. Die gemessenen Werte zeigen eine kameraabhängige, im allgemeinen nicht zu vernachlässigende, Beeinflussung der Übertragungskennlinie sowohl durch den Bildinhalt als auch durch Helligkeitsschwankungen. Daraus werden Hinweise zur applikationsspezifischen Auswahl der Fernsehkamera für ein Bildverarbeitungssystem abgeleitet.

1.10.1 Einleitung

Bildverarbeitende Systeme werden im industriellen Bereich für viele unterschiedliche Aufgaben eingesetzt /8/. Allen Applikationen gemeinsam ist die Forderung, möglichst einfach auswertbare Bilder zu erhalten, um robuste und schnelle Algorithmen einsetzen zu können. Mit Hilfe der Kamera wird die dreidimensionale Szene auf das zweidimensionale digitale Bild abgebildet. Das digitale Bild ist die orts- und amplitudendiskrete Verteilung der Helligkeit. Die Eigenschaften der Abbildungsfunktion beeinflussen wesentlich das Bild. Daher ist die Kamera eine wichtige Systemkomponente, deren Verhalten bei der nachfolgenden Bildauswertung berücksichtig werden muß.

Für Kameras werden unterschiedliche Bildwandlerbausteine eingesetzt :

- Vidikonröhren
- CCD-Chips
- CID-Chips
- MOS-Diodenarrays

Funktionsweise und prinzipielle Eigenschaften des jeweiligen Wandlungsprinzips sind bereits in der Literatur ausführlich beschrieben, siehe /1/, /2/, /6/, /7/, /9/, /13/. Wichtige Größen, wie die Spektralempfindlichkeit und die Lichtempfindlichkeit bzw. die Helligkeitübertragungsfunktion, sind meist auch in den Datenblättern der einzelnen Bildwandler /3/, /4/, /5/, /10/, /11/, /12/ angegeben, so daß auf diese Eigenschaften nicht weiter eingegangen werden muß.

In industriellen Anwendungen tritt häufig der Fall auf, daß sich die Abbildungseigenschaften der betrachteten Objekte ändern und die Beleuchtungsstärke schwankt /14/. Es hat sich gezeigt, daß die Änderungen des Bild–
inhalts über die internen Regelkreise der Kamera sehr wohl die Abbildungseigenschaften des Systems beeinflussen und damit auch die Eigenschaften des auszuwertenden Bildes. Solche Regelkreise sind z.B.:

- Schwarzwertbegrenzung
- Weißwertbegrenzung
- Verstärkungsregelung
- Gammakorrektur
- Schwarzwertabhebung
- Blendenregelung

Um deren Einfluß eliminieren zu können, ist die Kenntnis der Abhängigkeit der Abbildungsfunktion vom Bildinhalt und von der Szenenhelligkeit notwendig. Daher wurde diese Abhängigkeit an einigen Kameras gemessen. Meßverfahren und Ergebnisse der Untersuchung sind in diesem Bericht verallgemeinert zusammengefaßt.

Zunächst wird das Meßverfahren beschrieben. Anhand der Meßergebnisse einer Kamera wird aufgezeigt, wie sich die Änderung der Abbildungsfunktion näherungsweise beschreiben läßt und welche Auswirkungen diese Änderung auf die Bildsegmentierung hat. Die Ergebnisse der Messungen verschiedener Kameras werden zusammengefaßt dargestellt und miteinander verglichen. Es werden Hinweise zur Kameraauswahl gegeben und Möglichkeiten zur Berücksichtigung der Änderung bei der digitalen Bildverarbeitung aufgezeigt.

1.10.2 Beschreibung der Meßaufgaben

1.10.2.1 Meßaufgabe "Abhängigkeit der Übertragungskennlinie vom Bildinhalt"

Untersucht wurde das Verhalten der Übertragungsfunktion bei Veränderungen

- der Szenenbeleuchtung
- des Bildinhaltes (Schwarzanteil, Weißanteil und Spitzlichtern)

Ziel dieser Messungen war es, quantitative Aussagen über das Verhalten der Übertragungsfunktion der Videokamera bei Veränderungen der Szene zu machen und die Auswahl einer geeigneten Kamera für spezielle Applikationen zu ermöglichen. Aus der Kenntnis des Übertragungsverhaltens lassen sich gegebenenfalls Möglichkeiten zur Korrektur des digitalen Bildes ableiten.

Der Meßaufbau ist schematisiert in Bild 1.10-1 dargestellt. Eine Bildvorlage (Testbild) wird gezielt beleuchtet und von der Kamera erfaßt. Das analoge Fernsehsignal wird digitalisiert und in einem Bildspeicher abgelegt. Digitalisierung und Bildspeicherung werden mit einem Bildverarbeitungssystem durchgeführt. Das digitale Bild wird mit einem Rechner ausgewertet.

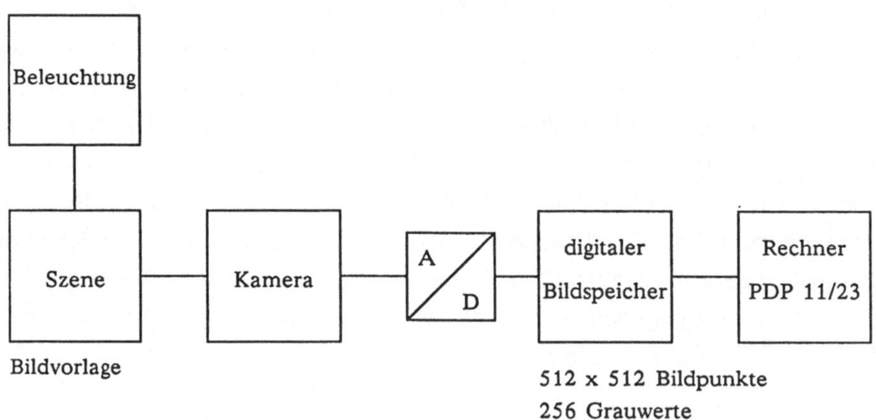

Bild 1.10-1: Meßaufbau

Die Szene (Bild 1.10-2) besteht aus einem Bild mit zwei gegenläufig angeordneten fünfstufigen Grautreppen (ca. 3 cm breit), die durch einen gleichbreiten schwarzen Streifen getrennt und in einen mittelgrauen Hintergrund eingebettet sind, der als Rand ebenfalls im Bildausschnitt zu sehen ist.

Dieses Testbild entspricht der Standardgrautreppe, die zur Kalibrierung von Fernsehkameras benutzt wird. Es ist z.B. über die Bosch–Fernseh GmbH zu beziehen.

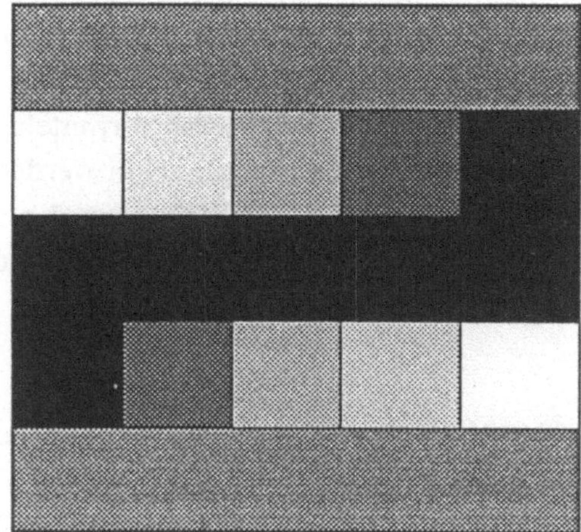

Bild 1.10–2: Bildvorlage für alle Messungen

Die Beleuchtung ist so eingerichtet, daß das Bildfeld gleichmäßig ausgeleuchtet ist. Die Luminanz wird in Schritten zwischen 130 und 13.000 Lux variiert.

Die Videokamera ist so eingestellt, daß der nutzbare Grauwertbereich (0–255) möglichst vollständig ausgesteuert ist. Der Weißwert wird mit dem Meßprogramm auf einen Wert von ca. 250 eingestellt.

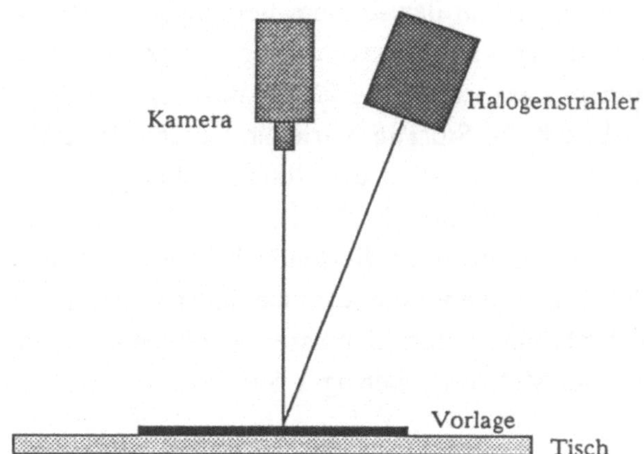

Bild 1.10–3: schematischer Versuchsaufbau

Die Messung im digitalen Bild erfolgt durch Bestimmung der Grauwerte der 5 Stufen der Grautreppe in der Bildvorlage. Dazu wird für jede Stufe ein Meßfenster festgelegt und der mittlere Grauwert der Bildpunkte im Meßfenster bestimmt. Da die Abbildungsfunktion im allgemeinen stetig und näherungsweise linear ist, reicht es aus, die Kennlinie durch Verbindung der so gewonnenen Stützstellen zu approximieren.

Die bei der Standardeinstellung von Kamera und Beleuchtung ermittelte Kennlinie dient als Referenz (Grauwert als Parameter in x–Richtung). Dann werden Bildinhalt oder Beleuchtungsstärke variiert und die geänderten Grauwerte der Graustufen (Grauwert als Parameter in y–Richtung) aufgenommen. So erhält man durch Variation eines Parameters eine Kennlinienschar.

– Variation des Bildinhalts

Eine Änderung des Schwarz/Weiß–Anteils wird vorgenommen, indem jeweils vom Rand ausgehend der Flächenanteil erhöht wird. Es werden Spitzlichter (punktförmige starke Lichtquellen) eingebracht, indem kleine spiegelnde Oberflächen zentral im Bild angeordnet werden.

– Variation der Beleuchtungsstärke

Die obigen Kennlinien wurden bei vier verschiedenen mittleren Helligkeiten aufgenommen.

1.10.2.2   Meßaufgabe "Langzeitstabilität"

Ergänzend wurde das Verhalten der Kamera bei längerer Betriebsdauer untersucht.

Ziel dieser Messung ist es, Aussagen über Langzeit–Regelschwankungen der Elektronik zu gewinnen. Dies ist wichtig, da im industriellen Prozeß die Systeme oft im Dreischichtbetrieb, d.h. 24 Std/Tag betrieben werden. Eine sichere Betriebsfunktion ist somit vom stabilen Verhalten des Systems abhängig.

Der Meßaufbau entspricht dem in 1.10.2.1 beschriebenen Aufbau. Alle Parameter der Standorteinstellung wurden über die Meßzeit konstant gehalten.

Die Messung der Kamerakennlinie erfolgte entsprechend der Beschreibung in 1.10.2.1 mit der Zeit als Parameter. Gemessen wurde in konstanten Zeitabschnitten zu 300 Messungen. Die Meßdauer betrug 1 Std bzw. 12 Std.

1.10.3 Meßergebnisse und Interpretation

Exemplarisch werden im folgenden die Ergebnisse, die mit einer Kamera erzielt wurden, dargestellt. Im Bild 1.10-4 sind die Übertragungskennlinien für verschiedene Bildinhalte und bei gleicher Beleuchtungsstärke dargestellt. In Richtung der Abszisse sind als Maßstab die Grauwerte des Referenzbildes dargestellt (Gref), in Richtung der Ordinate die Grauwerte bei geändertem Bildinhalt (Gneu). Bei konstanter Abbildungsfunktion würde sich also stets eine Gerade unter einem Winkel von 45 Grad ergeben.

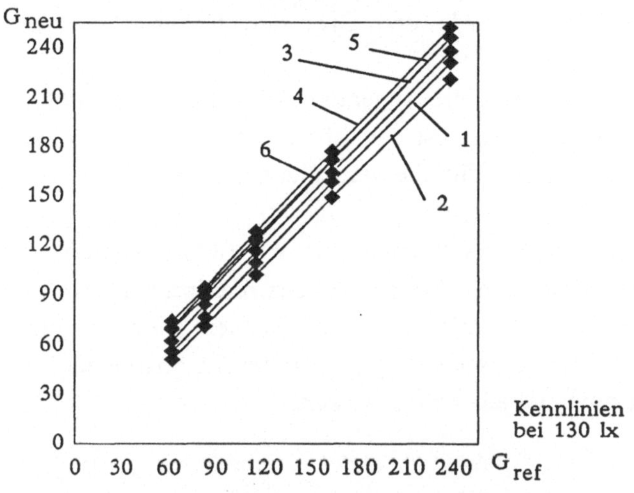

Bild 1.10-4: Abhängigkeit der Übertragungskennlinie vom Bildinhalt

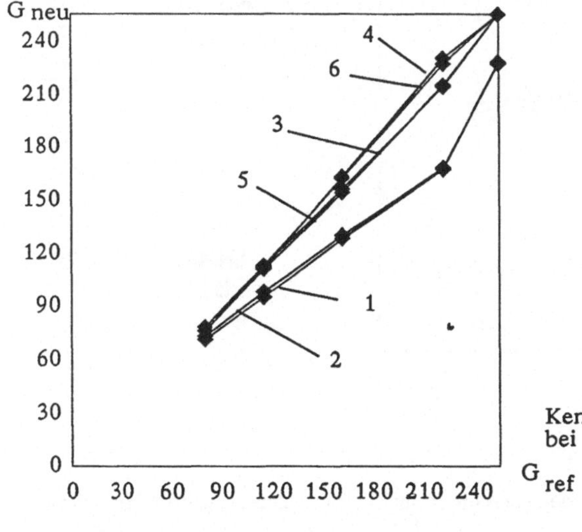

Bild 1.10-5: Abhängigkeit der Übertragungskennlinie vom Bildinhalt bei geänderter Beleuchtungsintensität

Um die Abbildungsfunktion hinsichtlich ihres Einflusses auf die Bildauswertung beurteilen zu können, sollen die Kennlinien unter Vernachlässigung nichtlinearer Effekte, wie sie in Bild 1.10–5 sichtbar sind, durch Geraden beschrieben werden. Die Geradengleichung erhält man durch lineare Regression der Meßwerte. Dabei dient die Referenzkennlinie als Bezugsmaßstab.

$$G_{neu} = O_{ffset} + V_{erst.} * G_{ref}$$

In dieser Gleichung bezeichnet Gneu den Grauwert eines Bildpunktes, nachdem eine Parameteränderung vorgenommen wurde und Gref den Grauwert bei der Referenzeinstellung.

Durch den Offset wird die neue Kennlinie gegenüber der Referenzkennlinie verschoben. Findet keine Verschiebung statt, ist der Offset = 0. Bild 1.10–6 zeigt die Verschiebung der einzelnen Kennlinien für die verschiedenen Helligkeiten und Bildinhalte.

Die untersuchte Kamera zeigt eine Verschiebung bis zu 13 Grauwerten, die Spannweite beträgt sogar 17 Grauwerte. Dies sind ca. 6% des maximalen Kontrasts (256 Grauwerte), also scheinbar relativ wenig. In realen Szenen kann bei einer Binarisierung mit fester Schwelle diese Verschiebung jedoch bereits ausreichen, um eine wesentliche Formänderung eines Objekts zu bewirken.

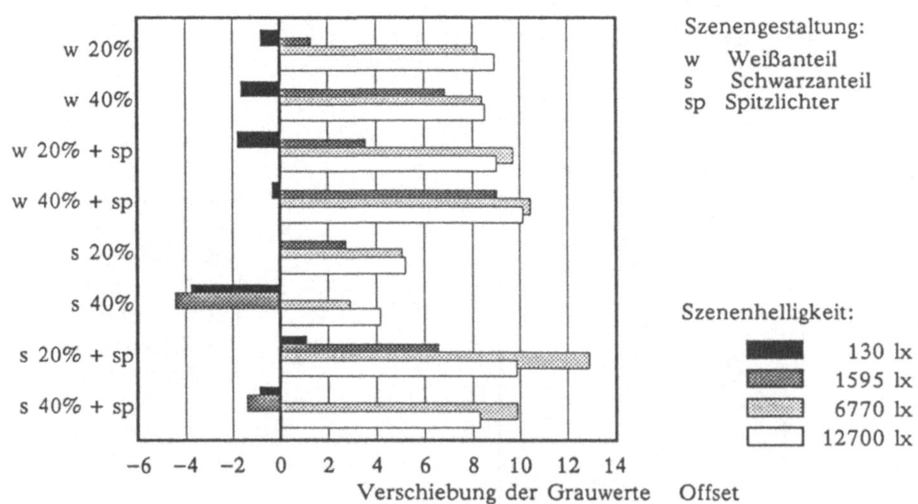

Bild 1.10–6: Veränderungen des Offset bei verschiedener Szenengestaltung und Helligkeit

Durch den Offset sind alle Bildverarbeitungsverfahren betroffen, die das Bild mit Hilfe einer Grauwertschwelle segmentieren, da die zu trennenden Objekte auf andere Grauwerte abgebildet werden. Alle Segmentierschwellen sind um den Wert Offset zu erhöhen. Nicht betroffen sind Verfahren, die eine Gradientenmethode zur Segmentierung verwenden, da die Helligkeitsdifferenzen von Grauwert zu Grauwert gleich bleiben.

Durch den Faktor Verst. wird die Steigung der Übertragungskennlinie ausgedrückt. Bei bildinhaltsunabhängiger Übertragungskennlinie ist Verst = 1. Dies ist die Steigung der Referenzkennlinie Vref . Ist beispielsweise Verst. = 2, bedeutet das, daß ein ursprünglicher Grauwert 10 auf 20 bzw. ein Wert von 100 auf 200 gerutscht ist. Die bildinhaltabhängige prozentuale Änderung der Steigung

$$\Delta V = (V_{neu} + V_{ref}) * 100$$

beschreibt also, wie sich die Helligkeitsdifferenz (Kontrast) zwischen zwei Grauwerten geändert hat.

Eine Abflachung (Erhöhung) des Kontrastverlaufs ergibt somit negative (positive) Werte. Zusammen mit den Ergebnissen zweier weiterer Helligkeitsstufen sind die Faktoren in Bild 1.10–7 für die hier untersuchte Kamera dargestellt.

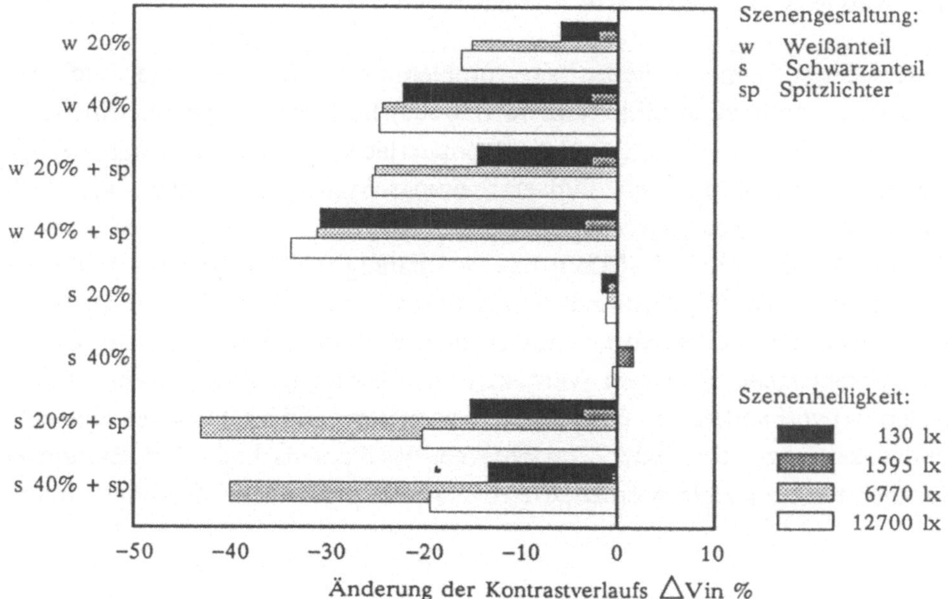

Bild 1.10–7: Verhalten der Kamera bei Szene– und Helligkeitsänderungen

Die untersuchte Kamera zeigt nur dann ein stabiles Verhalten, wenn keine hellen Anteile in das Bildfeld gelangen. Die Abbildung der Kontraste ist bei erhöhtem Weißanteil stark (bis zu 43.2%) abgeflacht, was zu einer stark verringerten Erkennbarkeit kleiner Kontraste führt.

Der Faktor Verst. wirkt sich sowohl auf Grauschwellwert, als auch auf Gradientenverfahren zur Segmentierung aus, da sich die absoluten Helligkeiten und die Differenzen zwischen den Graustufen ändern.

Da die Bildsegmentierung mittels Grauwertschwelle und die Auswertung von Gradienten im industriellen Bereich zu den am häufigsten eingesetzten Segmentierungsmethoden gehören sind also fast alle Applikationen davon betroffen.

Von einem Gradientenverfahren wird im allgemeinen erwartet, daß es trotz Schwankungen der Helligkeit und Veränderungen des Bildinhalts konstante Segmentierungsergebnisse liefert. Bei Einsatz der untersuchten Kamera werden diese Erwartungen sicherlich enttäuscht werden. Die Verschiebung des Offset erfolgt bei 130 lx Beleuchtungsintensität um ca. drei Grauwerte in Richtung schwarz und bei 12700 lx um ca. 10 Grauwerte in Richtung weiß. Bei Anwendung eines Segmentierverfahrens mittels Grauwertschwelle ist der Einsatz dieser Kamera nur möglich, wenn die genannte Schwelle adaptiv an die Szenenhelligkeit angepaßt wird.

1.10.4 Vergleich der Ergebnisse verschiedener Kameras

Alle untersuchten Kameras ließen sich problemlos an das benutzte Bildverarbeitungssystem anschließen. Eine Kamera (HR600) ließ sich in zwei verschiedenen Bildaufnahme–Modi betreiben (interlaced/noninterlaced), wobei dann auf die korrespondierende Einstellung am Bildverarbeitungs-System zu achten war. Alle Kameras werden mit separatem Netzteil geliefert. Bei zwei Kameras war die notwendige Elektronik zum Teil (WV–CD50) bzw. vollständig (CCD.K2) vom eigentlichen Bildaufnehmer (CCD–Chip) getrennt untergebracht (mit dem Netzteil integriert).

Der Vergleich der Meßdaten der untersuchten Kameras zeigt, daß zum Teil erhebliche Unterschiede in ihrem Verhalten bei Änderungen der Szene (Bildinhaltsänderung) vorhanden sind. Insbesondere konnte bei einigen Modellen eine hohe Empfindlichkeit gegenüber einer Zunahme des Weißanteils bzw. dem Einbringen von Spitzlichtern beobachtet werden, die zu starken Kontrastverminderungen führte.

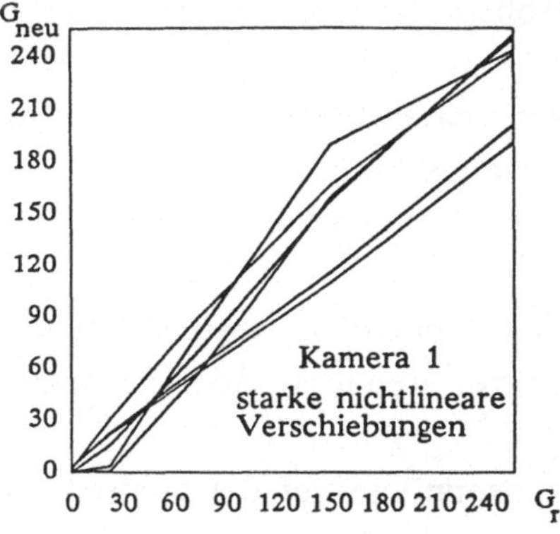
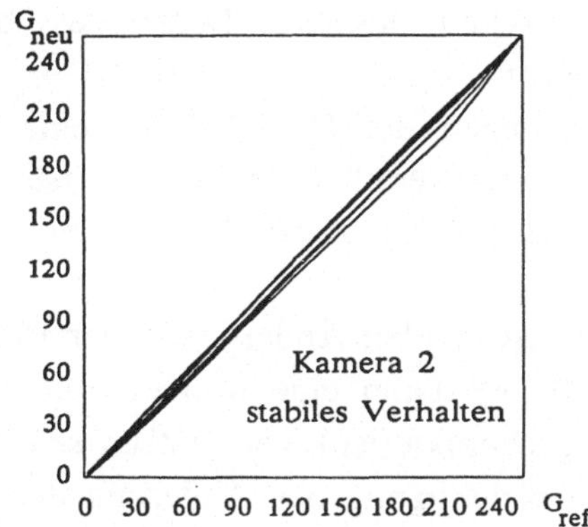

Bild 1.10-8 und 1.10-9: Übertragungskennlinien verschiedener Kameras bei gleicher
Beleuchtungsstärke und verschiedenen Bildinhalten

Einige Kameras zeigten zusätzlich noch nichtlineare Veränderungen der Übertragungskennlinie, so daß die Abbildungseigenschaften des Bildverarbeitungssystems in wenig vorhersehbarer Weise von der Szene abhängen. Bild 1.10-8 und 1.10-9 zeigen beispielhaft das unterschiedliche Verhalten zweier Kameras.

Die Auswertung der Langzeitmessung ergab für alle untersuchten Kameras ein weitgehend stabiles Verhalten. Die Regelschwankungen der Elektronik sind sowohl über einen Zeitraum von 1 Std. als auch von 12 Std. gering.

1.10.5   Kameraauswahl und Kennlinienkorrektur

Die Ergebnisse der Messungen zeigen, daß der Einfluß der Änderung des Bildinhalts und der Helligkeit auf die Übertragungskennlinie nicht zu vernachlässigen ist. Damit kommt der Auswahl und Einrichtung der Kamera für einen speziellen Anwendungsfall besondere Bedeutung zu. Weiterhin ergibt sich die Frage, durch welche Methoden sich die Änderung der Übertragungskennlinie erkennen und ausgleichen läßt. Im Rahmen dieser Veröffentlichung kann diese Thematik jedoch nur kurz angerissen werden.

Bei der Auswahl der Kamera ist zu beachten, daß sie die zu erwartenden Kontraständerungen der Szene überhaupt erfassen kann. D.h. es ist festzustellen, ob die zu segmentierenden Objekte unter allen zu erwartenden Betriebszuständen auf unterschiedliche Grauwerte abgebildet werden.

Bei kleinen Kontrast- und Helligkeitsschwankungen ist eine ungeregelte Kamera vorzuziehen.

Einer geregelten Kamera bedarf es bei großen Kontrast- oder Helligkeitsänderungen.

Bei Schwankungen der Helligkeit ist eine Kamera vorzuziehen, die darauf mit Verschiebung der Kennlinie reagiert (Offset wird verändert).

Ändert sich der Kontrast im Bild, ist eine Kamera mit Verst. -Änderung besser geeignet.

Kommt es zu lokalen Änderungen der Helligkeit auf einem zu segmentierenden Objekt (Reflexe), kann eine Kamera mit nichtlinearer Kennlinie aber konstanter Übertragungscharakteristik von Nutzen sein.

Eine Berücksichtigung der Änderung der Kamerakennlinie bei der Bildsegmentierung ist möglich,

- durch Bestimmung der Grauwerte einer hellen und dunklen Referenzfläche im Bild und der Berechnung der Faktoren Verst. und Offset. Damit lassen sich alle Grauwerte des Bildes wiederfinden;
- durch Einsatz bildadaptiver Segmentierverfahren. D.h. die Schwellwerte werden für jedes Bild, z.B. mit Hilfe des Grauwerte-Histogramms, neu festgelegt;
- durch Methoden, die Verst. und Offset aus dem Bildinhalt ermitteln.

Alle angeführten Verfahren sind an bestimmte Voraussetzungen gebunden und nur für solche Applikationen geeignet, die diese erfüllen. Auch hier ist eine sorgfältige Prüfung des Einzelfalles notwendig.

1.10.6   Übersicht über die untersuchten Kameras

Im Rahmen des BMFT-Verbundvorhabens wurden mehrere TV-Kameras untersucht und bewertet. Im einzelnen wurden die folgenden Kameras untersucht, wobei alle bis auf eine mit einem CCD-Chip als Bildwandlersystem ausgerüstet waren.

Typenbezeichnung	Bildwandler
TV2-35H	1" Vidicon
K210	Sony-Chip
SM 72	TH7861 Thomson CSF
HR600	NXA1011 Valvo
VKM98E	HE9822X
WV CD50	Panasonic
CCD.K2	NXA1011

Die Kameras HR600 und WV CD50 wurden sowohl mit fester Verstärkung als auch mit Verstärkungsregelung betrieben. Für die Kamera TV2–35H war ein Objektiv mit automatischer Blendensteuerung vorhanden, anhand dessen der Einfluß einer solchen Regelung untersucht wurde.

Literaturverzeichnis

1   Auer,R.; Kameraröhren kontra CCD–Bildaufnehmer; Funkschau 12/86, Franzis–
        Verlag

2   Bergmann,H.; CCD–Bildsensoren die neuen Augen der Roboter;
        Elektronik Nr.12/Juni 1983

3   Fa Bosch; CCTV Equipment; Catalog 84/85

4   Fa Hamamatsu; C1000 Technical Data Book or how to select the right camera
        for your application 1985

5   Fa Heimann; Datenblätter

6   Kleinmeier,B.; Geschwindigkeitsgrenzen für die Erfassung von bewegten Bildern
        mit Halbleitersensoren; Technisches Messen, 52.Jahrg. Heft 3, 1985

7   Leutkirsch, Sodtke W.; Eigenschaften und Anwendung von CCD–
        Halbleiterkameras; Opto–Elektronik Magazin Vol.2, No.4, 1986, Sprechsaal–Verlag

8   Rosen,C.A.; Machine Vision and Robotics; Industrial Requirements in Com-
        puter Vision and Sensor based Robots, Dodd,G.G., Rossal,L. (Herausgeber);
        Plenum Press 1979

9   Schräder,K.; Anwendung von Einphasentakt CCD–Bildsensoren; Elektronik
        Nr.12/Juni 1983

10   Texas Instruments; CCD–Image sensors; Quick reference guide 1987

11   Fa Thomson CSF; Datenblatt TH 7861

12   Fa Valvo; Datenblatt NXA 1010, NXA 1012

13   Verth,S.z.; Halbleitersensoren für den industr. Einsatz; Der Konstrukteur 10/85

14   Weitz,G.; Messungen der Helligkeitsschwankungen in industriellem Umfeld;
        INPRO intern 1987

1.11   Einsatz bildverarbeitender Verfahren zur Objekterkennung

G. Mollath, T. Lehnert, B. Nickolay, Berlin

Zusammenfassung

Der vorliegende Bericht stellt Arbeitsergebnisse zusammen, die bei der Anwendung bildverarbeitender Verfahren zur Lösung industrieller Aufgabenstellungen gewonnen wurden. Es werden die Eigenschaften erläutert, die ein industriell einsetzbares Bildverarbeitungssystem haben sollte, und es werden Schwachstellen gängiger Systeme aufgezeigt. In mehreren Beispielen werden Lösungsansätze unter Anwendung der Binärbild- und Grauwertbildverarbeitung vorgestellt.

1.11.1   Anwendungsbereiche für bildverarbeitende Systeme

Gemessen an den vielen denkbaren Möglichkeiten, bildverarbeitende Sensorsysteme in der Produktionstechnik einzusetzen, ist die Zahl der realisierten Lösungen außerordentlich gering. Anwendungen ergeben sich im Zusammenhang mit Aufgaben, die von Industrierobotern ausgeführt werden. Dabei handelt es sich vorrangig um Handhabungs- und Montageaufgaben /1/.

In diesem Anwendungsbereich können die Funktionen eines Bildverarbeitungssystems sein:

- Identifizierung von Objekten,
- Bestimmung der Lage eines bestimmten Objekts oder
- Ermittlung des Abstands zwischen Aufnehmer und Objekt.

Die Komplexität der Aufgabenstellung nimmt erheblich zu, wenn die Eigenschaften der Objekte und ihre Anordnungen in allen drei räumlichen Dimensionen berücksichtigt werden müssen. Dazu gehört auch der viel zitierte "Griff in die Kiste". Seine Lösung stellt nicht nur außerordentliche Anforderungen an die Sensorik, sondern auch an die Mechanik. Obwohl für viele Aufgabenstellungen Lösungen existieren, ist der erforderliche Aufwand zur Realisierung der mechanischen Gerätetechnik unter wirtschaftlichen Gesichtspunkten oft zu hoch.

Anwendungsklassen mit einfacheren Mechanisierungskomponenten sind Inspektionstätigkeiten, bei denen es darum geht, die

–   Anwesenheit und Vollständigkeit von Objekten,
–   Oberflächeneigenschaften von Objekten oder
–   Anordnung von Objekten zueinander

zu überprüfen.

Tabelle 1.11-1:   Randbedingungen beim Erkennungsprozeß

Objekt		Szene		
Geometrie	**Oberfläche**	**Umgebung**	**Ordnungs-zustand**	**Darbietung**
Stabilität / *Form-merkmal*	*Absorptions-eigenschaft*	*Hinter-grund*	*2D*	*Bewegungs-zustand*
starr / innen	matt	homogen ohne Schattenwurf	positioniert	ruhend
abschnitts-weise starr / außen	glänzend	homogen mit Schattenwurf	vereinzelt	kontinuierlich bewegt
biegeschlaff / *vertikale Ausprägung*	spiegelnd	inhomogen, gleichbleibend	berührend	diskontinuier-lich bewegt
flach	*Farbe*	inhomogen, veränderlich	überlappend	vibrierend
profiliert	einfarbig	*Beleuchtung*	*3D*	*translatorische Freiheitsgrade*
verdeckte Kanten	mehrfarbig	diffus	gestapelt	keiner
stabile Lagen		gerichtet	geschüttet	einer
eine		strukturiert		zwei
mehrere		*Fremdlicht-veränderung*		*rotatorischer Freiheitsgrad*
indifferent		keine		nein
		langsam		ja
		schnell		

Aus den genannten Anwendungsbereichen ergeben sich sehr unterschiedliche Anforderungen an ein Bildverarbeitungssystem. Änderungen der Objekteigenschaften und Aufnahmebedingungen (Tabelle 1.11-1) führen zu unterschiedlichen Randbedingungen, so daß die Übertragung einer für eine Aufgabenstellung erarbeiteten Lösung auf ähnliche Aufgaben oft nicht möglich ist . In vielen Fällen ergeben sich diese Einschränkungen daraus, daß aufgabenspezifische Ansätze gewählt werden müssen, um mit einer zweidimensionalen Bilderfassung Eigenschaften dreidimensionaler Objekte zu untersuchen.

Mit der Fähigkeit bildverarbeitender Systeme, direkt räumliche Eigenschaften zu erfassen und auszuwerten, wird sich eine breitere industrielle Anwendungsmöglichkeit erschließen lassen. Ansätze hierzu ergeben sich z.B. durch die Verwendung strukturierter Beleuchtungen, mit deren Hilfe 3D-Objekteigenschaften in einer monokularen Betrachtung deutlich werden (vgl. Lichtschnitt, Triangulation), oder durch Stereobildaufnahme mit photogrammetrischen Auswerteverfahren. Systeme, die dreidimensionale Erkennungsfähigkeiten haben, sind zur Zeit überwiegend in Forschungslaboratorien zu finden. Betrachtet man den heutigen Stand angebotener, industriell einsetzbarer Bildverarbeitungssysteme, muß man feststellen, daß zur Zeit der Übergang von der Binärbildverarbeitung zur Graubildverarbeitung stattfindet.

1.11.2 Von der Binärbildverarbeitung zur Graubildverarbeitung

Die ersten industriell eingesetzten Bildverarbeitungssysteme waren Binärbildsysteme. Die verwendbare Bildinformation bei solchen Systemen repräsentiert lediglich die Werte 'hell' und 'dunkel'. Die Wertzuweisung erfolgt in Relation zu einem a-priori bestimmten Schwellwert während des Bildeinzugs. Diese Methode ist nur dann einsetzbar, wenn die Beleuchtungsverhältnisse in der Szene und die Reflexionsverhältnisse von Objekt zu Objekt keinen zu großen Schwankungen unterliegen und ein ausreichend hoher Kontrast zwischen dem Szenenhintergrund und allen interessierenden Teilen eines Objekts gewährleistet ist. Zur Kompensation von Schwankungen werden Verfahren angewendet, die den Schwellwert automatisch an die jeweiligen Beleuchtungsverhältnisse anzupassen, doch sind dieser Methode bei komplexen Szenen Grenzen gesetzt. Bei graubildverarbeitenden Systemen liegt die vom Bildaufnehmer gelieferte Helligkeitsinformation üblicherweise in einer Abstufung von 256 Graustufen vor. Dieser Zuwachs an verwertbarer Information macht den Einsatz eines breiten Spektrums von Verfahren zur Bildvorverarbeitung und Bildanalyse möglich.

Eine Zielsetzung der Grauwertauswertung bezieht sich auf die Unterdrückung von Störungen, die durch Einflüsse wie Rauschen, ungleichmäßige Ausleuchtung oder geometrische Verzerrungen bei der Bildaufnahme entstehen. Darüber hinaus ermöglichen graubildverarbeitende Verfahren die Extraktion weiterer Merkmale, durch die viele Erkennungsaufgaben erst lösbar werden.

1.11.3   Umgang mit Verfahren

1.11.3.1   Beschreibung der Problematik

Die Aufgabe der industriellen Bildverarbeitung läßt sich allgemein wie folgt beschreiben: gesucht ist eine Beschreibung der Szene, aus der hervorgeht

- die Art und Anzahl der Objekte,
- ihre Abmessungen,
- ihre Lage und Orientierung,
- ihr Bewegungszustand,
- ihre geometrische Relation untereinander und
- ihre Oberflächeneigenschaften.

Für eine Auswahl dieser Merkmale müssen in der zur Verfügung stehenden Erkennungszeit Merkmalswerte ermittelt werden.

In der Fachliteratur sind viele Lösungsansätze und Verfahren zur Ermittlung einzelner Merkmale veröffentlicht; es gibt aber kaum zufriedenstellende Bewertungen von Einzellösungen. Eine der Hauptursachen dafür ist die, daß es keine Regeln gibt, wie Verfahren zu testen und zu bewerten sind. Aus dem vermeintlich großen Angebot an Verfahren läßt sich daher mangels ausgearbeiteter Anwendungskriterien nur in wenigen Fällen eine Lösung für ein Problem direkt ableiten /2/.

1.11.3.2   Stufen der Bildverarbeitung in industriellen Anwendungen

Die in der Bildverarbeitung heute allgemein angewendete Vorgehensweise ist in Bild 1.11-1 dargestellt.

Der erste Schritt ist die Bildgewinnung. Das Ergebnis ist eine zweidimensionale gerasterte und quantisierte Verteilung gemessener Helligkeiten einer dreidimensionalen Szene.

Auf die Bildgewinnung folgt die Bildverbesserung. Die hier einzuordnenden Bild-zu-Bild Transformationen dienen vorwiegend der Kompensation systematischer Fehler bei der Bildgewinnung; typischerweise werden

- affine Abbildungen,
- Shading-Korrektur und
- Verfahren zur Rauschunterdrückung

in dieser Phase ausgeführt.

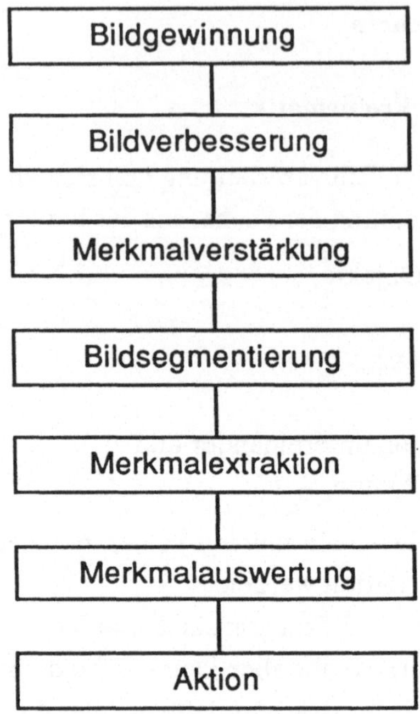

Bild 1.11-1: Stufen der Bildverarbeitung

Die anschließende Stufe der Merkmalsverstärkung liefert ausgehend von der örtlichen Verteilung der Helligkeiten mehrdimensionale Verteilungen von Merkmalen. Typische Filterfunktionen sind z.B.

- Sobel-, Roberts-Cross- und Hochpaßfilter,
- Faltungen im Orts- oder Frequenzbereich,
- Hough-Transformation oder
- Template Matching mittels Korrelation.

Die Segmentierung hat die Aufgabe, Bildbereiche zu ermitteln, in denen bestimmte Quantitäten einer Eigenschaft vorhanden sind /3/. Die in dieser Stufe üblichen Verfahren sind

- Linien- und Kantenverfolgung und
- Schwellwertoperationen.

Mit den

- morphologischen Verfahren der Bildverarbeitung, dem
- Blob-Labeling und der
- Konnektivitätsanalyse

werden Bildbereiche separiert. Die Anwendung dieser Methoden wird durch entsprechende Merkmalsverstärkung in der vorangegangenen Stufe begünstigt.

Die Merkmalsextraktion liefert Merkmalswerte, d.h. quantitative Beschreibungen der durch die Segmentierung ermittelten Bildbereiche. Merkmalswerte können sein

- Flächeninhalt,
- Umfang,
- Formfaktoren oder
- Ausrichtung der Trägheitsachsen.

In der abschließenden Stufe der Mustererkennung wird auf der Basis der quantitativen Angaben einzelner Merkmale und ihrer Anordnung im Bildbereich die gesuchte Aussage abgeleitet. Eine Gruppe von Verfahren basiert darauf, Merkmalswerte zu Vektoren zusammenzufassen und Klassen zuzuordnen. Bekannte Klassifizierungsmethoden /4/ verwenden z.B. den

- Bayes-Klassifikator oder den
- Minimum-Distanz-Klassifikator.

Andere Ansätze struktureller und syntaktischer Art sind bislang noch in der Erprobung /5,6,7/.

1.11.3.3 Verfahrensentwicklung mit bildverarbeitenden Sensorsystemen

Die Realisierung von Systemlösungen für den industriellen Einsatz auf der Basis bildverarbeitender Verfahren muß folgende Aspekte berücksichtigen:

- Die Bedienung erfolgt durch in der Bildverarbeitung weitgehend ungeschultes Personal.
- Die Zuverlässigkeit der ermittelten Ergebnisse muß außerordentlich hoch sein.
- Die Beschaffungs- und Betriebskosten müssen einer Rentabilitätsbetrachtung standhalten.

Aus den aufgeführten Aspekten lassen sich Schlußfolgerungen für zukünftige Systementwicklungen ziehen.

Die Gestaltung der Bedienoberfläche, hierzu gehören sowohl die Bedienvorgänge bei der Installation wie auch beim anschließenden Betrieb, muß so ausgelegt sein, daß der Anwender die Eignung der für die einzelnen Stufen gewählten Verfahren anhand durchgeführter Versuche schnell überprüfen kann. Angebotene Systeme bieten vorwiegend eine der folgenden Entwicklungsoberflächen an:

- Die Entwicklung erfolgt in einer Programmiersprache (vorwiegend "C"). Verfahren werden in Programmbibliotheken angeboten. Die Entwicklung von Anwenderprogrammen erfordert gute Programmierkenntnisse und ist zeitaufwendig.
- Als Entwicklungsunterstützung steht ein Interpreter- oder Menü-geführtes System zur Verfügung. Die Verfahrenserprobung kann interaktiv erfolgen, Zwischenergebnisse sind schnell sichtbar. Der Entwickler ist aber auf einen beschränkten Vorrat von Methoden angewiesen, die Realisierung eigener Verfahren ist nicht ohne weiteres möglich.

Der zweite Aspekt - die Funktionszuverlässigkeit - wird vielfach von Anwendern, die bereits Erfahrungen mit Bildverarbeitungssystemen gesammelt haben, besonders betont. Für die Bildverarbeitung gilt in ganz besonderem Maße, daß die aus einem Bildinhalt abgeleitete Aussage nur mit einer Wahrscheinlichkeit kleiner 100% zutreffend ist. Systeme sollten daher Angaben liefern über die Wahrscheinlichkeit, mit der sie zu einer Aussage kommen.

Der dritte aufgeführte Aspekt bezieht sich auf die wirtschaftliche Betrachtungsweise. Die Aufwendungen für Entwicklungsarbeiten stehen hierbei im Vordergrund. Dabei spielt es keine Rolle, ob die Entwicklungskosten beim Anbieter oder beim Anwender entstehen. Der erforderliche Zeitaufwand zur Lösung einer Aufgabenstellung läßt sich nur dann reduzieren, wenn Entwicklungen auf den Erfahrungen aus vorangegangenen Anwendungen aufbauen können. Dazu sind Untersuchungen der Übertragbarkeit von Lösungen erforderlich, aber auch mehr Erfahrungsberichte über Probleme bei industriellen Anwendungen.

Ziel künftiger Entwicklungen muß es sein, Geräte mit einer anwenderfreundlichen Bedienbarkeit zu entwickeln. Ansätze in diese Richtung sind bei Systemen zu beobachten, die als Komponente einer speicherprogrammierbaren Steuerung konzipiert sind. Die Bilddatenverarbeitung erfolgt meist auf der Basis der Binärbildverarbeitung. Die Parametrierung einzelner Funktionen erfolgt interaktiv durch den Anwender. Die Festlegung der Signalauswertung erfolgt durch die SPS-Programmierung, die als eine anwendungsorientierte Methodik eingeschätzt werden kann.

1.11.3.4 Verfahren zur Werkstückerkennung

Einfach strukturierte Werkstücke lassen sich durch die Ermittlung geometrischer Eigenschaften erkennen. Für komplex strukturierte Werkstücke, die zudem in vielen Varianten auftreten können, werden Kontur- und Strukturmerkmale zur Beschreibung herangezogen. Die bei kommerziell erhältlichen Systemen zur Werkstückerkennung und Positionsbestimmung verwendeten Merkmale sind in Bild 1.11-2 dargestellt.

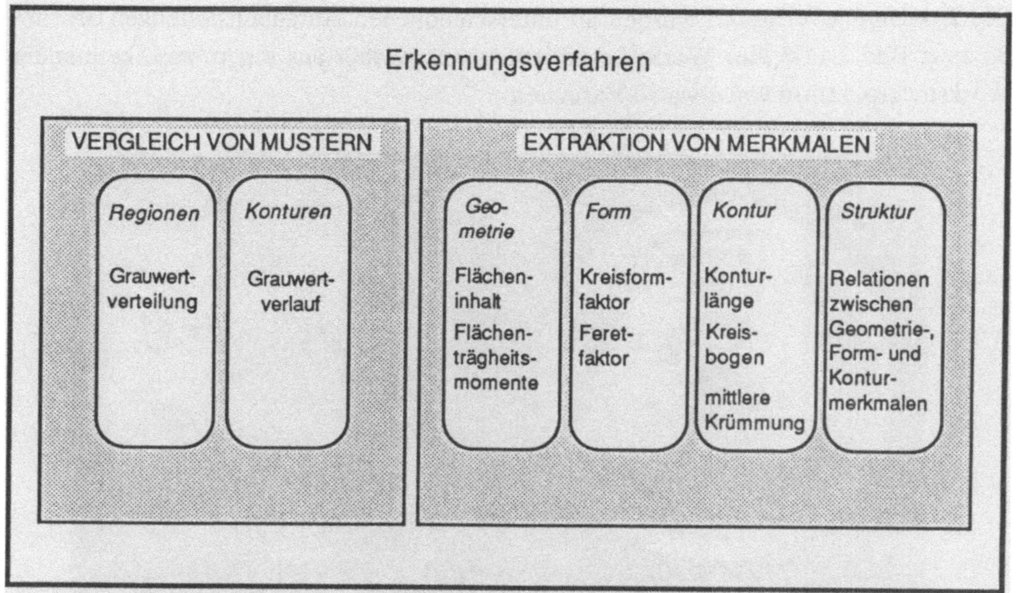

Bild 1.11-2:   Merkmale für Erkennungsverfahren

Eine andere Entwicklungsrichtung baut auf mustervergleichenden Verfahren auf, wobei meist das "Template-Matching"-Verfahren verwendet wird. Das Verfahren basiert auf dem direkten Vergleich des Bildes eines Musterteils mit der Bildszene.

1.11.4 Beispiele für Verfahren der Binärbildverarbeitung

1.11.4.1 Beispiel I: Rotationsinvariante Werkstückklassifizierung

Für die Automatisierung von Handhabungsprozessen ist es oft erforderlich, neben der Lagebestimmung des Werkstücks die jeweils vorliegende Werkstückvariante zu erkennen. Bei der hier beschriebenen Aufgabenstellung mußte die Erkennung des Werkstücks in beliebiger Drehlage erfolgen /8/. Eine rotationsinvariante Werkstückerkennung kann durchgeführt werden, wenn entweder die ausgewählten Merkmale von der Drehlage unabhängig sind (z.B. Durchmesser eines Kreises) oder das mustererkennende Verfahren rotationsinvariante Ergebnisse liefern kann (z.B. durch Auswertung periodischer Funktionen). Zur Lösung dieser Aufgaben wurden Verfahren eingesetzt, die folgenden Ansprüchen genügen :

- Einfache Handhabung,
- kurze Erkennungszeiten und
- Einsetzbarkeit für unterschiedliche Aufgaben.

Die Erkennungsverfahren wurden an unterschiedlichen Aufgabenstellungen erprobt. So zeigt Bild 1.11-3 vier Werkstückvarianten, ausgewählt aus einem zu erkennenden Werkstückspektrum von etwa 30 Varianten.

Bild 1.11-3:   Varianten einer Werkstückfamilie

Das Verfahren geht von einem Binärbild aus, bei dem das Werkstück (weiße Pixel) vom Hintergrund abgehoben vorliegt. Der Flächenschwerpunkt der Abbildung des Werkstücks wird als Mittelpunkt einer Kreislinie herangezogen. Ein Merkmalsvektor wird anhand der Übergänge zwischen Objekt und Hintergrund entlang dieser Kreislinie generiert und setzt sich aus folgenden Merkmalswerten zusammen:

- Anzahl der Werkstück-Kreis-Schnittlinien (Anzahl der Öffnungen),
- mittlere Länge der Werkstück-Kreis-Schnittlinien und
- zugehörige Standardabweichung.

Anstelle der Überlagerung mit einer Kreislinie können durch Überlagerung mit einem Kreisring Werkstückteilflächen und deren Schwerpunkte ermittelt werden. Sporadische Störungen im Bild werden dadurch in ihrer Wirkung gemindert. Bild 1.11-4 zeigt die Schnittflächen des Werkstücks mit dem Kreisring.

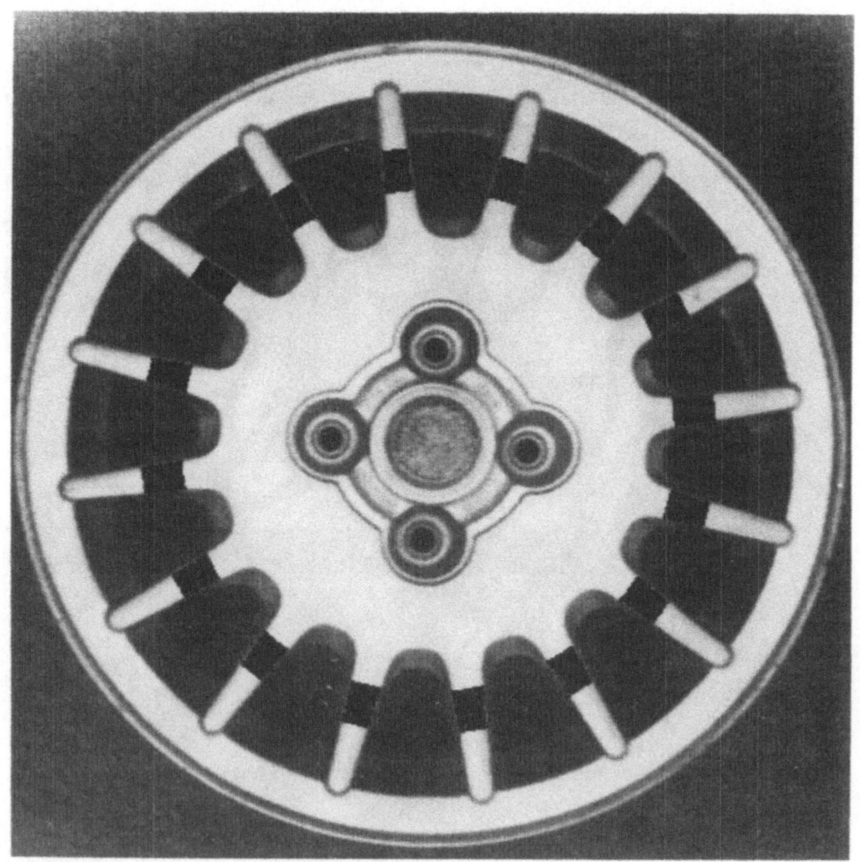

Bild 1.11-4:   Graubild eines Werkstücks mit markierten Kreisschnittflächen

Ein mit dem Verfahren generierter Merkmalsvektor setzt sich aus folgenden Merkmalswerten zusammen:

- Anzahl der Werkstück-Kreisring-Schnittflächen,
- Winkel zwischen den Werkstück-Kreisring-Schnittflächen und
- Anteil der Summe der Werkstück-Kreisring-Schnittflächen an der Gesamtfläche des Kreisringes.

Bei der Festlegung der Merkmale muß darauf geachtet werden, daß durch sie die Werkstücke auch unter Berücksichtigung auftretender Abweichungen hinreichend beschrieben werden. Von besonderer Bedeutung sind daher Verfahren, mit denen die

Signifikanz einzelner Merkmale und der für die jeweilige Anwendung optimale Klassifikator ermittelt werden kann /4/.

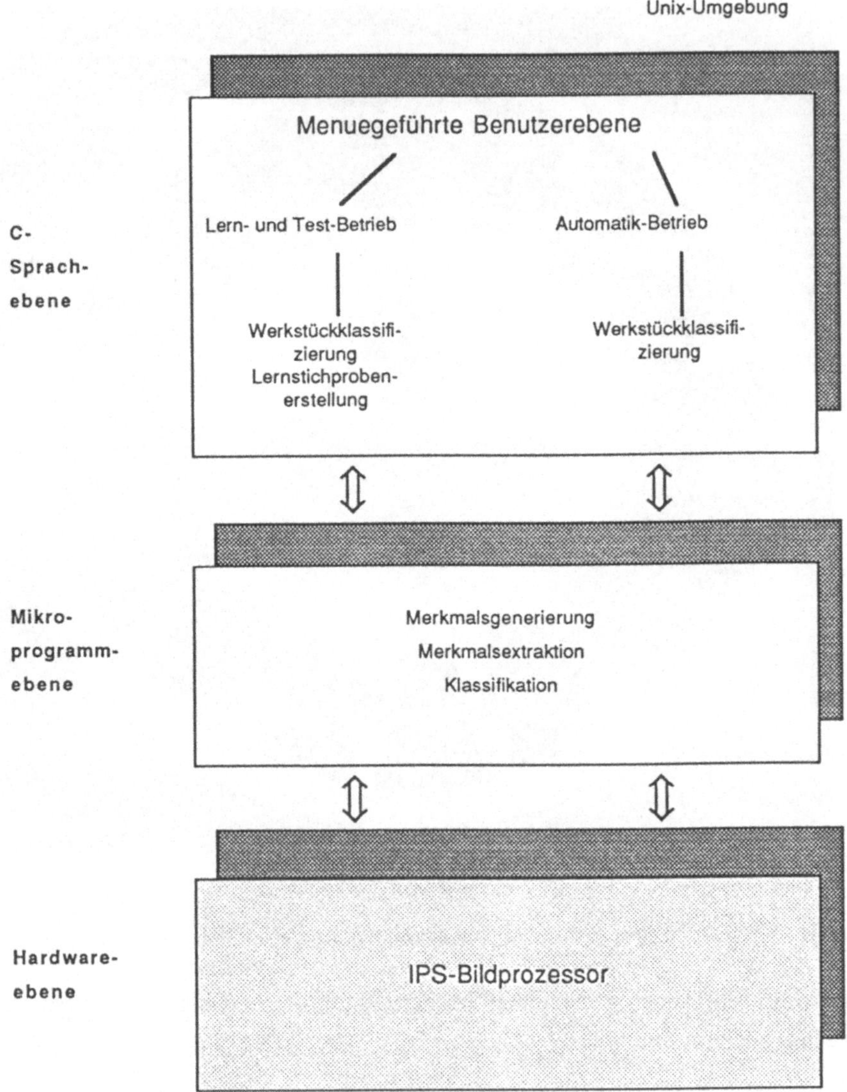

Bild 1.11-5:   Blockbild des IPK Werkstück-Klassifizierungssystems

Das Werkstückerkennungssystem wurde auf einem Bildverarbeitungs-Entwicklungssystem unter UNIX entwickelt. Bild 1.11-5 zeigt die Systemstruktur und die Zuordnung der einzelnen Funktion zu den Sprachebenen.

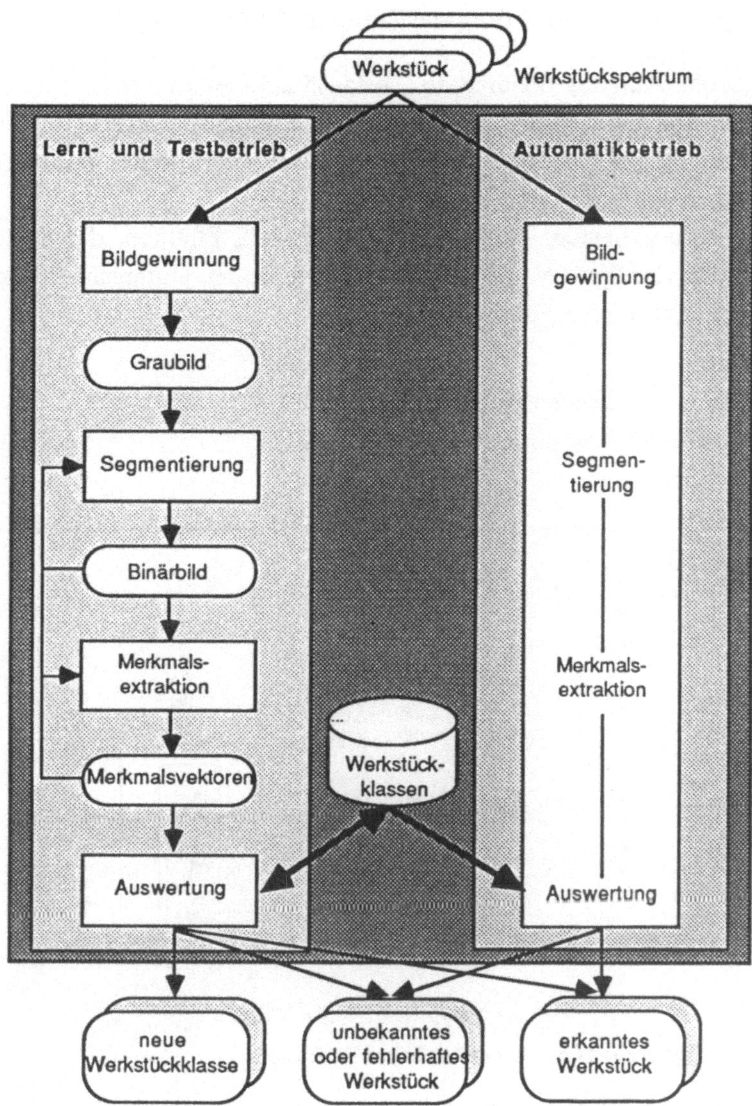

Bild 1.11-6:   Ablauf der Werkstück-Klassifizierung

In Bild 1.11-6 ist die Vorgehensweise für die beschriebene Werkstückerkennung dargestellt. Die rechteckigen Bildelemente stehen dabei für die einzelnen Stufen der Bildverarbeitung; die ovalen Bildelemente stellen die Eingangs- bzw. Ausgangsgrößen (Bilder beziehungsweise Daten) der einzelnen Operationen dar. Die gerichteten Kanten beschreiben den Datenfluß bzw. den Arbeitsablauf.

168

1.11.4.2 Beispiel II: Überprüfung von Tintenstrahl-Druckbildern

Die vorgegebene Aufgabe beinhaltete, Testausdrucke eines Tintenstrahldruckers daraufhin zu prüfen, ob die durch die einzelnen Spritzdüsen erzeugten Druckpunkte (Spots) vollständig und richtig positioniert sind. Außerdem sollten auftretende Abweichungen erkannt werden.

Ein Testausdruck besteht aus einer Matrix von 32 Punkten, die Spritzdüsen des Druckers sind in vier Spalten und acht Zeilen angeordnet. Unterschiedliche Druckfehler müssen erkannt werden (Bild 1.11-7):

- Fehlstellen,
- Überlappung von Druckpunkten und
- Lageabweichung einzelner Druckpunkte.

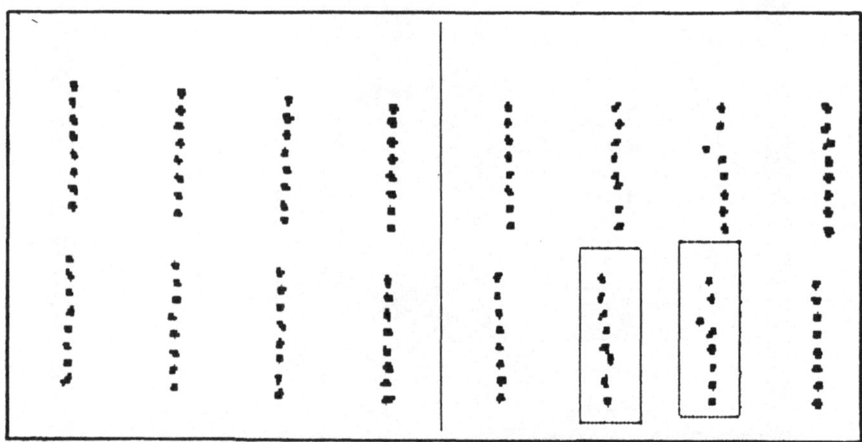

Bild 1.11-7: Testausdruck mit unterschiedlichen Fehlerarten

Die genannten Aufgaben stellen sich im Sinne der Bildverarbeitung als Aufgaben zur Vollständigkeitskontrolle und der Bestimmung von Objektpositionen dar.

Das aufgenommene Bild wird nach einer Histogrammanalyse binarisiert. Über einen Blob-Labeling-Algorithmus werden die einzelnen Druckerspots identifiziert. Folgende Merkmalswerte werden bestimmt:

- Anzahl der Druckpunkte,
- Schwerpunktskoordinaten,
- Flächeninhalt und
- Form der einzelnen Druckpunkte.

Durch die Verknüpfung der einzelnen Merkmalswerte können die o.g. Fehlerfälle erkannt werden. Im idealen, fehlerfreien Fall hätten alle Druckpunkte die gleiche Größe, so daß nur ein Flächenwert mit der Häufigkeit 32 auftreten würde. Im realen, fehlerfreien Fall ergibt sich eine leichte Streuung.

1.11.5 Beispiele für Verfahren der Grauwertbildverarbeitung

1.11.5.1 Beispiel III: Lagebestimmung sich berührender und überlappender Teile

Für Aufgabenstellungen, bei denen es darum geht, die Lage (translatorische und rotatorische Position) z. B. eines Werkstücks zu bestimmen, das sich nicht aus geometrisch einfach beschreibbaren Formelementen zusammensetzt, läßt sich die "Template-Matching-Methode" einsetzen. Auch unter vergleichsweise schwierigen Bedingungen wie schwankende Beleuchtungsverhältnisse, sich berührende oder überlappende Objekte, läßt sich diese Methode anwenden.

Das Prinzip des Verfahrens beruht auf einem Vergleich zwischen einem Referenzmuster (Template) und der aufgenommenen Szene. Der Vergleich erfolgt durch Berechnung eines Korrelationskoeffizienten für alle in Frage kommenden Positionen und Orientierungen. Der erforderliche Rechenaufwand ist außerordentlich hoch. Am IPK-Berlin wurde daher ein Gerät entwickelt und zur Anwendung gebracht, das dennoch Erkennungszeiten im Sekundenbereich ermöglich /9/. Es ist in besonderer Weise für die einfache Nutzung durch den Benutzer konzipiert. Nach dem Erlernen des Templates ist vom Benutzer anhand durchgeführter Experimente eine Rückweisschwelle "Teil erkannt/nicht erkannt" einzustellen. Für erkannte Teile werden die Koordinaten der Lage ausgegeben.

Dieses Verfahren kann auch besonders wirkungsvoll bei Inspektionsaufgaben zur Vollständigkeitskontrolle oder zur Bestimmung von Meßstellen eingesetzt werden.

1.11.5.2 Beispiel IV: Werkstückklassifizierung mittels Fourierkoeffizienten eines Grauwertprofils

Für die in Abschnitt 1.11.4.1 bereits beschriebene Aufgabe wurde ein Verfahren erprobt, bei dem die Merkmale aus dem Graubild extrahiert werden. Dadurch wird die störempfindliche Erzeugung des Binärbildes vermieden. Der Grauwertverlauf entlang der Kreislinie ist eine periodische Funktion der Bogenlänge. Somit läßt sich diese

Funktion durch eine konvergierende Fourierreihe approximieren /10/. Die Fourierkoeffizienten dieser Funktion lassen sich als Merkmale zur drehlageninvarianten Klassifizierung der Werkstücke verwenden. Untersuchungen haben gezeigt, daß die zur
Erkennung relevante Information in einer geringen Anzahl von Fourierkoeffizienten
enthalten ist. Der Einfluß von Störungen, die sich mathematisch als aperiodische
Funktionen darstellen, ist bei dem vorliegenden Verfahrensansatz durch eine selektive
Betrachtung der Fourierkoeffizienten reduzierbar.

1.11.6   Schlußfolgerungen

Die Erfahrungen bei der Durchführung der Arbeiten im Projekt lassen sich wie folgt
zusammenfassen:

- Die in Produktionsprozessen auftretenden Bildauswertungsaufgaben können nur
  unter gleichzeitiger Erfüllung aller technischen Randbedingungen gelöst werden.
  Dies kann die Kombination bildverarbeitender Sensorsysteme mit Sensoren basierend auf anderen Wirkprinzipien notwendig machen.
- Die Entwicklungsaufwendungen, die benötigt werden um marktgängige Systeme
  einzusetzen, sind gemessen an dem Rationalisierungspotential noch hoch. Um
  diese Aufwendungen zu verringern, müssen Erfahrungen aus industriellen Anwendungen zugänglich gemacht und aufgearbeitet werden.
- Die Beurteilung der in Forschungseinrichtungen entwickelten Verfahren hinsichtlich ihrer industriellen Anwendbarkeit ist nicht einfach, in vielen Fällen werden
  keine Angaben für die Verwendung im industriellen Bereich gemacht. Um zu verallgemeinerten Lösungsansätzen zu kommen, ist die Übertragbarkeit spezieller
  Verfahren zu untersuchen.

Die Anwendung bildverarbeitender Sensoren für produktionstechnische Aufgaben
steht erst am Anfang. Es handelt sich hierbei um eine junge Technik verglichen z.B.
mit der NC-Technik. Eine wesentliche Schlußfolgerung besteht darin, daß neben der
Entwicklung neuer Geräte auch die Ausbildung von Ingenieuren und Technikern zu
betreiben ist.

Literaturverzeichnis

1   Spur, G,; Mollath, G.; Nickolay, B.; Schneider, B.: Erkennungssystem für sich berührende und überdeckende Teile. In: Sensordatenverarbeitung in der Fertigungstechnik. Carl Hanser Verlag, München, 1987.

2   Adam, W.; Lehnert, T.; Nickolay, B.: Verfahren der Bildverarbeitung für Anwendungen in der Produktionstechnik. ZwF CIM 82 (1987) 9, 515 - 520.

3   Pavlidis, T.: A critical Survey of Image Analysis Methods. 8. International Conference on Pattern Recognition, 1986, 502ff.

4   Nickolay, B.; Welz, K.: Bildverarbeitendes Klassifizierungssystem für Werkstückfamilien. Vision & Identification Magazin 2 (1988) 1, 19 - 24.

5   Brady, M.: Steps toward making robots see. in: NATO-ASI-F43, Springer Verlag, 1988.

6   Jain, R.: Knowledge Representation and Control in Computer Vision Systems. IEEE-EXPERT, Frühjahr 1988.

7   Nagel, H. H.: Stand der Technik industrieller Bildauswertesysteme. Tagungsband, MESAGO/VISION '88, Sindelfingen 1988.

8   Spur, G.; Lehnert, T.; Nickolay, B.: Erkennungsverfahren mittels Werkstück-Kreis-Schnittmerkmalen für den industriellen Einsatz. ZwF CIM 83 (1988) 6, 296 - 300.

9   Mollath, G.; Schneider, B.: Bildverarbeitungssystem zur Erkennung sich berührender und überlappender Werkstücke. Tagungsband MESAGO/VISION '88, Sindelfingen 1988.

10 Arbter, K.; Burkhardt, H.: Ein Beitrag zur Anwendung von Fourierdeskriptoren für die lage- und größeninvariante Objekterkennung. Z. Flugwiss. Weltraumforsch. 8 (1984) 1, 55 - 60.

2 Neuartige Sensorsysteme

2.1 Laserradar mit Impulslaufzeitmessung

R. Schwarte, I. Aller, V. Baumgarten, B. Bundschuh, W. Graf,
K. Hoffman, O. Zoffeld; Siegen

Zusammenfassung

Zielsetzung der beschriebenen Forschungsarbeiten war die Untersuchung eines neuartigen Konzeptes eines Laserradars nach dem Pulslaufzeitverfahren /1,2,3/ bezüglich seiner Realisierungsmöglichkeiten und Eignung in der Fertigungsautomatisierung, insbesondere zur schnellen berührungslosen Erfassung dreidimensionaler Objekte für Handhabungsautomaten.

Die angestrebte Genauigkeit im mm—Bereich, die Problematik der Laufzeitmessung im Nahbereich und eine extrem hohe Amplitudendynamik der reflektierten Lichtimpulse erforderten die Entwicklung neuer Komponenten und Verfahren. So mußte auf sehr unterschiedlichen Gebieten technisches Neuland betreten werden: bei der Entwicklung der Sensoroptik, der faseroptischen Referenzableitung, der Empfangselektronik und Zeitmeßtechnik sowie bei der Echtzeit—Sensordatenverarbeitung.

Im folgenden kann nur ein Überblick der wichtigsten Entwicklungen und Ergebnisse wiedergegeben werden. Zur Vertiefung wird jeweils auf die entsprechende Literatur verwiesen /4/. Als Resultat dieser Forschungsarbeiten wird die technische Durchführbarkeit des Konzeptes eines Pulslaserradars nachgewiesen und durch experimentelle Ergebnisse belegt. Angesichts der vielfältigen und anspruchsvollen Aufgabenstellungen ist die Entwicklung keineswegs abgeschlossen. Eine Weiterentwicklung dieses Pulslaserradars sollte insbesondere für den Einsatz bei der schnellen 3D—Konturerfassung nichtkooperativer Objekte für größere Entfernungen, d.h. Meßbereich 2—100 m, erfolgen.

2.1.1 Einführung

Der internationale Wettbewerb zwingt zu weiterer Automation und Flexibilisierung in der Produktion. Eine Weiterentwicklung der Fertigungsautomatisierung ist ohne neue sensorische Fähigkeiten, mit denen vor allem Handhabungsautomaten auszustatten sind, nicht vorstellbar. Dabei kommt dem 3D–Computersehen bzw. der 3D–Bilderfassung und –verarbeitung eine zentrale Bedeutung zu. Die heutigen Anforderungen an die schnelle, berührungslose 3D–Objekterfassung werden jedoch von den verfügbaren Sensoren nicht annähernd erfüllt und erfordern einen hohen Forschungs– und Entwicklungsaufwand sowohl bezüglich der Optik und Elektronik als auch der "Intelligenz" /5/. Das hier untersuchte Verfahren eines optischen Radars bzw. Pulslaserradars hat gewisse Ähnlichkeiten mit dem in der Luft– und Raumfahrt bewährten Mikrowellenradar und könnte für den Produktionsbereich eine vergleichbare Bedeutung erlangen.

2.1.2 Ein neues Laserradar-Meßkonzept

Das Meßprinzip zur Erfassung eines 3D–Oberflächenbildes ist relativ einfach: Infrarot–Lichtimpulse einer Laserdiode werden über eine geeignete Optik gerichtet abgestrahlt. Ein Teil des vom getroffenen Zielobjekt reflektierten Lichtimpulses wird mit einer Photodiode empfangen und bezüglich der Zeitdifferenz bzw. Laufzeit zwischen Senden und Empfangen ausgewertet. Mit bekannter Lichtgeschwindigkeit ergibt sich der Abstand des beleuchteten Zieles.

Die Realisierung der angestrebten Zielsetzungen eines Funktionsmodells wie
– hohe absolute Meßgenauigkeit im mm–Bereich
– flexibler, störungsunempfindlicher Sensorkopf
– Beginn des Meßbereichs unmittelbar vor der Optik bis zu mehreren 10 Metern
– für Echtzeitaufgaben geeignete Meßgeschwindigkeit
– 3D–Bildrekonstruktion bzw. automatische Konturverfolgung
stieß auf erhebliche technische Schwierigkeiten. Deren weitgehende Überwindung wird mit Hilfe eines Meßkonzeptes erreicht, das in Bild 2.1–1 (dargestellt ohne Scanner) veranschaulicht ist. Ein im Vergleich zu bekannten Verfahren größerer Meßbereich, Vermeidung der Laufzeitfehler durch ungleichmäßige bzw. nicht repräsentative Überlappung von Sende– und Empfangskeulen sowie die gewünschte Flexibilität und kleine Abmessungen des optischen Kopfes wurde durch eine sog. Spiegeloptik und durch Glasfaserzuführungen erreicht.

Eine für Pulslaufzeitsysteme unerreichte Genauigkeit, die Überwindung der unvermeidlichen elektronischen Drifteigenschaften und eine hohe zulässige Amplitudendynamik beruht auf der Verwendung einer faseroptischen Referenzstrecke mit Modenkoppler unter Einsatz spezieller selbstgefertigter Glasfaserkoppler. Ein neuartiger Zeitdiskriminator mit Offsetumschaltung sowie eine Zeitmeßschaltung mit Zeitfen-

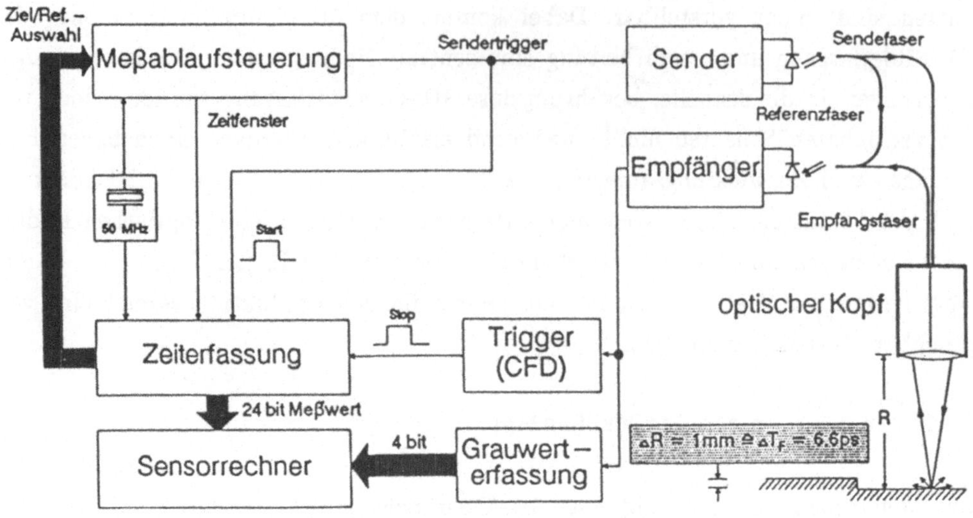

Bild 2.1-1: Meßkonzept des Laserradars (ohne Scanner)

stervorwahl erlaubt die absolute Zeitmessung von Picosekunden /6/.

Mittels der Zeitfenstertechnik wird ein gewünschter Meßbereich und auch die Ziel–/Referenzmessung ausgewählt. Auf diese Weise werden auch die bei CW–Verfahren verfälschenden Mehrfachreflexionen unterdrückt. Mit der Grauwerterfassung können dem 3D–Oberflächenbild $P(x,z,y,t,\rho)$ Reflektivitäten ρ bzw. Grauwerte zugeordnet und unsichere Messungen (Amplitude zu groß bzw. zu klein) eliminiert werden.

Eine hohe Meßrate von 20 kHz und eine im Sensorrechner realisierte Parallelprozessorarchitektur auf 68xxx– und TMS320– Basis ermöglicht in Verbindung mit neuen Algorithmen zur adaptiven Meßdatenverarbeitung eine relativ schnelle Konturerfassung und –verfolgung.

2.1.3 Sensoroptik

Der Gesamtaufbau der Sensoroptik ist in Bild 2.1–2 dargestellt. Man erkennt die verschiedenen Wege im Glasfasernetzwerk (Zielzweig, Referenzzweig), den Sensorkopf und die weiter unten näher beschriebenen Komponenten.

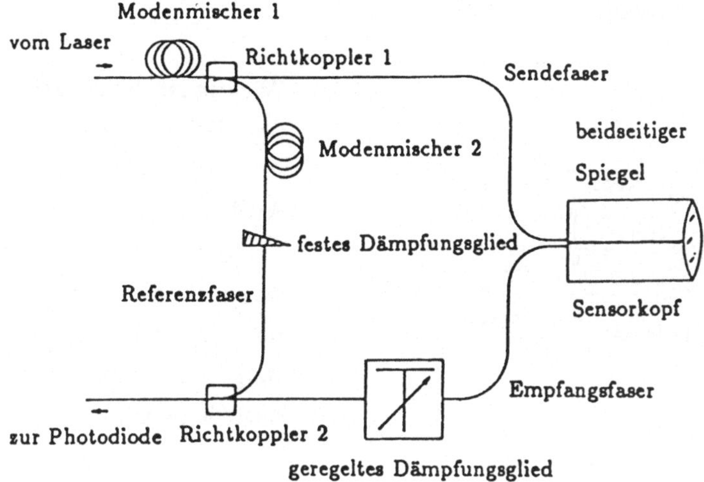

Bild 2.1-2: Schematischer Aufbau der Sensoroptik

2.1.3.1 Faseroptik

Die Glasfaseroptik besteht aus folgenden Komponenten: Sendefaser, Empfangsfaser, Referenzfaser, Richtkoppler (1) auf der Sendeseite und (2) auf der Empfangsseite, Modenmischer (1) in der Sendefaser und (2) in der Referenzfaser sowie einem geregelten optischen Dämpfungsglied. Sämtliche Glasfasern sind PCS–Stufenprofilfasern mit den Durchmessern 400 μm (Sendefaser), 600 μm (Empfangsfaser) bzw. 200 μm (Referenzfaser). Der Modenmischer besteht aus einigen Windungen in Form einer "8" eng aufgewickelter 400 μm–Faser. Er dient dazu, das starke Rauschen der einzelnen Lasermoden durch gleichmäßige Verteilung auf alle ausbreitungsfähigen Wellentypen der Glasfaser auszugleichen und damit den Meßstrahl hinsichtlich möglichst homogener Phasen– und Leistungsverteilung zu konditionieren. Die beiden Richtkoppler wurden nach dem bekannten Prinzip des geschweißten Oberflächenkopplers mit einem eigens für dicke Fasern entwickelten Schweißplatz hergestellt. Das optische Dämpfungsglied besteht im wesentlichen aus einem runden Graukeil kontinuierlich veränderter Dichte. Der Dynamikbereich beträgt 42 dB. Die Winkelstellung des Graukeils wird mittels einer Regelschaltung so eingestellt, daß die Zielamplitude dem vorgegebenen Sollwert entspricht. Die einzelnen faseroptischen Komponenten sind untereinander durch im Lichtbogen hergestellte Spleiße verbunden. Der Sensorkopf wird mit optischen Steckern angekoppelt und kann daher leicht ausgewechselt und an das aktuelle Meßproblem angepaßt werden.

2.1.3.2 Elektrooptische Schnittstellen

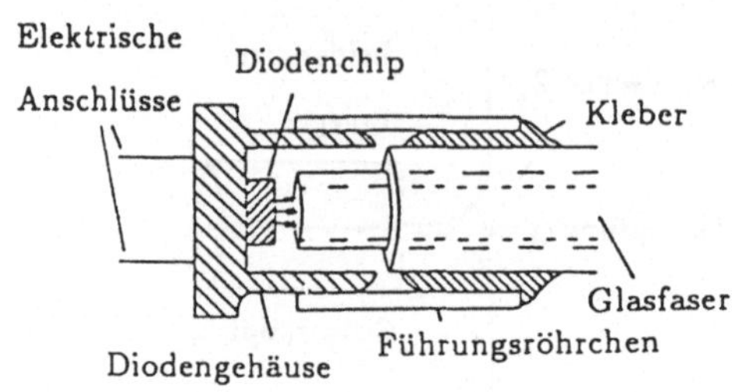

Wichtig ist die effektive Ankopplung des Halbleiterlasers an die Sendefaser und der Empfangsfaser an die Avalanche–Photodiode. Beide Verbindungen sind, wie in Bild 2.1–3 skizziert, als "pig tails" aufgebaut, da Pig–tail–Verbindungen dämpfungsarm, robust und einfach herzustellen sind.

Bild 2.1–3: Pig–tail–Verbindung

2.1.3.3 Sensorkopf

Der Sensorkopf funktioniert nach dem am INV entwickelten Prinzip der Spiegeloptik. Bild 2.1–4 zeigt den prinzipiellen Aufbau und schematisch den Strahlengang von der Optik zur Kontur, die vermessen wird.

Durch den zwischen Sende– und Empfangsfaser angeordneten Spiegel werden die Endflächen von Sende– und Empfangsfaser ineinander gespiegelt und dann von der Linse scharf auf ihre Bildebene abgebildet. Der Spiegel verhindert außerdem ein optisches Übersprechen innerhalb des Sensorkopfes. Die endliche Dicke des beidseitigen Spiegels von etwa mittlerem Faserdurchmesser erzeugt im Fernfeld eine kreisförmige Überlappungszone als Meßfleck bzw. Abtastapertur, die eine eindeutige Konturrekonstruktion erlaubt.

Die Vorteile der Spiegeloptik liegen vor allem

– in der geringen Dynamik der Amplitude des Empfangssignals über der Meßentfernung

– in dem großen Meßbereich, der unmittelbar vor der Linse beginnt (praktisch keine tote Zone wie bei Parallel– oder Koaxialoptiken) und

– in einer bezüglich der Phasenschwerpunkte repräsentativen Überlappung der Sende– und Empfangskeule zur Vermeidung entsprechender Laufzeitfehler

Der eigentliche Meßfleck, aus dem reflektierte optische Leistung in die Empfangsfaser gelangen kann, ensteht durch das Produkt der Leistungsdichten im Sende– und Empfangsfleck. Die Leistungsdichte im Empfangsfleck stellt dabei eine unter Berück-

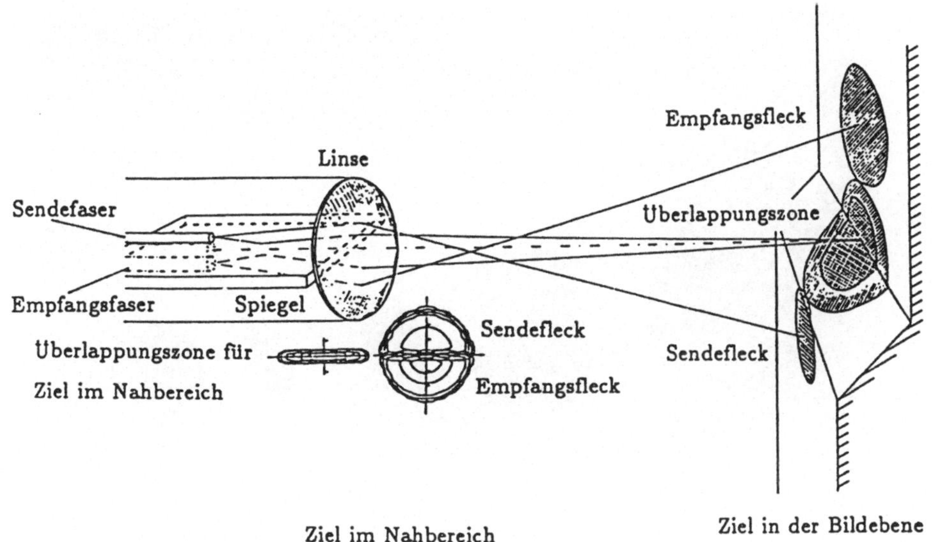

Bild 2.1–4: Spiegeloptik mit Strahlengang und Kontur

sichtigung der Lagrange'schen Invarianten und des Reziprozitätsgesetzes eingeführte gedankliche Hilfskonstruktion dar. In Bild 2.1–4 sind für zwei Meßentfernungen exemplarisch die auftretenden Fleckformen dargestellt.

Die 3D–Konturvermessung liefert zum einen ein Reflexionsbild, das sich durch eine zweidimensionale Kreuzkorrelationsfunktion (2D–KKF) des Reflexionsfaktors der Kontur mit der Intensitätsverteilung $p_o(x,y)$ in der Überlappungszone der Lichtflecke beschreiben läßt. Zum anderen entsteht ein Entfernungsbild, das sich durch eine 2D–KKF des Produkts aus Reflexionsfaktor und Form der Oberfläche der Kontur mit $p_o(x,y)$ ergibt.

Die Größe des Sensorkopfes richtet sich nach dem geforderten Meßbereich. Bild 2.1–5 zeigt eine Reihe von am INV eingesetzten Spiegeloptiken mit Linsendurchmessern zwischen 2 cm und 8 cm. Beispielsweise wird mit einem Linsendurchmesser von 5 cm, einer Sendeleistung von 5 W, einer Brennweite von 10 cm mit einem PIN–Dioden–Empfänger eine maximale Reichweite von 3 − 5 m, bzw. von 20 − 35 m mit einem APD–Empfänger erreicht, wenn das Ziel einen Lambert–Strahler mit einem Reflexionsfaktor von 10 % darstellt.

Es ist auch eine Mehrfachanordnung von Spiegeloptiken in einem Sensorkopf möglich (siehe Bild 2.1–5), die Vorteile bezüglich der Meßgeschwindigkeit und der schnelleren und genaueren Meßwertverarbeitung für die Konturverfolgung bietet /12/. Die Berechnung und Optimierung der Optiken konnte mit am INV speziell entwickelter Simulationssoftware nach dem ray–tracing–Verfahren durchgeführt werden.

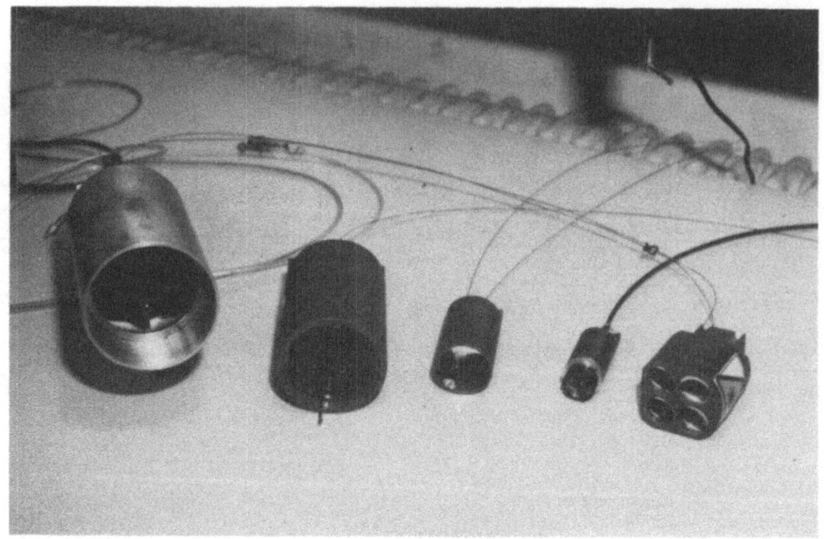

Bild 2.1—5: Spiegeloptiken für unterschiedliche Meßbereiche

2.1.4 Sensorelektronik

2.1.4.1 Laserdiodensender

Um bei der nach dem Laufzeitverfahren realisierten Abstandsbestimmung eine ausreichende Signalamplitude für eine gültige Messung zu erhalten, ist der Einsatz von Pulslaserdioden mit hoher optischer Leistung von einigen 10 W bei einer Wellenlänge von z.B. 905 nm erforderlich. Da diese Dioden einen typischen Schwellenstrom für das Erreichen der induzierten Emission zwischen 10 A und 50 A aufweisen, war die Entwicklung spezieller Treiberschaltungen notwendig.

Die erzeugten Laserimpulse müssen neben der hohen Leistung eine kurze Anstiegszeit (ca. 500 ps) und eine geringe Halbwertsbreite (ns—Bereich) besitzen. Die prinzipielle für Repetierraten im kHz—Bereich geeignete Ansteuerschaltung einer Pulslaserdiode zeigt Bild 2.1—6. Bei Ansteuerung der Basis des im Avalanche—Betrieb eingesetzten Transistors mit einem Triggerimpuls erfolgt der Lawinendurchbruch der Kollektor—Emitterstrecke und der auf die Hochspannung aufgeladene Kondensator entlädt sich sehr schnell über die Laserdiode. Begrenzt wird der für die Laserdiode effektiv nutzbare Strom neben dem dynamischen Innenwiderstand des Transistors insbesondere durch die Gesamtinduktivität des Entladekreises. Um einen ausreichenden Ansteuerstrom zu erreichen, sind diese Bauteile in Chipform zu realisieren und i.a. mehrere Transistorstufen parallel zu schalten.

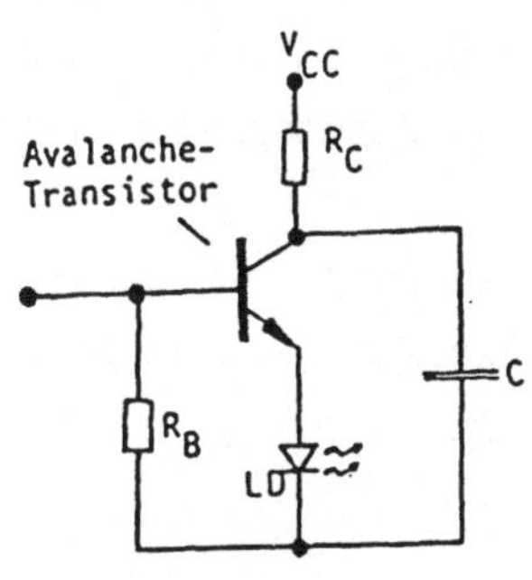

Bild 2.1—6: Ansteuerung der
Laserdiode

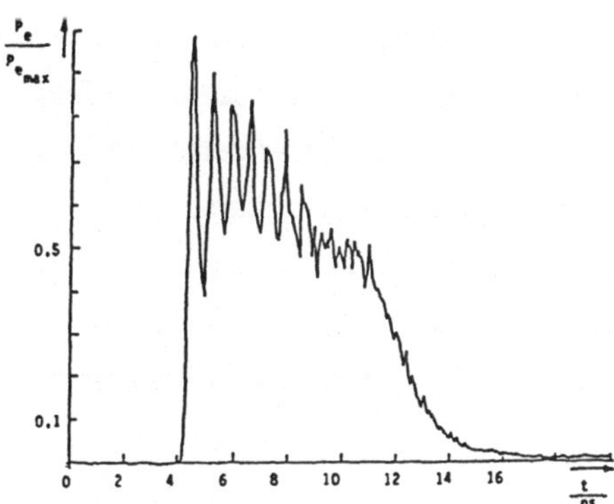

Bild 2.1—7: Laserimpulsform

Den typischen Verlauf eines Laserimpulses zeigt Bild 2.1–7, besonders gut sind die Relaxationsschwingungen von ca. 600 MHz zu erkennen.

2.1.4.2 Photodiodenempfänger

Da in der Praxis mit schlecht reflektierenden Objekten und Empfangsleistungen im Nanowatt–Bereich gerechnet werden muß, wird eine Avalanche–Photodiode (APD) als Detektorelement verwendet. Für die Wellenlänge der Laserdiode (λ = 905 nm) empfiehlt sich Silizium als Detektormaterial. Die RCA–Diode C 30902 E ist eine geeignete Si–APD mit ausreichender Fläche in Bezug zum Glasfaserquerschnitt und hoher Bandbreite zur Übertragung der steilen Impulsflanken. Die Diode bildet mit einem breitbandigen Verstärker ($f_g \simeq$ 340 MHz) den Empfänger.

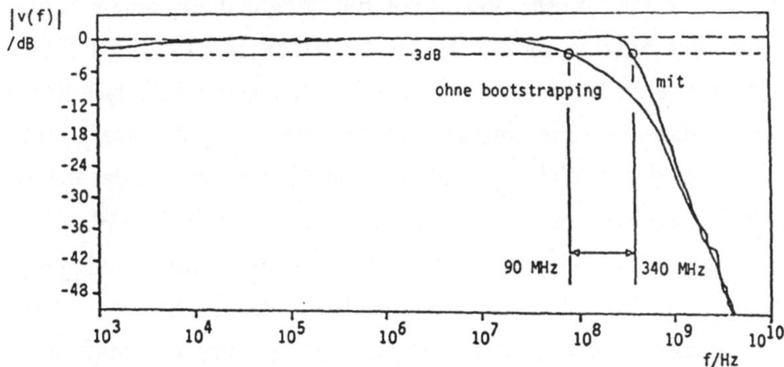

Bild 2.1—8: Frequenzgang des Transimpedanzverstärkers

180

Durch Rechneroptimierung des Empfängers unter Berücksichtigung der APD–Kapazität und weiterer Parasitäreffekte werden optimale Eigenschaften erreicht. Bild 2.1–8 zeigt z.B. die erzielte Verbesserung im Verstärkungs–Bandbreiteprodukt des Transimpedanzverstärkers.

Aus Bild 2.1–9 ist die Prinzipschaltung des Empfängers zu entnehmen. An den Impulsverstärker werden sehr hohe Anforderungen bezüglich Rauscharmut und Konstanz der Gruppenlaufzeit im gesamten Dynamikbereich gestellt.

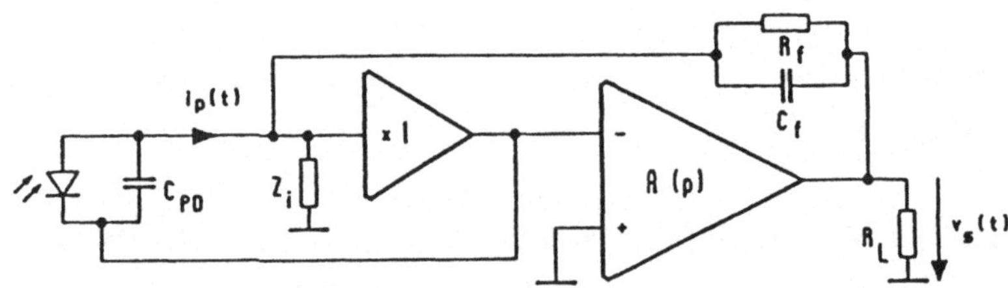

Bild 2.1-9: Prinzip der Empfangsschaltung

Die Arbeitspunkte aller Halbleiter werden in einer aufwendigen Simulation so bestimmt, daß die Parameter der Kleinsignal–Übertragungsfunktion im gesamten Dynamik– und Temperaturbereich mit guter Näherung konstant sind.

Die Regelung des Arbeitspunktes der APD über der Temperatur und die Ableitung der Regelgröße für das optische Dämpfungsglied erfolgen mit Hilfe einer neu entwickelten Schaltung zur schnellen Amplitudenerfassung. Diese ermittelt den Scheitelwert der Impulse am Empfängerausgang. Hierbei erfolgt die Auswahl der jeweils relevanten Impulse (z.B. Ziel– oder Referenzimpuls) durch ein elektronisches Zeitfenster.

Grundsätzlich bietet dieses Verfahren die Möglichkeit, einen beliebigen Impuls aus einer Pulsfolge auszuwählen (z.B. bei Mehrfachechos) und für diesen Impuls unabhängig von weiteren Impulsen optimale Amplitudenverhältnisse herzustellen. Nur so kann beispielsweise eine zusätzliche Eichstrecke (Glasfaser) unabhängig von gleichzeitig vorhandenen Zielamplituden zur Kalibrierung mit der erforderlichen Genauigkeit vermessen werden. Das Prinzip verdeutlicht Bild 2.1–10.

Die von der Amplitudenerfassungs–Schaltung ermittelten Analog–Spannungswerte entsprechen dem Maximalwert der jeweils im Zeitfenster liegenden Impulse und werden zur rechnergestützten Erfassung der Reflexionseigenschaften von Zielobjekten quantisiert.

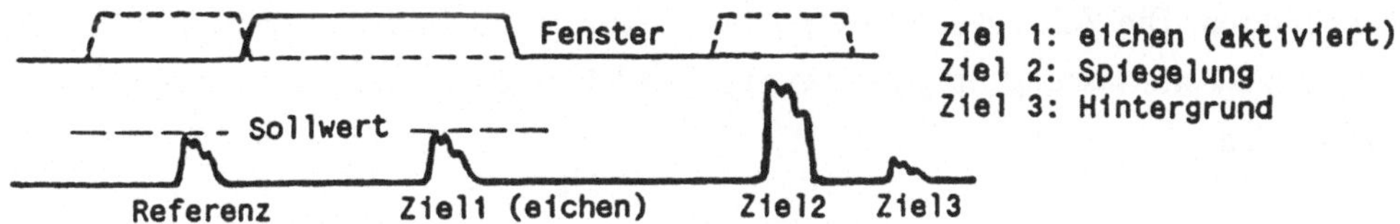

Bild 2.1-10: Ausblendung von Echosignalen durch Meßfenster

2.1.4.3 Zeitmeßelektronik

Die technische Aufgabenstellung eines Pulslaserradars zur Konturmessung erfordert Zeitmeßtechniken, die es erlauben, sowohl Zeitdifferenzen ΔT_L als auch absolute Laufzeiten T_L mit Auflösungen bis 10^{-12} Sekunden reproduzierbar zu erfassen. Eine Abstandsänderung von $\Delta R = 1$ mm zwischen Sendeoptik und Objektoberfläche ergibt unter Benutzung der einfachen Beziehung $\Delta T_L = 2 \cdot \Delta R / c_0$ mit $c_0 = 3 \cdot 10^8$ m/s eine Laufzeitänderung von 6,67 ps.

Voraussetzung zur Messung derartig kurzer Zeitdifferenzen ist die ebenso exakte Bestimmung des Sende– und Empfangszeitpunktes. Die Laufzeit kann dann durch die Impulsdauer eines Rechtecksignals repräsentiert werden, dessen Anstiegsflanke dem Sendezeitpunkt und dessen fallende Flanke dem Empfangszeitpunkt der Lichtimpulse entspricht. Dieses Rechtecksignal muß mit Hilfe eines geeigneten Transformationsverfahrens zeitlich soweit gedehnt werden, daß es mit der gewünschten Auflösung gemessen werden kann.

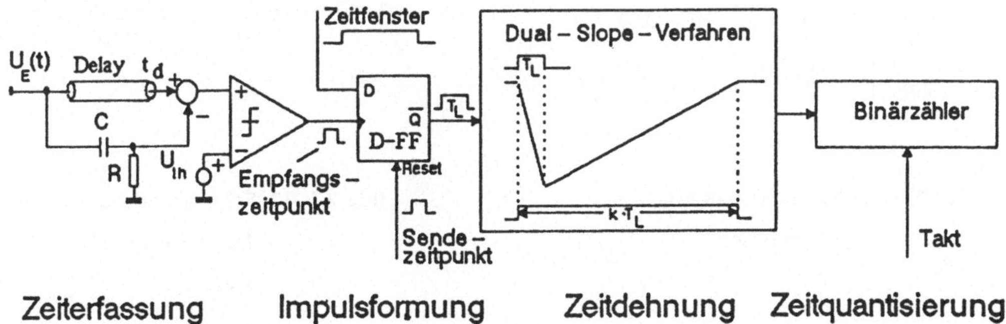

Bild 2.1-11: Blockschaltbild des Zeitmeßsystems

Die Bestimmung des Eintreffzeitpunktes erfordert ein spezielles Triggersystem, bei dem die signifikante Flanke des Ausgangssignals unabhängig von Amplitudenschwankungen des Empfangssignals ist. Amplitudenunterschiede sind vor allem auf unterschiedliche Entfernung und Reflexionseigenschaften der Objektoberflächen zurückzuführen. Die Zeitmeßelektronik kann entsprechend Bild 2.1–11 in die vier Untersysteme Zeiterfassung, Impulsformung, Zeitdehnung und Zeitquantisierung gegliedert werden.

– **Zeiterfassung**

Für die Zeiterfassung im ps–Bereich kommt nur ein amplitudenunabhängiges Triggerverfahren, der sog. Constant-Fraction-Diskriminator (CFD) in Frage. In Bild 2.1–11 ist ein CFD mit einer einfachen Hochpaßimpulsformung dargestellt. Das mittels Hochpaß 1. Ordnung impulsgeformte und invertierte Meßsignal wird dem verzögerten Originalsignal überlagert. Der Nulldurchgang t_M des so erzeugten bipolaren Summensignals $u_S(t)$ ist unabhängig von der Amplitude des Eingangssignals (siehe Bild 2.1–12).

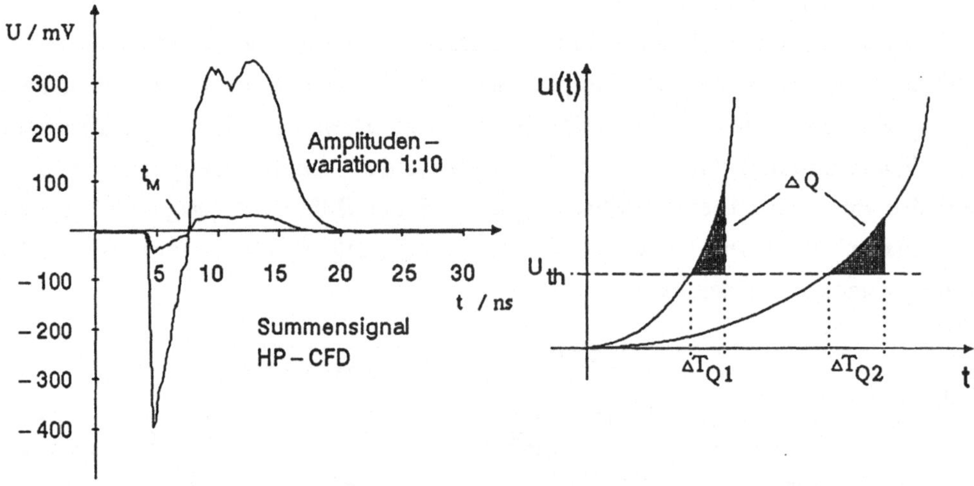

Bild 2.1–12: Nulldurchgangssignal am Komparator

Bild 2.1–13: Schwellenspannungs- und ladungsabhängiger Zeitfehler

Der nachgeschaltete Komparator erfüllt die Aufgabe eines Nulldurchgangsdetektors. Da dem Meßsignal naturgemäß Rauschen überlagert ist, benötigt man am invertierenden Eingang eine zusätzliche Schwellenspannung U_{th}. Diese Schwellenspannung führt wiederum zu Zeitfehlern, wie aus Bild 2.1–13 (Offset = – 2,5 mV) ersichtlich.

Ein weiterer Effekt ist die Ladungsempfindlichkeit des Nulldurchgangskomparators. Dieser spricht nach Überschreiten der physikalischen Schwelle erst dann verzögert an, wenn eine bestimmte konstante Überschußladung auf seine Eingänge gelangt ist (siehe Bild 2.1–13).

Als schaltungstechnische Maßnahme wird das am INV entwickelte *Offsetswitching* angewendet. Man arbeitet nicht wie üblich mit einer konstanten Schwelle, sondern schaltet zum richtigen Zeitpunkt, kurz vor dem Nulldurchgang des Sendesignals, eine zusätzliche Spannung auf den Komparatoreingang. Durch diesen Spannungsimpuls wird ein konstanter zusätzlicher Ladungsanteil zur Verfügung gestellt, der das Durchschalten des Komparators beschleunigt.

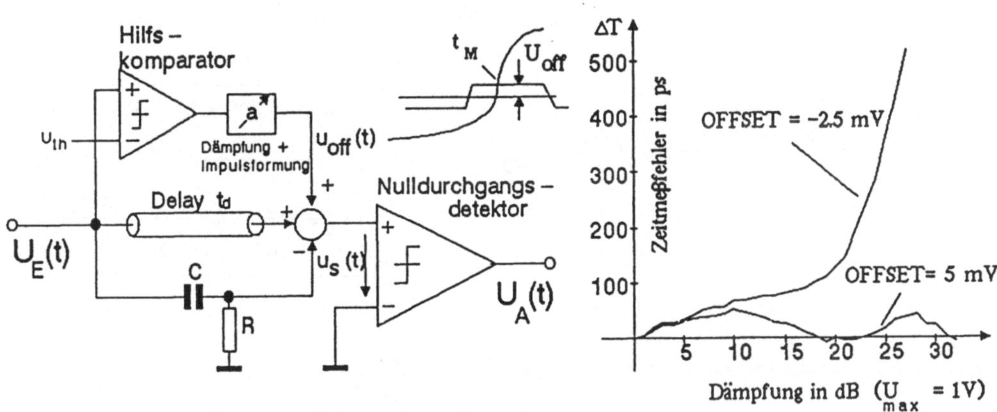

Bild 2.1–14: Verbesserung des ladungsabhängigen Zeitfehlers durch Offsetswitching

Bild 2.1–14 zeigt die Prinzipschaltung dieses Verfahrens beim CFD mit Hochpaß-Impulsformung. Durch das Aufschalten des Offsetsignals verringert sich der ladungsabhängige Zeitfehler, der im betrachteten Dynamikbereich von 1:40 etwa 400 ps beträgt, auf 50 ps ≙ 7.5 mm. Durch Begrenzung der Amplitudenschwankungen durch eine optische Dämpfungsregelung auf Dynamikbereiche zwischen 1:10 oder 1:20 erreicht man Genauigkeiten im unteren mm–Bereich.

– Impulsformung und Zeitfenster

Die in Bild 2.1–11 vereinfacht, aber funktionell richtig dargestellte Schaltung zur Impulsformung hat die Aufgabe, ein Rechtecksignal zu erzeugen, dessen Pulsdauer der Laufzeit der Laserimpulse entspricht. Das Fenstersignal "Zeitfenster" dient zum einen der Auswahl von Referenz– oder Zielmessung und zum anderen der Störunterdrückung. Störreflexionen, die außerhalb des Fensters liegen, und auf die der Komparator getriggert hat, werden nicht weiterverarbeitet.

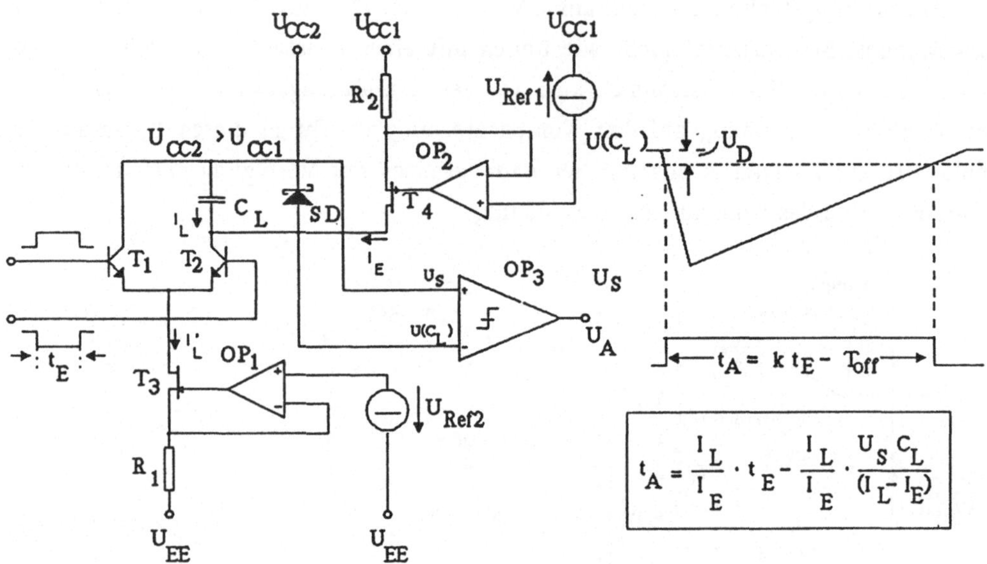

$$t_A = \frac{I_L}{I_E} \cdot t_E - \frac{I_L}{I_E} \cdot \frac{U_S C_L}{(I_L - I_E)}$$

Bild 2.1–15: Zeitdehnschaltung nach dem Dual-Slope-Verfahren

— Zeitdehnung

Bei der Anwendung des *DUAL–SLOPE*–Verfahrens zur Zeitmessung wird ein Kondensator C_L während der Zeitdauer eines Eingangsimpulses mit einem Konstantstrom (Ladestrom I_L) geladen und mit einem um den Faktor k kleineren Konstantstrom (Entladestrom I_E) entladen. Bei der Entladung vergeht dann eine k–mal größere Zeit.

Die Prinzipschaltung und der Spannungsverlauf am Kondensator sind in Bild 2.1–15 dargestellt. T_{off} entspricht der Zeit zum Durchlaufen der Schwellenspannung U_S. Diese entspricht der Durchlaßspannung der Schottkydiode SD. Der Offsetfehler T_{off} wird durch Eichmessung eliminiert. Der Zeitdehnfaktor k kann je nach Anforderung frei gewählt werden. Allerdings ist zu berücksichtigen, daß temperaturabhängige Restströme den Entladestrom verfälschen. Technisch sinnvoll sind Zeitdehnfaktoren bis etwa 1000, wenn die absolute Objektentfernung sehr genau bestimmt werden soll.

– Zeitquantisierung

Die zeitgedehnte Laufzeit von Referenz– oder Zielimpuls kann relativ einfach mit einer asynchronen Zählerkette und technisch sinnvollen Taktfrequenzen ausgezählt werden. Die Auflösung des Meßsystems ist um den Zeitdehnfaktor k erhöht worden. Wählt man $k = 512 = 2^9$, kann die notwendige Division des Zählerstandes durch k im Sensorrechner durch einfaches "Shiften" um 9 Stellen durchgeführt werden. Bei einer Quantisierungsfrequenz von 50 MHz erhält man als "Einzelschußauflösung" $\Delta R = 5.85$ mm. Bei gleich vielen Ziel– und Referenzmessungen und einer primären Meßrate von 20 kHz beträgt die Auflösung bei einfacher Mittelwertbildung über 100 Zielschüsse $\Delta R / \sqrt{100} = 0,585$ mm im 10 ms–Takt.

Für eine dynamische 3D–Konturvermessung gibt es wesentlich leistungsfähigere Algorithmen als eine gleitende Mittelwertbildung, wie später gezeigt wird.

2.1.5 Echtzeit-Sensordatenverarbeitung

Das Laserradarsystem erfordert verschiedene sensorspezifische Steuer– und Verarbeitungsabläufe, die in Echtzeit durchgeführt werden müssen und einen entsprechenden Sensorrechner erfordern. Neben der Implementierung eines speziellen sensorspezifischen Wissens wird mittels geeigneter Meßdatenverarbeitungsalgorithmen die Genauigkeit der Sensormeßdaten erhöht. Die wesentlichen Aufgaben der Sensordatenverarbeitung bestehen in der *Datenextraktion*, *Messdatenverarbeitung* und *Kommunikation*. Die Kommunikationsschnittstelle dient dem Datenaustausch sowie der Steuerung und Kontrolle des Sensorsystems durch einen externen Führungsrechner.

Wird der Lasersensor zur Entfernungsmessung bei fest definierter Ausrichtung des Sensorkopfes verwendet, ist nur die Datenschnittstelle der Zeitmeßelektronik zu berücksichtigen. Für die 3D–Objekterfassung muß der Laserstrahl auf der Objektoberfläche bewegt werden. Dazu wird ein geeigneter x/y–Scanner verwendet. Durch Bestimmung eines Entfernungsmeßwertes an den jeweilig eingestellten x/y–Koordinaten wird ein Höhenprofil des 3D–Objekts erstellt. Dazu werden die x/y–Werte mit Hilfe von Positionssensoren erfaßt. Durch die Synchronisation der Entfernungsmeßdaten mit den Positionsdaten können die Konturdaten des 3D–Objekts extrahiert werden.

Das Laserradar ist eine Kombination des Abstandssensors, des x/y–Scanners mit Positionssensoren und des Sensorrechners.

2.1.5.1 Datenextraktion

– Datenstrukturen

Die Datenstruktur ist nachfolgend in Form einer Datentypdeklaration für die Referenzmessung (*RSen*) und die Zielmessung (*ZSen*) angegeben. Mit *PSen* wird die Datenstruktur des Positionssensors bezeichnet.

Vom Sensorrechner gelieferte Daten:

```
RSen, ZSen   = RECORD
   ident     : BOOLEAN
   ASlow     : BOOLEAN
   AShigh    : BOOLEAN
   Amp       : BYTE
   TData     : CARDINAL
```

Vom Scanner gelieferte Daten:

```
PSen    =   RECORD
Xpos    :   CARDINAL
Ypos    :   CARDINAL
```

3D–Konturdaten:

```
KData   =   RECORD
RData   :   REAL
ZCount  :   CARDINAL
POS     :   PSen
```

Über ident := FALSE werden die Referenzmeßwerte identifiziert und mit ident := TRUE die Zielmeßwerte. Unter der Bedingung $ASlow \wedge \neg AShigh$ werden die Datenobjekte, insbesondere der jeweilige Entfernungsmeßwert *TData*, für die Verarbeitung akzeptiert. Mit *Amp* steht weiterhin die Information über die gerade aktuelle Empfangsamplitude zur Verfügung, die zur Korrektur oder zur Unterscheidung des Reflexionsverhaltens auf der Objektoberfläche verwendet werden kann. Der von der Meßelektronik bestimmte Zeitmeßwert *TData* ist ein 16– bzw. 24Bit–Wert. Bei der Meßdatenverarbeitung wird u.a. eine Umrechnung der Zeitgröße in eine Entfernungsgröße *RData* durchgeführt. Der Positionssensor liefert die x/y–Daten Xpos, Ypos.

Nach der Datenextraktion stehen die einzelnen Konturdaten, bestehend aus den x/y–Positionsdaten und der Entfernungsgröße Z_{LS}, als Wertetripel (X_{SC}, Y_{SC}, Z_{LS}) zur Verfügung. Die entsprechende Datenstruktur *KData* enthält als zusätzliches Datenobjekt *ZCount*, welches die Anzahl der Abstandsdaten für die jeweilige Scannerposition repräsentiert und in Glg. 2.1.1 mit M_z bezeichnet ist. Da die Meßrate des Lasersensors fest definiert ist, kann mit Hilfe von *ZCount* auch die Scangeschwindigkeit bestimmt werden.

Die Prinzipstruktur der Sensordatenverarbeitung ist in Bild 2.1–16 dargestellt.

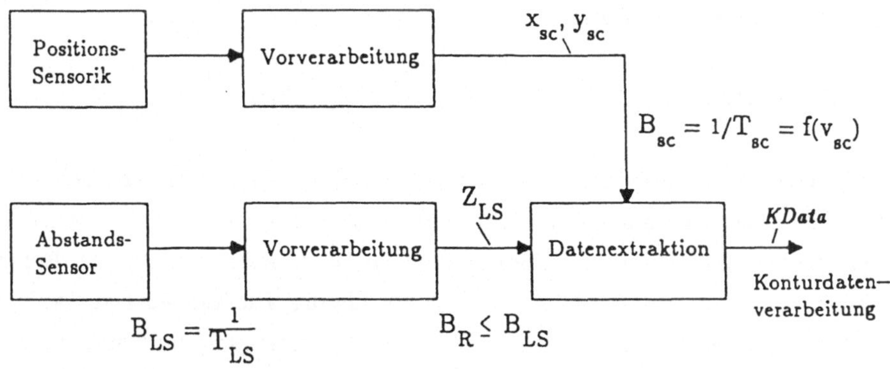

Bild 2.1–16: Prinzipstruktur der Sensordatenverarbeitung

– Zeitanalyse

Zur Definition der Echtzeit in dem Sensorsystem sind die beiden Datenraten des Lasersensors B_{LS} und des Positionssensors B_{sc} heranzuziehen. Die Datenrate des Lasersensors wird durch die eingestellte Meßfrequenz (Sendertriggerfrequenz f_{prf}) festgelegt und beträgt derzeit max. 20 kHz. Die Datenrate des Positionssensors ist eine dynamische Größe und hängt von der aktuellen Scangeschwindigkeit v_{sc} ab. Aufgrund der speziellen Realisierung des Positionssensors werden nur neue Positionsdaten geliefert, wenn mindestens ein aktuelles Datenobjekt von dem zuletzt ermittelten *PSen* verschieden ist. Durch die Dynamisierung dieser Datenrate lassen sich unterschiedliche Zustände bei der Echtzeitdatenverarbeitung definieren. Bei langsamen Scanbewegungen oder stehendem Scanner ergibt sich eine entsprechend geringe Datenrate und die freie Rechenzeit kann anderweitig genutzt werden. Die Meßrate des Abstandssensors ist wesentlich höher als die Meßrate des Positionssensors ($T_{LS} << T_{sc}$).

Abstandssensor:	$B_{LS} = 1/T_{LS}$	Datenabstand $T_{LS} = 1/f_{prf}$
Positionssensor des Scanners:	$B_{sc} = 1/T_{sc}$	Datenabstand $T_{sc} = f(v_{sc})$

2.1.5.2 Meßdatenverarbeitung

– Konturdatenerfassung

Bei der Sensordatenverarbeitung ist entsprechend Bild 2.1–16 zwischen der Vorverarbeitung der Meßdaten und der Konturdatenverarbeitung nach der Datenextraktion zu unterscheiden. Aufgrund der unterschiedlichen Datenraten steht für die Echtzeitverarbeitung der Konturdaten mehr Zeit zur Verfügung. Die kleinen Datenankunftsabstände T_{LS} (50 bis 100 μs) bei der Meßdatenvorverarbeitung erlauben nur die Ausführung von relativ einfachen Algorithmen.

Geht man im Verhältnis zur Scangeschwindigkeit von einem praktisch ruhenden 3D–Objekt aus, wird für jede einzelne Scannerposition eine Entfernungsmessung zu einem Objektpunkt *konstanter* Entfernung durchgeführt. In Bild 2.1–17 wird dieser Zusammenhang verdeutlicht, wobei Glg. 2.1.1 in Abhängigkeit von der Scangeschwindigkeit die Anzahl der Abstandswerte pro Konturpunkt definiert. Unter diesen Voraussetzungen kann zur Unterdrückung der Meßstörungen eine einfache Mittelwertbildung für die Datenvorverarbeitung verwendet werden. Die Meßstörungen können als mittelwertfrei und gaußverteilt angenommen werden. Die Ausführungszeiten für eine rekursive Mittelwertbildung mit dem Signalprozessor TMS 320C25 betragen bei einer Real–Arithmetik ca. 30μs und bei einer Doppelwort Fixedpoint–Arithmetik ca. 23μs.

$$M_Z = \left[\frac{Q_{sc}}{T_{sc} \cdot v_{sc}} \right] \qquad (2.1.1)$$

M_z Anzahl der Entfernungsmeßdaten pro Konturpunkt

Q_{sc} Positionsabstand zwischen zwei Konturpunkten

T_{sc} Datenankunftsabstand der Entfernungsmeßdaten

v_{sc} Scangeschwindigkeit

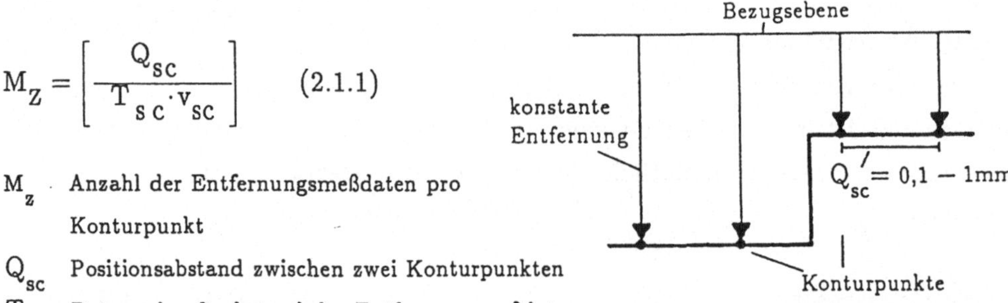

Bild 2.1–17: Entfernungsmessung einzelner Konturpunkte

Für die Konturdatenverarbeitung werden die Daten einer zusammenhängenden Konturlinie verarbeitet, ebenso wird eine zweidimensionale Verarbeitung in Zeilen– und Spaltenrichtung vorgenommen. Letztere kann allerdings nur sinnvoll durchgeführt werden, wenn eine ausreichende Anzahl von Daten in Zeilen– und Spaltenrichtung vorliegt. Wird z.B. eine Konturverfolgung durchgeführt, erhält man nur *eine* zusammenhängende Konturlinie (s.a. Bild 2.1–20). Auf die einzelnen Algorithmen der Konturdatenverarbeitung kann an dieser Stelle nicht eingegangen werden. Die Laufzeit für ein Kalman–Filter mit Kantendetektion hängt von verschiedenen Parametern ab und beträgt auf einem Signalprozessor TMS 320C25 weniger als 3ms pro Filterzyklus.

Spezielle Algorithmen für die Konturrestauration wurden für die Echtzeitverarbeitung bisher nicht implementiert.

– Meßwertverarbeitungsalgorithmen für die 3D–Konturerfassung

Die schnelle Meßdatenvorverarbeitung spielt zur Genauigkeitsverbesserung bei allen Konturverarbeitungsproblemen eine bedeutende Rolle. Dabei kann sowohl die in der hohen Meßrate von ca. 20kHz enthaltene Redundanz als auch die in der unmittelbaren Meßpunktnachbarschaft enthaltene Information durch die Meßwertverarbeitung zur Fehlerreduktion ausgenutzt werden. Kalman–Filter lösen diese Aufgabe in hervorragender Weise. Sie sind, anders als die häufig verwendeten Mittelwertbildungsalgorithmen, für eine wesentlich breitere Klasse von Verarbeitungsproblemen optimal und weisen gegenüber anderen Verfahren eine wesentlich größere Leistungsfähigkeit auf. Die generelle Problematik bei der Realisierung von Kalman–Filteralgorithmen für die On–line–Datenverarbeitung liegt nun aber in den Anforderungen, die diese Algorithmen in Bezug auf die Hardwareleistungsfähigkeit stellen. Der Filteraufwand hängt bei Kalman–Filtern ganz wesentlich von der Komplexität des zugrundeliegenden Problems und seiner Modellierung ab, kann aber nicht beliebig reduziert werden, ohne einen Verlust der Filtergüte in Kauf zu nehmen. Ein spezielles Problem bei der Anwendung von Kalman–Filtern bei Konturmeßproblemen resultiert daraus, daß technische Konturen neben Rundungen auch Schrägen und Kanten besitzen, die im Meßwertverlauf zu Sprüngen und Knicken führen. Solche Inhomogenitäten sind modellmäßig nicht durch vektorielle Gauß–Markov–Prozesse zu beschreiben, die aber für die Modellbildung beim Einsatz von Kalman–Filtern Voraussetzung sind. Die Lösung dieser Problematik wird durch die Verwendung eines modifizierten Kalman–Filteralgorithmus, des sogenannten am Institut entwickelten "Switched Kalman–Filters" erreicht, welches in /8/ eingehend und detailliert beschrieben wird.
Dabei wird aus einem Datenfenster mit Hilfe eines verallgemeinerten Maximum–Likelihood Test– und Schätzverfahrens ein Schätzwert für einen möglichen

Sprung ermittelt. Der Sprungschätzwert wird dann von dem "Switched Kalman–Filter" als deterministische Eingangsgröße verwendet, wobei die Unsicherheit dieser Kantenschätzung durch eine modifizierte Prädiktionskovarianzgleichung berücksichtigt wird.

Ein Beispiel für die Fehlerunterdrückung des Switched Kalman–Filters bei experimentell gewonnenen Meßdaten des Laserabstandssensors ist in Bild 2.1–22 dargestellt.

2.1.5.3 Kommunikationsschnittstelle

– Logische Schnittstelle

Mit Hilfe einer geeigneten Kommandostruktur lassen sich verschiedene Parameter des Sensorsystems einstellen. Dadurch kann z.B. eine dynamische Anpassung an verschiedene Betriebszustände des sensorgeführten Systems (z.B. eines Roboters) erfolgen. Der wesentliche veränderbare Parameter ist die Datenrate des Sensorsystems. Die maximale Datenrate entspricht der Meßrate der Abstandssensor–Hardware. Bei der maximalen Datenrate wird dementsprechend keine Datenvorverarbeitung durch den Sensorrechner vorgenommen. Bei einer geringeren Datenrate des Sensorsystems wird eine Datenvorverarbeitung und eine entsprechende Datenreduktion vorgenommen. Für die Datenvorverarbeitung lassen sich verschiedene Algorithmen auswählen, wobei die Datenreduktion z.B. durch Mittelung der Ausgabedaten erfolgen kann. Weiterhin können die verarbeiteten Amplitudendaten (Amplitude des opt. Empfangssignals) ausgegeben werden, um z.B. eine Reflexionsanalyse (3D–Grauwertbild) durchführen zu können. Wahlweise werden die Referenz– oder die Zieldaten ausgegeben. Mit Hilfe der Referenzdaten läßt sich eine Funktionsprüfung der Meßhardware sowie verschiedene Datenanalysen durchführen.

Unter Berücksichtigung eines Scanners stehen die aktuellen Positionsdaten ständig zur Verfügung, wobei die Konturdaten in der strukturierten Form *KData* bereitgestellt werden. Die Konturdatenverarbeitung hängt von der jeweiligen Anwendung ab und wird nicht von dem Sensorrechner durchgeführt. Für die Steuerung des Scanners stehen verschiedene Kommandos zur Verfügung.

2.1.6 Experimentelle Ergebnisse

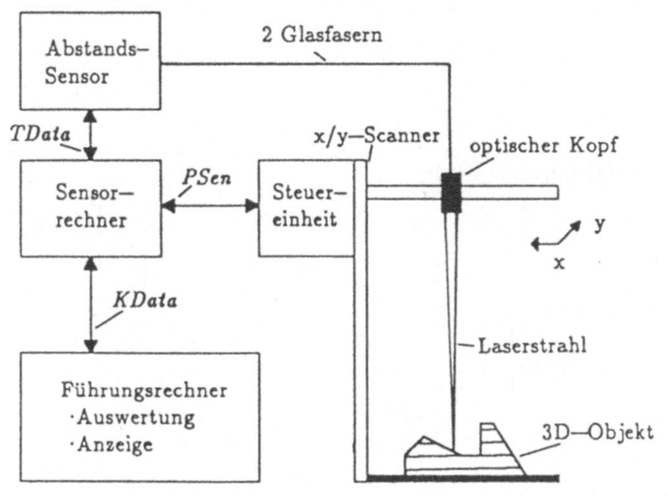

Für die experimentellen Untersuchungen bei der 3D–Objekterfassung wurde eine einfache Testumgebung entsprechend Bild 2.1–18 aufgebaut. Der Positionssensor des linearen x/y–Scanners besitzt eine Auflösung von $Q_{sc} = 1$ mm und eine maximale Scangeschwindigkeit von ca 14 cm/s.

Bild 2.1–18: Versuchsaufbau für die 3D–Objekterfassung

2.1.6.1 Anwendungsbeispiel Konturverfolgung

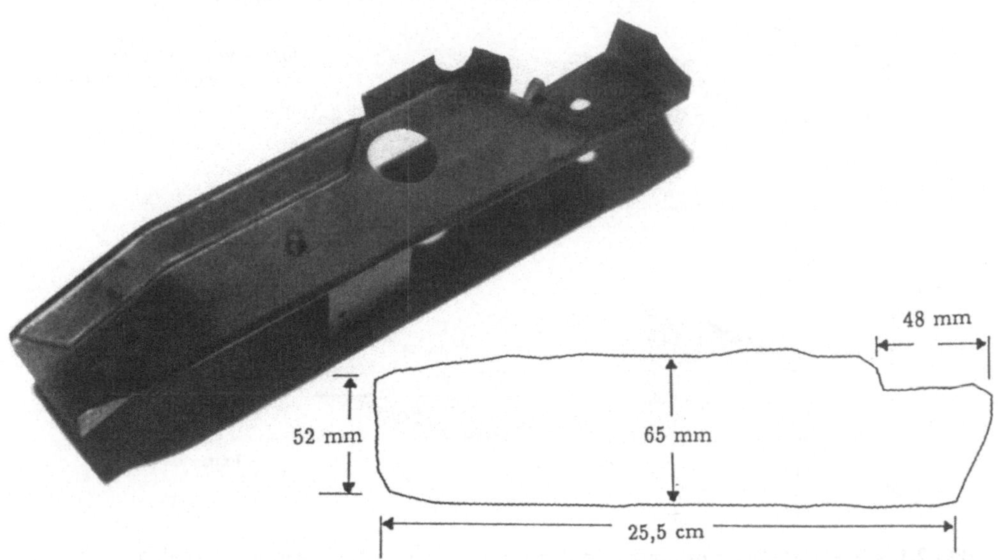

Bild 2.1–19: Reales 3D–Objekt
(Stanzblechkonstruktion)

Bild 2.1–20: Äußerer Kantenzug des Objekts (nur xy–Positionsdaten)

192

Bei diesem Beispiel wird der äußere Kantenzug eines 3D–Objektes (Stanzblechkonstruktion in Bild 2.1–19) erfaßt. Ausgehend von dem ersten detektierten Konturpunkt des 3D–Objekts verfolgt das Laserradar in Relation zu der xy–Bezugsebene den äußeren Kantenzug und ermittelt zugleich die Abstandsdaten. Dieser dreidimensionale Kantenzug wird in Bild 2.1–20 ohne Höhendaten in der xy–Ebene dargestellt.

2.1.6.2 Anwendungsbeispiel 3D-Objekterfassung

Höhe des Metallwinkels 23 mm

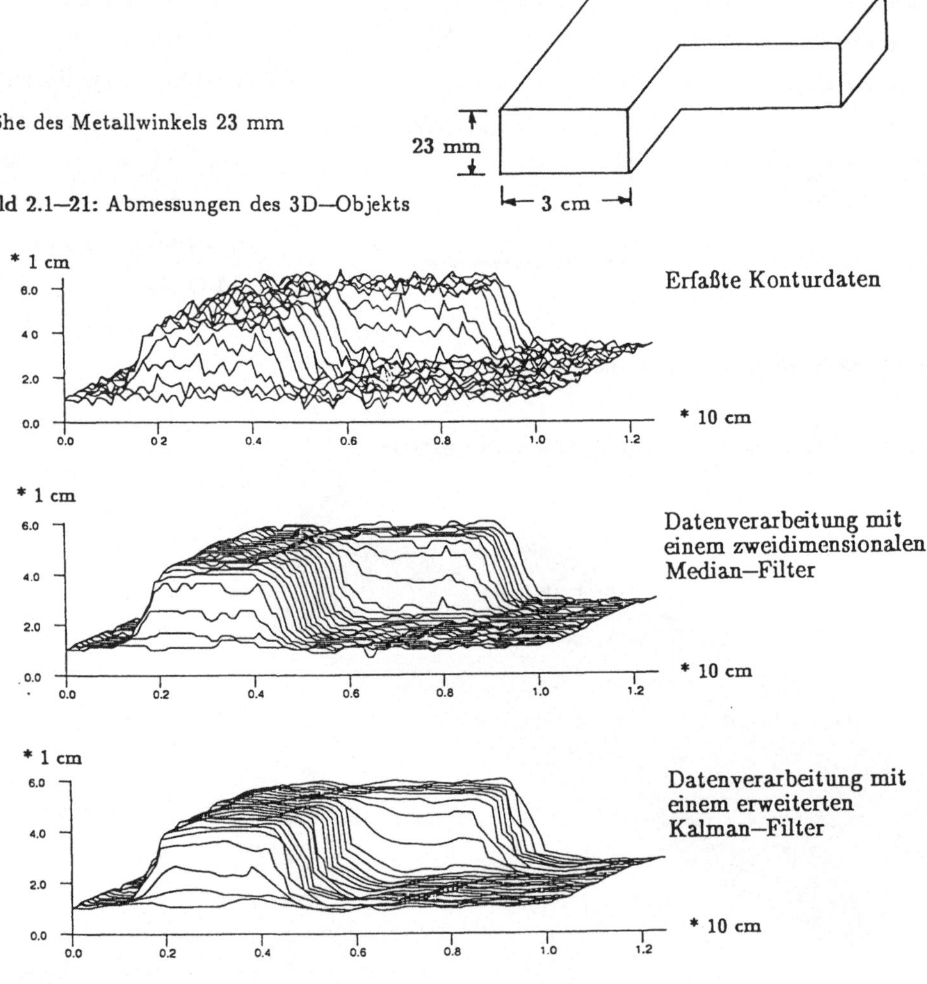

Bild 2.1–21: Abmessungen des 3D–Objekts

Bild 2.1–22: Verarbeitung der mit dem Sensorsystem aufgenommenen Konturdaten

Nachdem ein 3D–Objekt bezüglich bestimmter äußerer Abmessungen vermessen wurde, werden in diesem Beispiel einzelne Scanlinien mit vorgebbarem Abstand von dem Objekt aufgenommen. Bei dem Objekt handelte es sich um einen Metallwinkel entsprechend Bild 2.1–21. Der optische Meßkopf wurde dabei in einer Ebene ca. 80 cm über dem 3D–Objekt bewegt.

In diesem Zusammenhang ist darauf hinzuweisen, daß die mögliche Meßentfernung nicht durch das Meßprinzip bestimmt wird, sondern durch die verwendete Optik des Meßkopfes. Durch den Scanvorgang erhält man ein an die Objektgröße angepaßtes, zweidimensionales Datenfeld. In Bild 2.1–22 sind verschiedene Stufen der Meßdatenverarbeitung dargestellt, auf die hier nicht weiter eingegangen werden kann.

2.1.7 Wertung und Ausblick

Durch eine Reihe von Neuentwicklungen im optischen, elektronischen, Hardware– und Software–Bereich wurde erreicht, das daß beschriebene Laserradar–Konzept heute als geeignet angesehen werden kann. Besondere Eigenschaften wie die Zielauswahl, die absolute Genauigkeit von 1–5 mm, die praktisch unabhängig von der Entfernung ist, die hohe Meßrate und die einfache Scan–Möglichkeit des Sensorkopfes lassen eine industrielle Weiterentwicklung sinnvoll erscheinen.
Die gewonnenen Erkenntnisse zeigen, daß für den Bereich der On–Line–3D–Objekterfassung und Konturverfolgung (in Verbindung mit leistungsfähiger Meßdatenverarbeitung) für größere Entfernung z. Zt. kein konkurrenzfähiges Verfahren existiert. Ein Multisensorkonzept bestehend aus einem 2D–System mit CCD–Kamera und dem beschriebenen Pulslaserradar erscheint besonders attraktiv. Für den Nahbereich von ca. 0–2 m hingegen kann eine 3D–Konturerfassung mit wesentlich höherer Geschwindigkeit auf der Basis des Lasertriangulationsverfahrens durchgeführt werden. Als Spin–off dieses Forschungsprojektes wurde in Siegen die Firma SenTec GmbH von Mitarbeitern des INV gegründet.

Literaturverzeichnis

1   Schwarte, R. 'Performance Capabilities of Laser Ranging Sensors', Proc. of the ESA Workshop SPLAT, Les Diablerets, March 1984

2   Schwarte, R. 'A New Concept for a Precise and Versatile Laser Range Finder and Optical Radar, Conference Proc. Laser 85, München, 1985

3   Schwarte, R. 'Implementation of an Advanced Laser Ranging Sensor Concept', Proc. IAF Conference, Stockholm, 1985

4   BMFT-Verbundprojekt 'Intelligente Sensorsysteme für die Handhabungstechnik' Teilprojekt (FT 2.420) Protokoll- und Ergebnisberichte der Verbundteilnehmer, halbjährlich bis März 1988

5   Schwarte R. 'Dreidimensionale optische Sensoren für die Robotertechnik: Stand und Perspektiven', Kommtech '87, Kongress 1 (Roboter- und Sensortechnik), Essen, Mai 1987

6   Baumgarten, V. und Graf, W. 'Entwicklung schneller Signalauswerteelektronik', Abschlußbericht des Forschungsvertrages MBB R1231/3503 R, Siegen, Mai 1986

7   Loffeld, O. and Hartmann, K. 'Technical Assistance for the Use of Kalman Filtering in Spaceborne Laser Diode Rangefinders', Final Report ESTEC Contract Number 6120/84/NL/PR, July, 1986

8   Loffeld, O. 'Ein neuartiges 'Switched' Kalman-Filter mit geringer Wortbreite für die hochauflösende Entfernungsmessung nach dem Laserpuls-Laufzeitverfahren', Dissertation zur Erlangung des akademischen Grades Doktoringenieur (Dr.-Ing.), Siegen, Sep. 1986

9   Loffeld, O. 'A Switched Kalman Filter for the Implementation on Microprocessor Units for On-line Applications', Proc. IASTED International Symposium Applied Signal Processing and Digital Filtering, Paris, June 1985

10   Loffeld, O. 'A New Switched Kalman Filter For 3D-Contourmeasuring With A Laser Diode Range Finder', Proc. ASST '87, 6. Aachener Symposium für Signaltheorie, Informatik Fachberichte Nr. 153, Springer 1987

11   Graf, W. 'Fiber Optics and Receiver Design for A High Resolution Pulsed Laser Radar', Proc. IMEKO 13th International Symposium on Photonic Measurement, Hamburg, Sep. 1987

12   Bundschuh, B. and Hartmann, K. 'A Multichannel Sensor-Concept for 3D-Contour Detection and the Influence of the Optical Subsystem', Proc. 3th International Conference Sensoren, Technologie und Anwendungen, Bad Nauheim, March 1988

13   Hartmann, K. 'Distributed Diagnostic and Reconfiguration Strategies in a Laser-Radar System', Proc. 5th International Symposium on Technical Diagnostics, Paderborn, Oct. 1987

14   Hartmann, K. 'Sensordatenverarbeitung für die 3D-Objekterfassung in einem Laserradar-System unter Berücksichtigung von Parallelisierung und Fehlertoleranz', Dissertation zur Erlangung des akademischen Grades Doktoringenieur (Dr.-Ing.), Siegen, Feb. 1989

2.2 Taktile Sensorarrays für multisensorielle Greifsysteme

D. Schmid, H. Hardter und E. Michalak, Aalen

Zusammenfassung

Die Funktion neuer taktiler Sensorarrays in Verbindung mit Kraftsensoren und Greifern wird beschrieben. Eine Besonderheit ist die serielle Datenübertragung zu einer Mikroprozessorplatine. Zur Visualisierung der Berührungsmuster dient ein kleiner Monitor. Die Mustererkennung erfolgt mit üblichen Techniken des Vergleichs mit Referenzmustern.

Neue Kinematiken für Fingergreifer ermöglichen ein Anpassen an die Gestalt der Greifobjekte. Die Integration von Sensoren für Fingerposition, Objektberührung, Greifkraft, Objektdistanz und der Kräfte im Handwurzelflansch zeichnen die multisensoriellen Greifsysteme aus. Der Antrieb der Greifer erfolgt mit Pneumatik-Zylindern oder Eletromotoren oder Memory-Metall-Antriebselementen.

2.2.1 Einleitung

Mit Hilfe taktiler Sensorarrays, welche auf Greifbacken oder Abtastwerkzeugen montiert sind, und einer speziellen Auswerteelektronik, werden Robotersysteme intelligent, d.h. erkennend. Gegriffene oder angetastete Gegenstände können hinsichtlich ihrer Kanten, ihrer Lage und gegebenenfalls auch bezüglich ihrer Textur erfaßt werden /1/. In Verbindung mit Kraftsensoren können Werkstücke feinfühlig gegriffen und bei Fügevorgängen kraftgeregelt geführt werden. Der Monitor (Bild 2.2-1) zeigt die Berührflächen beim Greifen eines keilförmigen Werkstücks (Bild 3.2-2). Die Werkstückumrißlinien sind entsprechend der groben Rasterung der taktilen Arrays mit 96 taktilen Elementen (Takteln) je Fläche auch deutlich gerastert.

Zur Umsetzung der Berührkraft in elektrische Signale gibt es mehrere Möglichkeiten. Bekannt sind vorallem die Verwendung von Leitgummi, mit dem Effekt der Änderung des ohmschen Widerstandes, Kapazitätselemente mit dem Effekt der Kapazitätsänderung bei Berührung /2/ und die Verwendung piezoresistiver Röhrchen /3/.

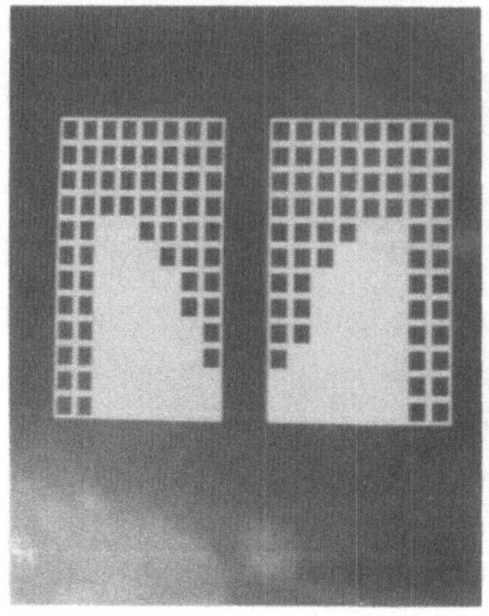

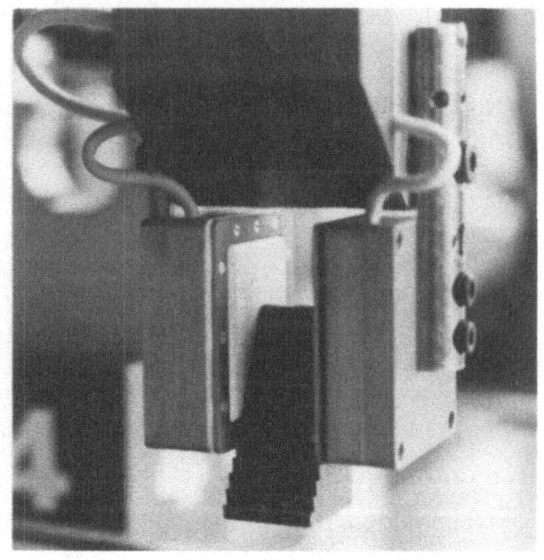

Bild 2.2-1: Monitoranzeige beim Greifen
eines keilförmigen Gegenstandes

Bild 2.2-2: Greifen eines keilförmigen
Werkstücks mit pneumatisch ange-
triebenem Parallel-Backengreifer

2.2.2 Taktile Arrays

Aufbau und Funktion des taktilen Arrays

Ein durch Druckkraft elektrisch leitend werdender Gummi bewirkt einen Stromfluß durch die jeweiligen Elektroden (Bild 2.2-3). Jede Elektrode entspricht einem Taktel. Die Abfrage der Takteln erfolgt durch eine Multiplexer-Elektronik (Bild 2.2-4), welche die einzelnen Berührinformationen sowohl zwischenspeichert als auch seriell überträgt. Die Zykluszeit für die Übernahme der Daten eines kompletten Arrays mit 96 Takteln liegt bei weniger als 1 ms. Mehrere Arrays können über dieselbe Mikroprozessorplatine abgefragt werden. Die Information steht somit praktisch ständig zur Verfügung und wird anwenderspezifisch wahlweise über die V.24-Schnittstelle oder die IEC-Bus-Schnittstelle direkt oder vorverarbeitet weitergegeben. Auch ist eine Datenvorverarbeitung zur Objekterkennung in der Prozessorplatine möglich.

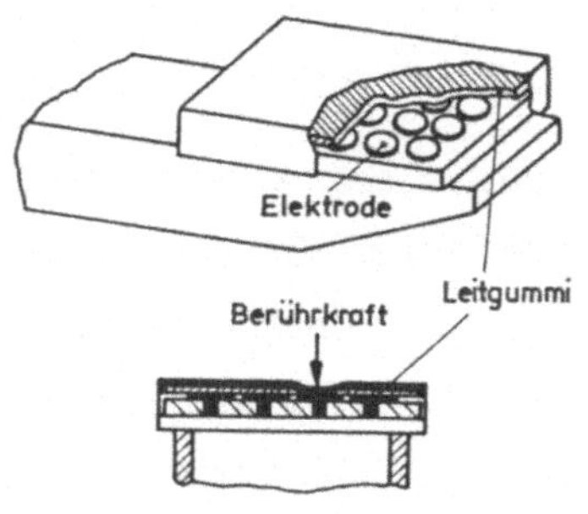

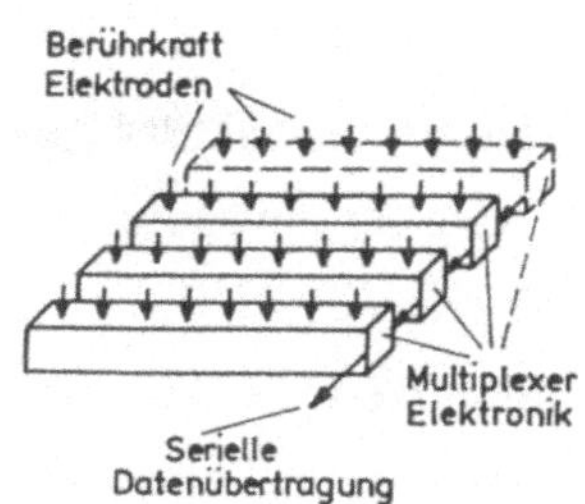

Bild 2.2-3: Aufbau des taktilen Arrays (Prinzip)

Bild 2.2-4: Ansteuerung der Takteln durch eine Multiplexer-Elektronik

Der mechanische Aufbau der taktilen Arrays ist so gestaltet, daß sich auf der Vorderseite einer kleinen Leiterplatine die Berührelektroden befinden und auf der Rückseite die Multiplexer-Elektronik. Diese ist mit SMD-Bausteinen ausgeführt. Auf diese Weise erhält man sehr flach bauende taktile Arrays (Bild 2.2-5). Sie können sehr vorteilhaft in die Greifbacken eines Robotergreifers integriert werden.

Die Echtzeitdarstellung der Berührinformationen am Monitor bewährte sich als gutes Hilfsmittel beim Einprogrammieren von Referenzmustern. Diese Referenzmuster bleiben auch bei ausgeschalteter Mikroprozessorplatine durch batteriegepufferte Speicherbausteine bzw. ein Diskettenlaufwerk erhalten.

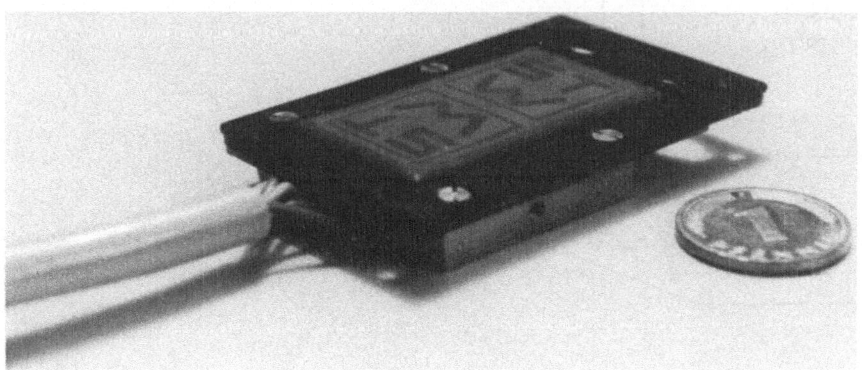

Bild 2.2-5: Taktiles Sensorarray für 32 Takteln als Einbauelement ausgeführt

Kraftsensoren

Die Kombination der taktilen Sensorarrays mit Kraftsensoren erlaubt eine Tastbewegung bzw. Greiferbewegung unter Kraftkontrolle. Einerseits ist eine bestimmte Anpreßkraft erforderlich um mit den taktilen Arrays sicher Berührflächen abbilden zu können, andererseits ist eine in Grenzen nachgebende Berührfläche günstig, damit auch nicht exakt ebene und zur Greifbacke parallel liegende Werkstückflächen ertastet werden können.

Das Sensorarray ist daher elastisch durch Federn nachgebend gelagert (Bild 2.2-6). Diese Elastizität dient gleichzeitig der Kraftmessung. Magnetische Wegsensorelemente erfassen die Verlagerung des Sensorarrays so, daß die senkrecht auf das taktile Sensorarray wirkende Kraft bestimmt wird und zwar unabhängig vom Kraftangriffspunkt. Die so ermittelte Kraft wird mit einer Auflösung von 8 bit, demselben Takt und über dieselbe Leitung wie die Berührinformation der taktilen Arrays seriell mitübertragen. Somit steht auch die Kraftinformation mit Zykluszeiten kleiner als 1 ms ständig zur Verfügung. Die Visualisierung der Kraft erfolgt durch eine Balkenanzeige am gleichen Monitor.

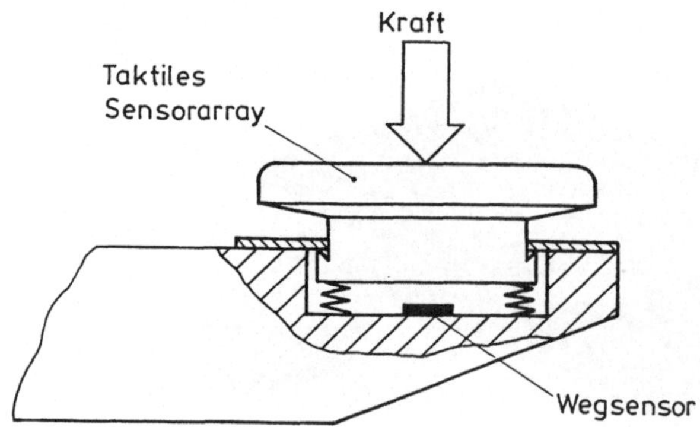

Bild 2.2-6: Integrierte Kraftmessung

Beim Einprogrammieren von Referenzmustern wird die Kraftinformation mit abgespeichert. Dies ermöglicht ein automatisiertes Greifen mit objektbezogener Kraft.

2.2.3 Adaptive multisensorielle Greifer

Parallelbackengreifer

Die taktilen Sensor-Arrays können mit Greifern unterschiedlicher Komplexität kombiniert werden. Die einfachste Anordnung liegt in Verbindung mit einem Parallelbackengreifer (Bild 2.2-2) vor. Durch die zusätzliche nachgebende Kraftsensorik wird auch hier bei nicht exakt planparallelen Werkstücken ein satter Oberflächenkontakt hergestellt.

Adaptive 3-Finger-Greifer

Mit dem adaptiven 3-Finger-Greifer (Bild 2.2-7) gelingt ein Umfassen sehr komplexer Werkstücke. Die mehrgliedrigen Finger werden über Seilzüge und je einem Pneumatikzylinder oder alternativ über Linear-Memory-Antriebselemente (Bild 2.2-8) angetrieben. Letztere erlauben allerdings wegen der relativ langen Abkühlungszeiten nur Greifbewegungen im zeitlichen Abstand von etwa einer Minute und kommen daher für industrielle Anwendungen nicht in Betracht.

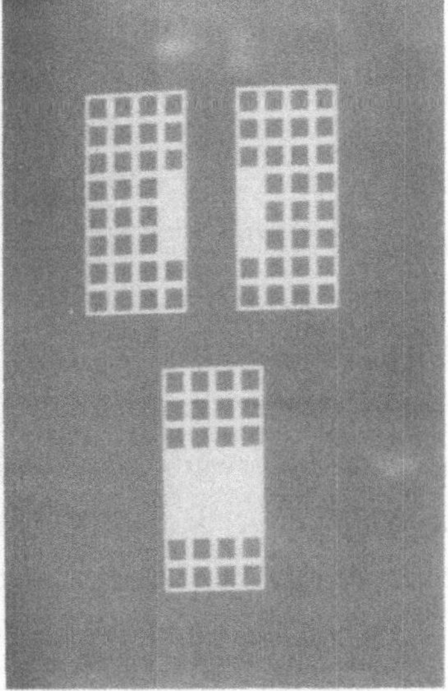

Bild 2.2-7: Dreifingergreifer mit 32 Taktel-Sensorarrays pro Finger beim Greifen von Drehteilen

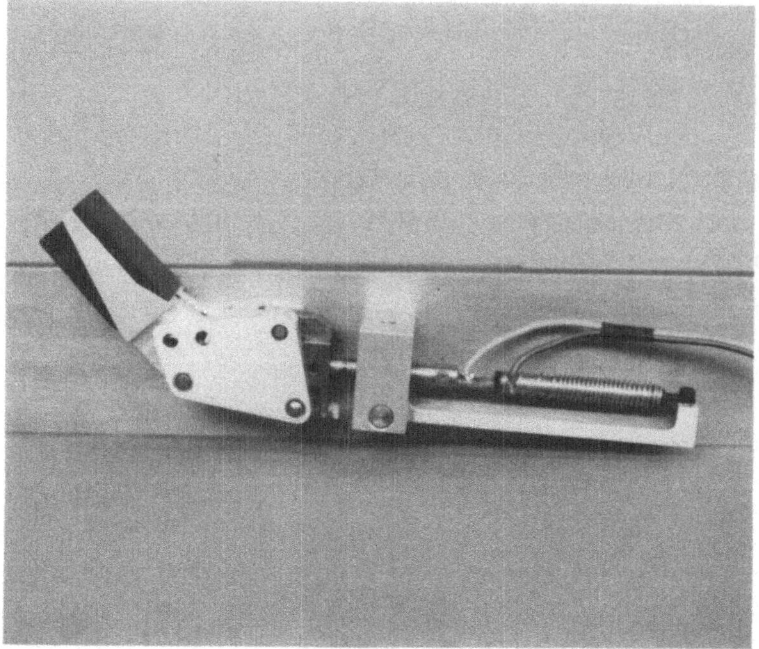

Bild 2.2-8: Finger mit Memory-Antrieb

Doppelgreifer

Die Kombination der taktilen Sensor-Arrays mit einem elektrisch angetriebenen
Doppelgreifer (Bild 2.2-9) erlaubt einen sehr vielfältigen Einsatz. Die Schließ- und
Öffnungsbewegung der Greifzangen kann durch eine integrierte Positionsmessung
individuell gesteuert werden. Sogar ein Vermessen der Greifobjekte ist dadurch möglich. Ein im Greiferzentrum untergebrachter Ultraschallentfernungsmesser ermöglicht
einerseits das Abscannen von Objektprofilen und andererseits eine zielgerichtete
Steuerung beim Greifen von Objekten. Die Doppelzange erlaubt ferner eine schnelle
Beschickung von Arbeitsmaschinen, da mit dem einen Zangengreifer Rohteile vorge-
halten und mit dem anderen Zangengreifer Fertigteile entnommen werden können.
Die Signalübertragung der Sensorsignale Zangenposition, Fingerkraft und Objektberührung erfolgt nach elektronischer Vorverarbeitung seriell.

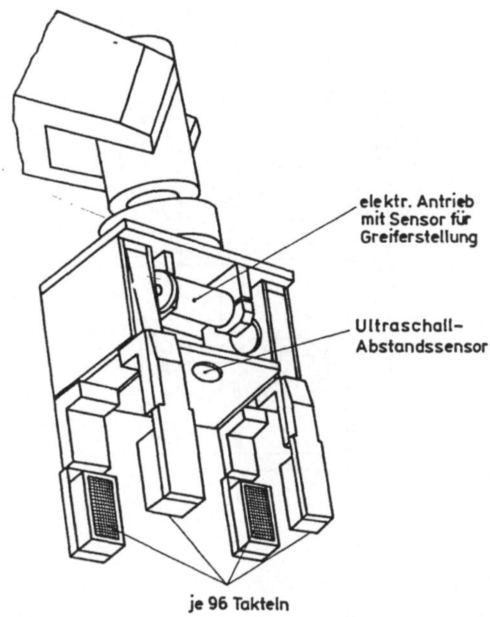

Bild 2.2-9: Doppelgreifer mit elektrischem Antrieb für jede Greifzange

Drei-Finger-Greifer mit umstellbarer Kinematik

Eine Besonderheit des 3-Finger-Greifers (Bild 2.2-10) ist die umstellbare Kinematik. Die Bewegung der vorderen Fingerglieder erfolgt über ein verspanntes Zahnradgetriebe, wobei entweder zwei oder (umstellbar) drei Zahnräder in der Antriebskette liegen. Damit kann man mit diesem Greifer einerseits eine "umschließende" Greifbewegung oder andererseits eine "parallelschließende" Greifbewegung ausführen.

In Verbindung mit zusätzlichen nachgebenden Kraftsensoren in der Handwurzel erlaubt dieser multisensorielle Greifer das Erfassen der gesamten Handhabungskräfte in drei kartesischen Handwurzelkoordinaten. Die taktilen Arrays mit integrierten Kraftsensoren machen das Erfassen der Berührpunkte des Greifobjekts, das individuelle positionierbare Steuern eines jeden Greiffingers und das individuelle Steuern der Berührkraft eines jeden Fingers möglich.

Der Fingerantrieb erfolgt für jeden Finger einzeln über je einen Elektromotor. Greifobjekte können durch die Einzelantriebe zentrisch oder auch exzentrisch zum Handwurzelflansch gegriffen oder abgelegt werden.

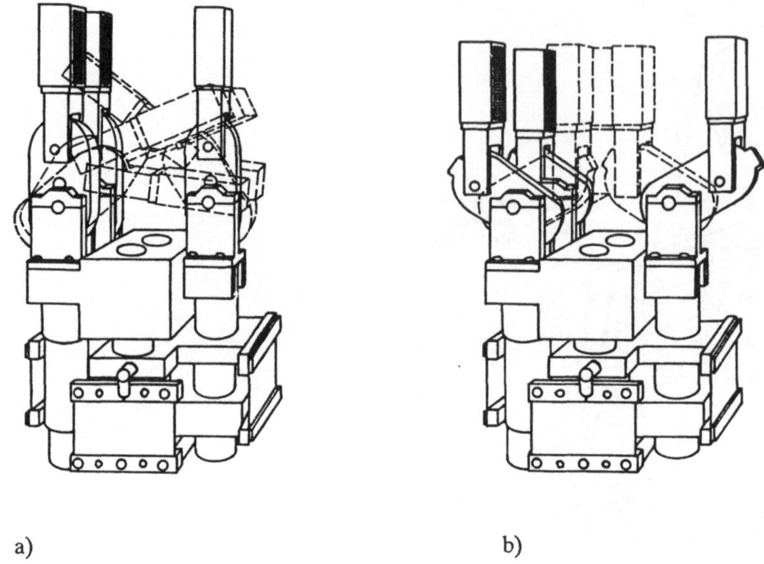

a)   b)

Bild 2.2-10:   Fingergreifer mit umstellbarer Kinematik
               für umschließendes Greifen (a) und paralleles Greifen (b)

2.2.4 Ausblick

Mit Hilfe taktiler Sensorarrays und integrierten Kraftmeßelementen können Greifer feinfühlig und mustererkennend gestaltet werden. Die vorliegenden Sensorelemente haben einen Taktelabstand von 4,0 mm. Eine Verkleinerung des Taktelabstandes auf ca. 1,6 mm und dementsprechend eine Erhöhung der Anzahl der Takteln auf etwa 1000 pro Array-Element ist in Vorbereitung.

Literaturverzeichnis

1   Y. NOF, Shimon: Handbook of Industrial Robotics.
         John Wiley & Sons, New York.
         Chister. Brisbane.Toronto.
         Singapore 1985, S. 220 ...228.

2   G. Gräbner: Sensoren mit taktiler Matrix
         Hard and Soft,
         April 1987, S. XII bis XIV.

3   Warnecke,H.J.,Lindner,H. u. Gläss,W.: Integriertes
         sensorgeführtes Robotersystem
         Robotersysteme 4, 1-8 (1988)

2.3 Eine neue Generation von Robotersensoren und ihre Integration in multisensorielle Greifsysteme

G. Hirzinger, Oberpfaffenhofen

Zusammenfassung

Im Rahmen des Vorhabens wurde eine neue Generation von Robotersensoren nach einheitlichen Kriterien, aber unterschiedlichen physikalischen Prinzipien entwikkelt. Die Entwurfskriterien waren:

— kleine und leichte Bauweise (Multisensorintegration auch in kleine Greifer
— Integration der gesamten, hard- und softwaremäßig streng modularen Signalverarbeitung (analog und digital) in die Sensoren oder wenigstens in die Roboter-Handwurzel
— niedrige Herstellungskosten
— minimale Verkabelung im Greifbereich durch serielles Bussystem und 20 KHz-Stromversorgung.

Bei den Sensortypen handelt es sich speziell um neue steife Kraft-Momentensensoren auf Dehnungsmeßstreifenbasis, elastisch-optische Kraft-Momenten-Sensoren sowie Laser-Triangulations-Entfernungsmesser. Ein Prototypgreifer wurde aufgebaut, der all diese Sensoren (darunter z.B. 9 Entfernungsmesser) enthält, zusätzlich aber noch die in einem anderen Teilprojekt entwickelten taktilen Arrays sowie einen neu entwickelten elektrischen Greiferantrieb.

2.3.1 Entwicklungsziele

Es gibt eine Reihe von Gründen, warum sensorgeführte Roboter immer noch sehr selten in industriellen Anwendungen zu finden sind, obwohl Sensoren inzwischen in gewissem Umfang kommerziell verfügbar sind:
Sensoren sind i.a.

— zu teuer,
— zu groß für eine elegante Integration in Greifsysteme,
— schwierig in Robotersteuerungen zu integrieren, sowohl rein datentechnisch als auch von den nicht standardmäßig verfügbaren Methoden her,
— nicht zuverlässig genug, mit einer Anzahl von Leitungen und einer "black box" zur Signalverarbeitung für jeden Sensor.

Eine neue Sensorgeneration soll einen Großteil dieser Probleme überwinden; so wurde die Entwicklung der neuen DFVLR-Sensoren von folgenden Kriterien geleitet:

— Sie sollten minimale Baugröße aufweisen und - vor allem im Bereich der Kraft-Sensorik - den Überlastschutz bereits integriert haben.

— Die Herstellungskosten sollten so gering wie möglich sein.

— Die gesamte Elektronik (analog und digital) sollte in den Sensoren selbst oder wenigstens im Greifer integrierbar sein.

— Sensoren sollten im Greifer modular austauschbar sein; sie sollten über einen seriellen Hochgeschwindigkeitsbus datentechnisch verbunden sein, über den die Sensorinformation dann in einem Dual-port-RAM der Robotersteuerung ohne nennenswerten Zeitverlust zur Verfügung gestellt wird. Die Stromversorgung sollte über eine gemeinsame 20 kHz-Versorgung erfolgen, aus der die einzelnen Sensoren eines Greifers sich die von ihnen benötigte Spannung - galvanisch entkoppelt - abgreifen und gleichrichten. Auf diese Weise benötigt ein mit Mehrfachsensorik bestückter Greifer nur mehr insgesamt 4 Zuleitungen für Informationstransfer und Stromversorgung.

Am Beispiel der DFVLR-Sensoren, bestehend aus:

a) steifen Kraft-Momenten-Sensoren auf DMS-Basis

b) elastisch-optischen Kraft-Momenten-Sensoren ("instrumented compliance")

c)   Laser-Triangulationsentfernungsmessern

konnten die beschriebenen Entwicklungsziele im Rahmen des Verbundprojektes voll erreicht werden. Die im letzten der obigen Punkte angesprochene Modularität ist in Bild 2.3-1 und 2.3-2 dargestellt.

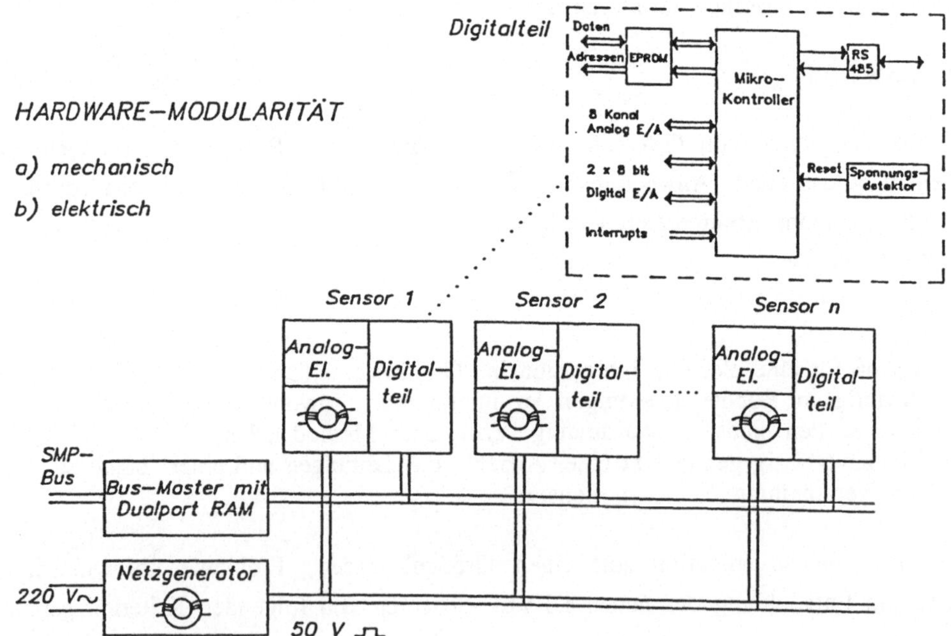

Bild 2.3-1: Hardware-Modularität im multisensoriellen DFVLR- Greifer

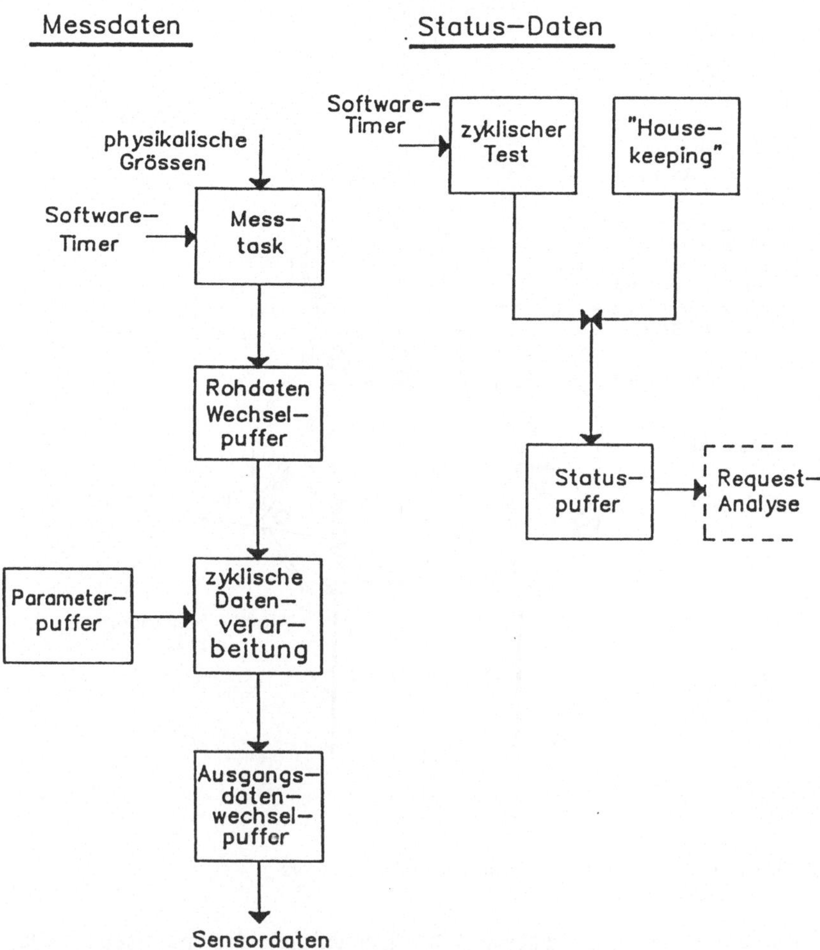

Bild 2.3-2: Software-Modularität in den Sensor-Prozessoren

Bild 2.3-1 zeigt die Hardware-Modularität, nach der sich die in die Sensoren integrierte SMD-Elektronik aufteilt, in das Netzteil, das aus der gemeinsamen 20 kHz-50V- Versorgungsleitung die individuell benötigten Spannungen abgreift und gleichrichtet, die Analogelektronik (die natürlich stark vom Sensortyp abhängt) und die Digitalelektronik; deren wichtigste Komponente stellt der Einchip-Prozessor SIEMENS 80535 dar, der außer einem 10 Bit A/D - Wandler u.a. auch eine serielle RS485-Busschnittstelle enthält (375 kBaud). Die Software-Modularität ist in Bild 2.3-2 skizziert. Ein Meß-Modul, das natürlich auf den physikalischen Prinzipien der einzelnen Sensoren aufbaut, liefert die digitalisierten Spannungen in einen Wechselpuffer, von dem das Vorverarbeitungsmodul (über Eichgesetze und -tabellen) die physikalisch relevanten Werte ermittelt. Aus einem zweiten Wechselpuffer kann der Bus-Master dann immer die neuesten fertig errechneten Werte abholen.

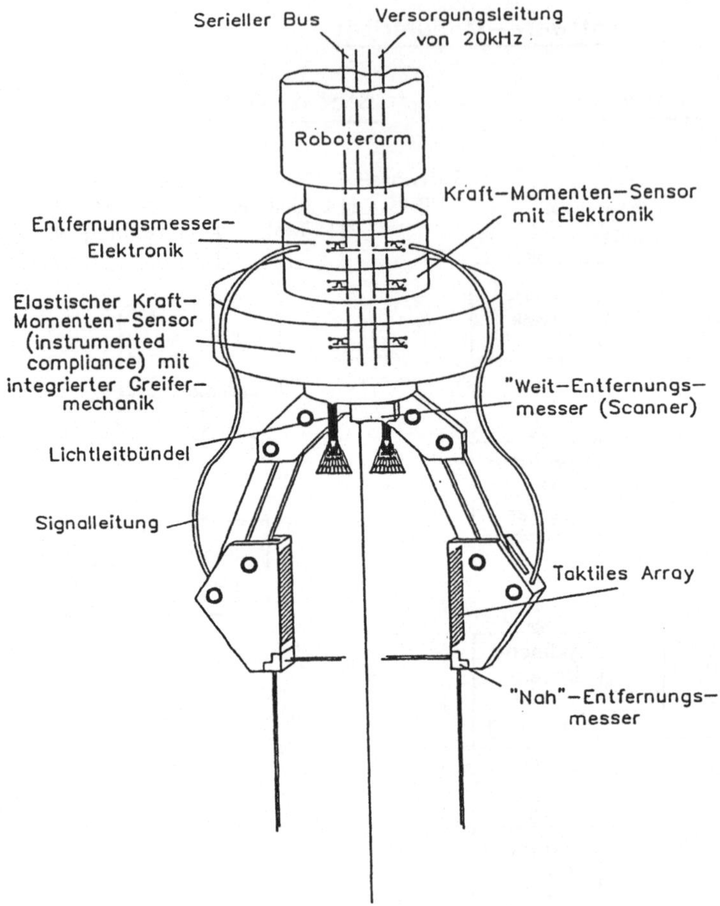

Bild 2.3-3: Schematischer Aufbau des multisensoriellen Greifers

In Bild 2.3-3 ist eine schematische Darstellung des multisensoriellen Greifers gezeigt. Darin ist angedeutet, daß in den Greifer noch taktile Arrays integriert sind, die im Rahmen des Verbundprojekts von der Steinbeis-Stiftung Aalen zur Verfügung gestellt wurden und die ohne zusätzlichen Leitungsaufwand meßtechnisch an die "Finger-Entfernungsmesser" angeschlossen sind. Der Prototyp-Greifer enthält neben einem steifen und einem elastischen Kraft-Momenten- Sensor (der z.Zt. pneumatisch und zukünfig elektrisch arretierbar ist) insgesamt 9 Laser-Entfernungsmesser, und zwar 4 in jedem Finger für kleine Entfernungen von 0-3 cm, und einen Weitentfernungsmesser (Meßbereich ca. 3-30 cm), der auch als Scanner einsetzbar ist. Angedeutet ist die Möglichkeit, zusätzlich Stereokameras oder Bildleiter zu integrieren. Der Greifer ist wahlweise mit einem pneumatischen oder einem neu entwickelten elektrischen Antrieb betreibbar. Die Entwicklung dieser Antriebe, insbesondere des neuen elektronischen Antriebs, wurde zusätzlich in das Vorhaben eingebracht und ist in Abschnitt 2.3.3 beschrieben. Im folgenden Abschnitt 2.3.2 sei zunächst auf den Aufbau der neuen DFVLR-Sensoren etwas näher eingegangen.

2.3.2 Die neuen DFVLR-Sensoren

a) **Steife und elastische Kraft-Momenten-Sensoren** bieten eine sehr große Erhöhung der Positioniergenauigkeit von Robotern, weil im Kontaktfall kleine Änderungen der Relativposition zwischen End-Effektor und Umgebung große Kontaktkräfte erzeugen können. Eine Reihe von derartigen Sensoren sind in der Vergangenheit entwickelt worden, die meisten davon aufbauend auf Halbleiter- oder Folien-Dehnmeßstreifen, die auf einer Metallstruktur aufgeklebt werden und kleine Signale in Abhängigkeit von der mechanischen Belastung der Struktur abgeben. Solche Sensoren sind schon in die Gelenke von Robotern eingebaut worden (wo sie sich allerdings weniger zur Erfassung des Umweltkontakts eignen), in die Finger von Robotergreifern oder in die Handwurzel. Die breiteste Entwicklung haben sicher Handwurzel-Sensoren hinter sich. Bild 2.3-4 zeigt den neuen DFVLR- Sensor, der gegenüber früheren Ausführungsformen verschiedene Vorzüge in sich vereinigt:

— kleine Baugröße (typisch 4,5 cm Höhe und 7 cm Durchmesser bei Auslegung bis 100 kp)
— integrierter Überlastungsschutz
— voll symmetrisch
— Meßkörper sehr einfach herstellbar
— DMS sehr einfach und genau anbringbar (auf Trägerfolie vorverdrahtet) - Vollbrückentechnik - hohe Linearität
— sehr gute Entkopplung der Komponenten

Der Meßkörper wird aus zwei gleichen Speichenrädern aufgebaut, deren Naben starr verbunden sind. Die zu messenden Kräfte werden durch einen Außenring in vier Speichen eingeleitet, auf die Nabe übertragen und durch weitere vier Speichen auf den zweiten Außenring geleitet. Die Speichen wirken als beidseitig eingespannte Balken, die die möglichen Belastungen in Biegeverformungen umsetzen, die jeweils an den Einspannstellen am größten werden. Diese Biegeverformungen werden in der Höhe der Nabe mit insgesamt 20 DMS, die zu Halbbrücken gepaart sind, gemessen. Jede Belastungskomponente bewirkt in mindestens vier Speichen eine gleichgroße oder entgegengesetzt gleichgroße Verformung, so daß sich immer zwei Halbbrücken finden lassen, die zu einer Vollbrücke verschaltet werden können. Dadurch verdoppelt sich das Signal-/Rauschverhältnis bei der Signalauswertung. Zur Auswertung aller Komponenten sind die zehn Halbbrücken zu acht Vollbrücken zusammengeschaltet. Diese acht Spannungen werden hochverstärkt und A/D- gewandelt einem Auswerterechner zugeführt. Linearität und Entkopplung sind so hoch, daß die maximale Belastung einer Komponente keine erkennbare Wirkung auf die übrigen hat.
Bei der Fertigung des Sensors ist es vorteilhaft, daß die DMS in nur vier Ebenen

208

liegen. Daher können Trägerfolien verwendet werden, auf denen jeweils fünf DMS aufgebracht und vorverdrahtet sind und die in der Mitte eine der Nabenform entsprechende Aussparung zur exakten Justierung der Folie auf dem Speichenrad aufweisen. So können in nur vier Arbeitsgängen alle DMS hochgenau aufgeklebt werden. Dies bewirkt eine erhebliche Verbesserung der Meßeigenschaften und eine starke Reduzierung der Fertigungskosten.

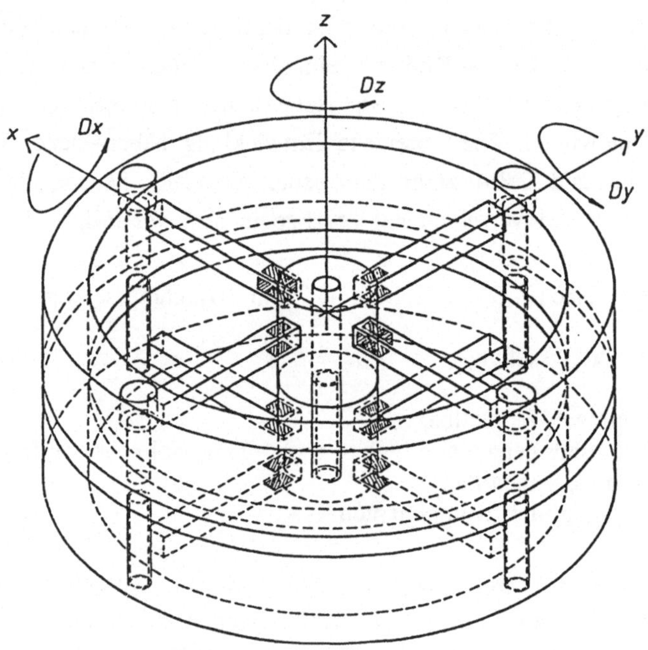

Bild 2.3-4: Neuer DMS-Kraft-Momenten-Sensor

Gegenüber früherer Sensoren, die hoch temperaturstabile Vorverstärker in einer zusätzlichen "black box" verwendeten, kommt diese Sensorgeneration mit Billig-Elementen aus, weil der Temperaturgang rechnerisch kompensiert wird. Die gesamte Signalverarbeitung (analoge Vorverarbeitung, Temperaturerfassung und digitale Umrechnung der Spannungen in Kräfte-Momente) sitzt auf zwei kleinen SMD-Platinen im Senor, wobei ein Ein-Chip-Prozessor von Typ SIEMENS 80535 auch die serielle Ankopplung an einen 375-K-Baud-Bus mit erledigt. Die typische Bauform solcher Platinen vom Durchmesser einer Streichholzlänge ist in Bild 2.3-5 gezeigt.

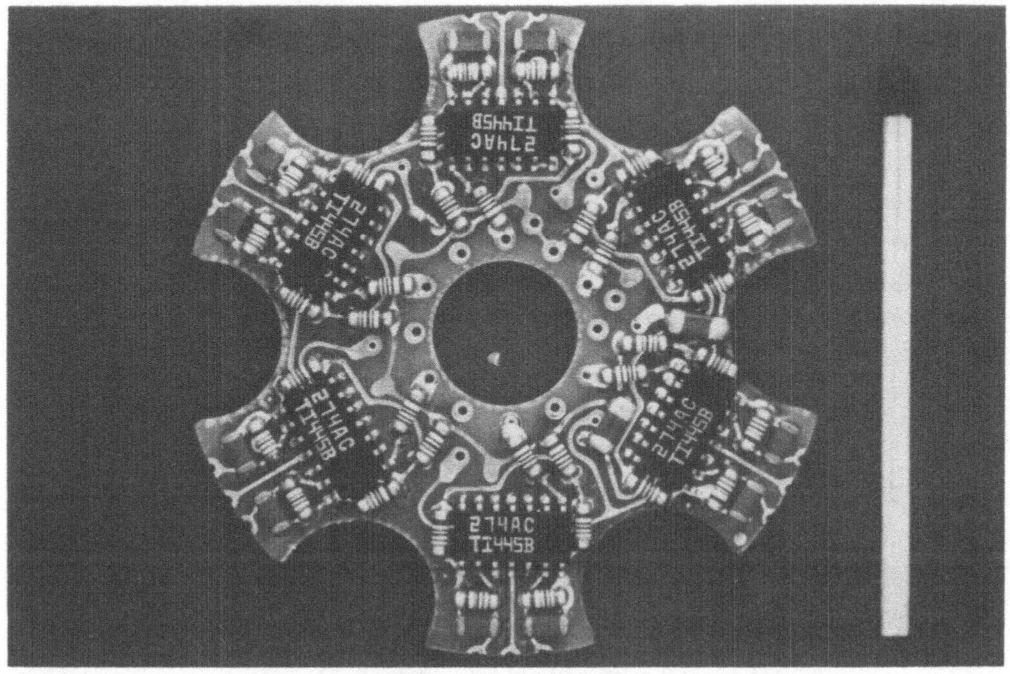

Bild 2.3-5: Typische SMD-Platine für die Analogverarbeitung der neuen DFVLR- Sensoren

Steife Kraft-Momenten-Sensoren in Verbindung mit sehr steifen Robotern stellen erhebliche regelungstechnische Probleme dar, weshalb steife Gesamt-Systeme vor allem für die Last-Überwachung und Sicherheit eine größere Rolle spielen werden. Es ist vergleichsweise einfach möglich, die Belastung eines Roboters an der Hand- wurzel rechnerisch umzusetzen in die Belastung der einzelnen Gelenke und dies z.B. graphisch zu visualisieren. Tatsächlich spielt die sich wiederholende Überlastung ein- zelner Robotergelenke, etwa bei Schweißaufgaben im Automobilbau, eine erhebliche Rolle bei Roboterdefekten.

Im Bereich der Montage und Bearbeitung scheinen aber nachgiebige Systeme in jedem Fall vorteilhaft. Solche Nachgiebigkeit (engl. "compliance") ist in verschiedener Form bekannt und im Rahmen des Verbundprojekts auch bei der DFVLR entwickelt worden. Eine rein passive "Compliance", die in USA weite Verbreitung gefunden hat, ist die "Remote Center Compliance" (RCC) des Charles Stark Draper Lab /1/. Durch geschickten kinematischen Aufbau mit elastischen Gummi-Metall-Stützen ("shear- pads") erlaubt sie Fügevorgänge ohne aktive Signalrückführung. Kräfte in bestimm- tem Abstand, dem "remote center", erzeugen nur Verschiebungen, keine Verdrehungen. Allgemeiner anwendbar, wenn auch aufwendiger, ist jedoch die "in- strumented remote center compliance (IRCC)" des Draper Lap; bei ihr werden die elastischen Verformungen über einen Laser-Strahl erfaßt, der im Inneren dieses Sensors aufgespalten und auf drei 2-dimensionale Positionsdetektoren projeziert wird

210

/2/. Die "instrumented compliance" der DFVLR arbeitet nach einem ähnlichen Prinzip, doch wurde auch hier versucht, eine kostengünstigere und trotzdem relativ genaue Lösung zu finden. Sie ist in Bild 2.3-6 dargestellt. Die den aufgebrachten Kräften und Momenten entsprechenden Wegauslenkungen werden optisch erfaßt, indem die von 6 LED's aus dem Sensorzentrum emittierten Lichtstrahlen über alternierend um 90 gedrehte Schlitze auf gegenüberliegende lineare Positionsdetektoren abgebildet werden. Sie sind auf einem Außenring angebracht, der gegenüber dem LED-Träger über Spiralfedern verdrehbar ist. Der Sensor ist vergleichsweise billig herstellbar, bietet allerdings gegenüber dem steifen Sensor, der 12 Bit genau mißt, nur 10 Bit Auflösung.

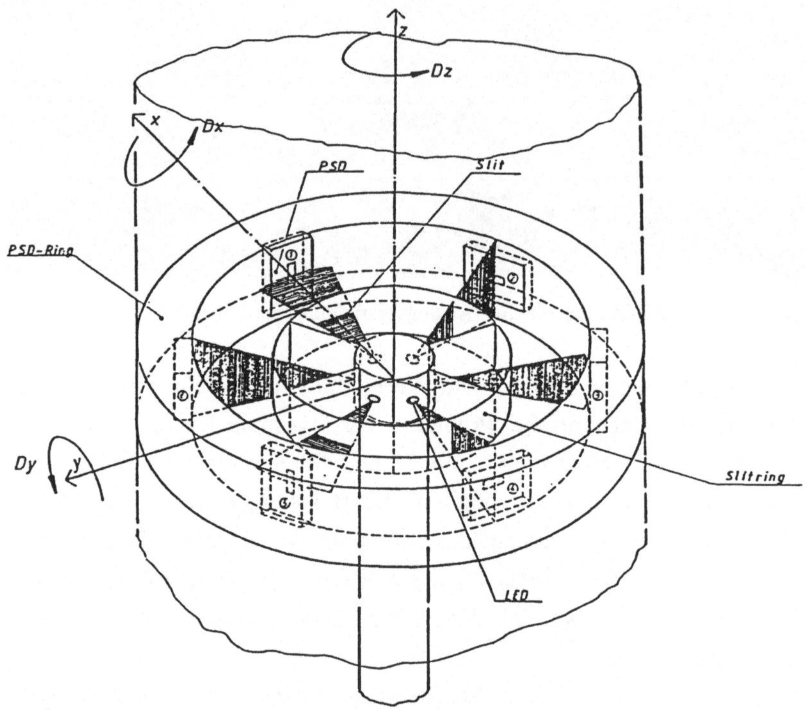

Bild 2.3-6: Elastische "instrumented compliance"

Es existiert ein verblüffend einfacher linearer Zusammenhang zwischen den 6 PSD-Signalen und den 3 translatorischen und 3 rotatorischen Verschiebungen, der sich aus der Geometrie ergibt und keiner weiteren Eichung bedarf.

Kraft- Momentensensoren sollten möglichst wenig Platz im Robotergreifer beanspruchen. Deshalb ist z.B. eine neue Ausführungsform der "instrumented compliance" nach Bild 2.3-6 ringförmig aufgebaut, so daß der Greiferantrieb sich platzsparend im Innern befindet (Bild 2.3-7) Weiterhin hängt es oft von der Anwendung oder vom einzelnen Abschnitt einer Aufgabe ab, ob ein steifer oder elastischer Kraft- Momentenensor besser geeignet ist. Deshalb ist z.B. die ringförmige "Compliance" - ohne Instrumentierung - in Verbindung mit einem steifen Kraft-Momentensensor im Inneren geeignet, ein beliebig umschaltbares System zu erzeugen; beim Betrieb als steifer Sensor wird die Nachgiebigkeit z.B. pneumatisch gesperrt.

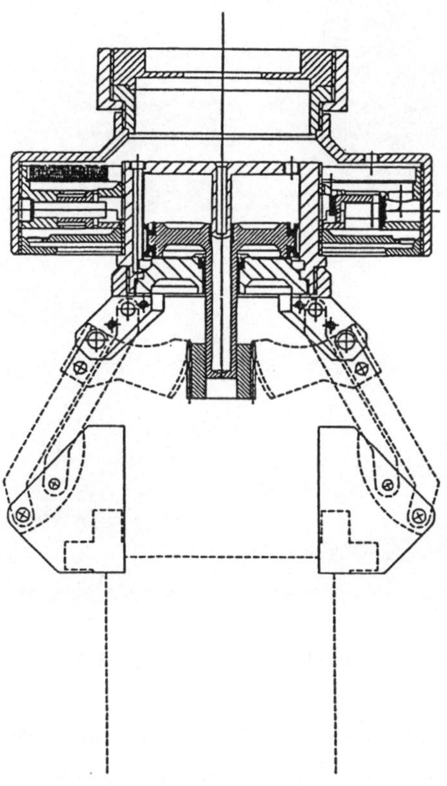

Bild 2.3-7: Nachgiebiger Kraft-Momenten-Sensor liegt ringförmig um den Greiferantrieb

Die instrumentierte "Compliance" stellt inzwischen auch das bevorzugte Meßsystem in den DFVLR- Steuerkugeln dar (Bild 2.3-8). Diese Steuerkugeln basieren auf der Idee /3/, in einer (Plastik-) Hohlkugel einen 6-Komponenten-Kraft-Momenten-Sensor zu integrieren, dessen Meßzentrum mit dem Kugelzentrum zusammenfällt.

Bild 2.3-8: Kommerzielle Version der elastisch-optischen Sensorkugel

Die von einer menschlichen Hand auf die Kugel aufgebrachten Kräfte und Drehmomente werden in Translation- und Rotationskommandos für Roboter, 3D- Com-
putergrafikobjekte oder andere Objekte umgesetzt, die sich in bis zu 6
Freiheitsgraden bewegen lassen. Die Kugel stellt ein völlig "natürliches", analoges
Eingabeinstrument dar, das keinerlei Erfahrung oder spezielles Denken erfordert. Sie
ist aber auch mehr als ein 6-dimensionaler "Joystick", weil sie primär Kraft-Momen-
tenkommandos liefert, die z.B. bei freier Bewegung eines Roboters in Bewegungen
umgesetzt werden, bei Kontakt des Roboters mit der Umwelt aber sofort wieder als
Kraft-Momentenvorgabe interpretiert werden ("duale" Wirkungsweise). Die Kugeln
sind inzwischen kommerzielles Produkt der Lizensfirma CIS, Viersen (Computergra-
fik) und ISRA, Darmstadt (Roboter).

b) Opto-elektronische Entfernungsmesser

Ähnlich wie mit Ultraschallsensoren, die bereits in einzelnen Roboterprojekten zur
Anwendung kamen, kann auch mit einem optischen System durch Laufzeitmessung

eines ausgesendeten und reflektierten (Licht-) Pulses berührungslos die Entfernung zu einem Objekt gemessen werden. Während bei Ultraschallsensoren die geringe Bündelung und Störgeräusche das Hauptproblem darstellen, ist es bei optischen Systemen die genaue Messung extrem kurzer Zeiten. Uns schien daher das Verfahren der optisch-elektronischen Triangulation am aussichtsreichsten, um aus der Roboterhand Abstände zu Objekten berührungslos zu erfassen. In jedem Fall stellt die (genau messende und dem Menschen gänzlich fehlende) Abstandssensorik eine für Roboter äußerst interessante Sensorik dar, zumindest solange es noch keine in Echtzeit arbeitenden 3D-Bildverarabeitungssysteme gibt.

Ziel für die Entwicklung des DFVLR- Entfernungsmessers /4/ war eine Anordnung, die so klein ist, daß sie in mehrfacher Ausführung in oder an einem Robotergreifer angebracht werden kann. Daneben sollte sie örtlich fein differenziert mit hoher Genauigkeit und Meßfrequenz bei beliebiger Orientierung und Beschaffenheit der zu messenden Oberfläche arbeiten. Neue Konstruktionen waren dabei insbesondere wegen der sehr kleinen Baugröße und dem im Verhältnis zu bekannten Meßsystemen großen Meßbereich, bei gleichzeitig hoher Auflösung bzw. Genauigkeit, erforderlich.

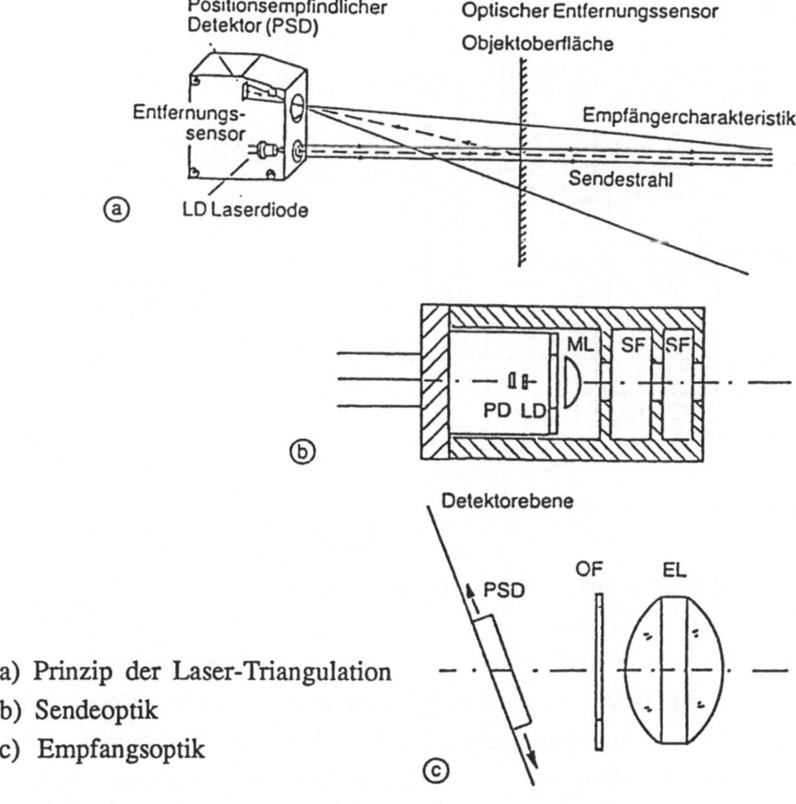

a) Prinzip der Laser-Triangulation
b) Sendeoptik
c) Empfangsoptik

Bild 2.3-9: Laser-Entfernungsmesser nach dem Triangulationsprinzip

214

Bei der Triangulation wird die Bestimmung einer Entfernung oder Länge durch die Bestimmung eines Winkels ersetzt (Bild 2.3-9). Dieses Prinzip ist das derzeit einzige, mit dem in dem vorgesehenen Meßbereich bis zu 500 mm die angestrebte Genauigkeit mit vertretbarem Aufwand überhaupt erreicht werden kann. Die Funktionsweise wird an Bild 2.3-9a dargestellt. Von einem Lichtsender wird ein Lichtstrahl mit im ganzen Meßbereich möglichst kleinem Durchmesser auf die zu messende Oberfläche projeziert. Die Strahlung wird an der Oberfläche - den optischen Eigenschaften dieser entsprechend - sowohl zurückgestreut, als auch reflektiert und absorbiert. Die durch eine Linse gebündelte, in das Empfängersystem zurückkommende Strahlung wird auf einen sogenannten linearen positionsempfindlichen Detektor (PSD) abgebildet. Aus den Signalen des Detektors kann die Lage des Lichtpunktes bestimmt werden. Aus der Lage des Lichtpunktes kann nun bei Kenntnis der geometrischen Parameter des Systems der Abstand zu der zu messenden Oberfläche berechnet werden.

Bei der technischen Realisierung dieser an sich bekannten Anordnung treten eine Reihe von Problemen auf, von denen im folgenden nur einige andiskutiert werden.

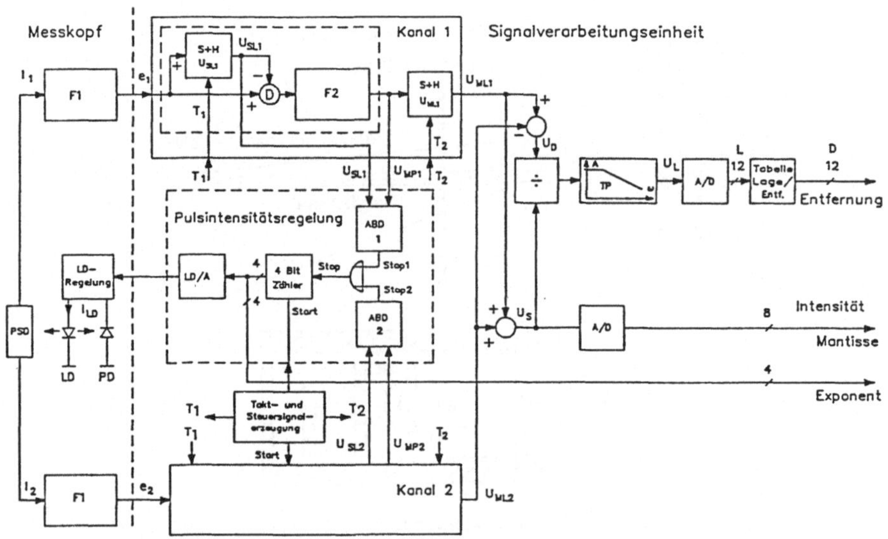

Bild 2.3-10: Blockschaltbild des Laser- Entfernungsmessers der DFVLR

So bestimmen die Art und Weise, sowie die Qualität der Signalaufbereitung, entscheidend den maximal möglichen Einsatzbereich und die erreichbare Meßgenauigkeit des Systems. Durch neue Anordnungen bei der Signalaufbereitung konnten einige Schwierigkeiten bekannter Anordnungen stark reduziert oder ganz umgangen werden. Die gesamte Signalaufbereitung bis zum digitalen Entfernungsmeßwert ist im Blockschaltbild Bild 2.3-10 dargestellt. Das Meßsystem arbeitet mit einem gepulsten Lichtsender, damit im Empfänger Licht vom Lichtsender (im folgenden als Meßlicht (ML) bezeichnet) von Licht, das aus der Umgebung auf den Detektor fällt (im folgenden als Störlicht (SL) bezeichnet), unterschieden werden kann.

In Bild 2.3-10 sind mehrere funktionale Blöcke angedeutet, die z.B. die Laser-Dioden-Regelung umfassen, die Aufbereitung der Detektor-Ströme, oder die Meßlicht-Störlichttrennung. Hier sei nur auf die Intensitätsregelung des Meßlichtpunktes und die Entfernungsermittlung etwas näher eingegangen.

Die Intensität des vom Lichtsender auszusendenten Lichtpulses hängt von den optischen Eigenschaften der zu messenden Oberfläche ab. Entscheidend für das Meßergebnis ist, daß das in den Empfänger zurückkommende Meßlicht einerseits genügend stark ist, um gegenüber dem Rauschen auswertbar zu sein, andererseits aber auch nicht so stark ist, daß der Empfänger übersteuert wird, da dann eine Auswertung der Signale unmöglich wird. Bei den bekannten Anordnungen wird daher eine einfache Regelung verwendet, die den Sender so regelt, daß die Empfängerpegel im zeitlichen Mittel in einem sinnvollen Bereich liegen (z.B. mit einem I- Regler). Alle dafür bekannten Senderregelungen haben den großen Nachteil, daß sie auf schnelle Änderungen der Reflexionseigenschaften nicht sofort reagieren können, und dadurch immer wieder einige Messungen außerhalb des auswertbaren Bereiches liegen können. Diese verfälschen das Meßergebnis insbesondere, wenn hohe Meßraten benötigt werden, weil dann eine großzügige Meßwertfilterung unzulässig ist. Eine konventionelle Regelung für jeden Impuls scheidet aus, weil die in dem Regelkreis insbesondere durch den Detektor vorhandenen Zeitkonstanten ein Einschwingen innerhalb der kurzen Pulsdauer von ca.20 µs unmöglich machen.

Daher wurde hier ein neues nichtlineares digitales Regelverfahren geschaffen, das die ausgesendete Lichtleistung innerhalb 10 µs im Bereich 1 zu 10000 nachregelt. Auf diese Weise lassen sich extrem unterschiedliche Oberflächen und Auftreffwinkel von mehr als 70° - auch schnell veränderlich - vermessen. Zusätzlich liegen die Reflexionseigenschaften der Oberfläche vor und können bei Bedarf verwertet werden. Aus den beiden Spannungen UML1 und UML2 muß gemäß der einfachen mathematischen Beziehung UL = (UML1 - UML2) / (UML1 + UML2) die die Lage des Lichtpunktes auf dem Detektor repräsentierende Spannung UL ermittelt werden. Für die Meßgenauigkeit des Systems ist es entscheidend, wie gut dieser Ausdruck technisch gebildet werden kann. Die bekannten Systeme arbeiten hier mit analogen Dividierbausteinen oder führen beide Eingangsspannungen in einen speziellen Analog- /Digitalwandler, der dann gleich den Lagewert digital angibt. Beide Lösungen haben den Nachteil, daß für kleine Spannungspegel der Lagewert nur sehr ungenau gebildet wird.

Bei der neu vorgeschlagenen Anordnung wird die Division in einem Spezialbaustein über logarithmische Funktionen durchgeführt, wodurch noch ca. 100-fach kleinere Pegel auswertbar sind, als bei bekannten Anordnungen. Gleichzeitig konnte die zulässige Frequenz der Eingangsspannungen erheblich gesteigert werden.

Die Ausführung für den "Weitbereich" hat mit der für Sender und Empfänger benötigten Elektronik nur die Größe einer halben Streichholzschachtel (Bild 2.3-11) und ist wegen der geringen Masse von ca. 16 g sogar für den Betrieb als Laser-Scanner ohne aufwendige Spiegelsysteme geeignet.

Bild 2.3-11: Ein DFVLR-Entfernungsmesser für den Meßbereich von 3-30 cm

2.3.3 Greiferentwicklung

Oberste Entwicklungsziele waren geringes Gewicht und kurze Öffnungs- bzw. Schließzeiten bei gleichzeitig hoher Greifkraft sowie ein modularer Aufbau des Greifersystems. Bei dieser Entwicklung sind Backen, Antriebssystem oder der gesamte Greifer leicht auswechselbar. Meßtechnisch erfaßt werden Backenposition und Greifkraft.

Die Backenführung erfolgt an Parallelschwenkarmen, weil diese Konstruktionsart eine einfache Anpassung der Greifergeometrie an verschiedenste Greifaufgaben ermöglicht. Gleichzeitig läßt sich der mechanische Aufbau sehr kompakt und betriebssicher ausführen. Als nachteilig wird gelegentlich die kreisförmige Bahn der Greifbacken genannt. Durch geschickte Geometrie kann man diesen Effekt klein halten. Der Antrieb der Schwenkarme erfolgt über Zahnradsegmente. Damit wird die Greifkraft unabhängig von der Backenstellung und direkt proportional zur Antriebskraft. Der Antrieb der Zahnsegmente erfolgt über eine Zahnstange, die wahlweise von einem Pneumatikzylinder oder einem Elektromotor bewegt wird. Ein weiterer Vorteil der Parallelschwenkarm-Konstruktion ist, daß auch Greifer mit mehr als zwei Greiferbacken einfach zu realisieren sind.

2.3.3.1 Pneumatisch betätigter Greifer

Der pneumatische Greifbetrieb ist in Bezug auf das Greifergewicht und die Kosten die günstigste Lösung. Nachteilig wirkt sich die kompliziertere Regelung der Greifkraft und Position aus. Daher wird man diese Art Greiferantrieb nur für einfache ungeregelte Greifaufgaben einsetzen. Man verzichtet auf die Rückmeldung der Greiferbackenposition und begnügt sich mit einem fest einstellbaren Luftdruck zur Ansteuerung des Pneumatikzylinders. Ein Großteil der Greifaufgaben kann bereits mit dieser Art Greifer zufriedenstellend ausgeführt werden.

2.3.3.2 Elektromotorisch angetriebener Greifer

Wie bereits erwähnt, ist das Antriebssystem austauschbar. Beim elektromotorischen Antrieb muß zur Betätigung der Parallelschwenkarme die Drehbewegung des Motors in eine Hubbewegung umgesetzt werden. Gleichstrommotore kleiner Baugröße geben ihre mechanische Leistung durch hohe Drehzahl bei kleinem Moment ab. Dies erfordert hochuntersetzende Getriebe, um ausreichende Greifkräfte zu erzeugen. Baugröße, Reibungsverluste und Regeldynamik aufgrund der Massenträgheit wirken sich bei dieser Konzeption nachteilig aus. Bei der Neukonstruktion wurde ein anderer Weg beschritten. Mit einem einzigen Spindelgetriebe wird die Rotationsbewegung des Motors in die Hubbewegung der Zahnstange übersetzt.

Eine normale Spindel/Mutter-Bauweise scheidet bei der hierbei notwendigen kleinen Spindelsteigung aus, weil das Reibmoment (Gleitreibung zwischen Spindel und Mutter), infolge der hohen Axialkraft, bereits bei kleinen Kräften größer als das Antriebsmoment des Motors wird. Das Umgehen der Gleitreibung durch rollende Reibung liefert die Lösung des Problems. Es wurde ein neuartiger Spindelantrieb mit sehr kleiner Steigung entwickelt und aufgebaut. Bei diesem Aufbau aus Gewindespindel, Rillenrollen und Rillenmutter handelt es sich um eine neue Konstruktion, die zur Patentierung angemeldet wurde (Bild 2.3-12).

Diese Wälz-Gewindespindel besteht aus einer mit der gewünschten Steigung versehenen Spindel, die direkt mit der Motorwelle verbunden ist. Die Kraftübertragung auf die Mutter erfolgt über planetenförmig zwischen Spindel und Mutter angeordnete zylinderische Rollkörper. Auf diese Rollkörper sind feine, den Spindelgewinderillen entsprechende Rillen geschnitten. Die Rollkörper stehen wiederum über gröber ausgeführte Rillen mit der Mutter in Verbindung. Die grobe und die feine Rillung jedes Rollkörpers in einem Satz weist von Rollkörper zu Rollkörper einen zunehmenden Phasenversatz auf, so daß die Rollkörper an diskreten Stellen eine zur Spindelsteigung passende Muttersteigung nachbilden. Die Rollkörper selbst führen keine Hubbewegung aus, da sie auf den Tragrillen der Mutter umlaufen. Sie können daher nicht aus der Mutter herauswandern.

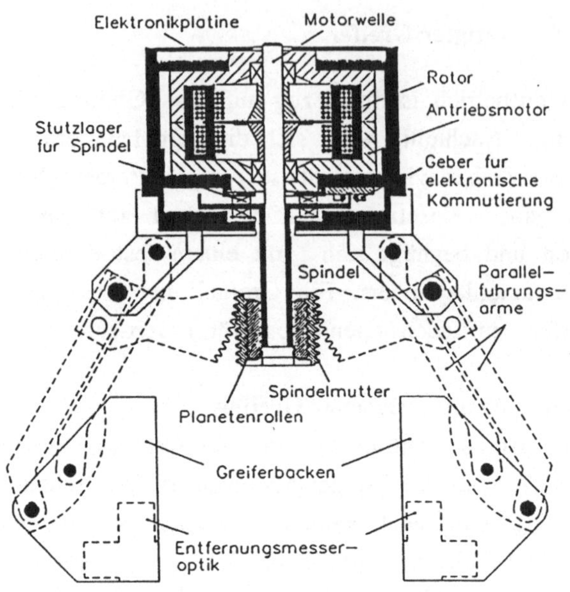

Bild 2.3-12: Elektrisch angetriebener Greifer mit neuem Spindelantrieb

Mit vergleichsweise geringem Aufwand kam so ein sehr kompakter, äußerst reibungsarmer Antrieb zustande. Das Übersetzungsverhältnis von Dreh- zu Hubbewegung kann durch Variation der Spindelsteigung in weiten Grenzen gewählt werden. Aufgrund der geringen Reibungswerte kann die Greifkraft direkt durch Vorgabe des Motorstromes eingestellt werden.

Als Antriebsmotor wurde ein Hochleistungsschrittmotor mit scheibenförmigem Permanentmagnetrotor vorgesehen. Er vereinigt sehr hohes Leistungsgewicht und hohes Drehmoment mit einem sehr kleinen Trägheitsmoment. Mit Hilfe einer der Schrittzahl entsprechenden Impulsscheibe, die an der Spindel angeordnet ist, und einer Ansteuerungselektronik verhält er sich wie ein elektronisch kommunierter Gleichstrommotor. Der integrierte Mikrocontroller stellt den kommandierten Motorstrom (= Greifkraft) ein und kontrolliert die Backenposition sehr genau. Er wickelt auch den Datenverkehr über die serielle Busverbindung ab.
Folgende Leistungsdaten konnten erreicht werden: Die Greiferbacken lassen sich in 0,3 s auf 60 mm öffnen bzw. schließen. Die Greifkraft erreicht 300 N. Das Gewicht des gesamten Greifers liegt bei 600 g.

2.3.4 Schlußbemerkung

Die grundsätzlichen technischen Schwierigkeiten bei der Entwicklung einer neuen multisensoriellen Greifsystems scheinen gelöst, im Augenblick wird die SMD-Platinenentwicklung in eine Form überarbeitet, die für den industriellen Lizenznachbau durch die Fa. ISRA, Darmstadt geeignet ist. Beim Laser- Triangulations-Sensor ging es u.a. darum, einen derartigen Sensortyp erstmalig in der BRD zu entwickeln, ansonsten lag ein Hauptaugenmerk der Entwicklungen bei der mechanischen und datentechnischen Multisensorintegration, die es ermöglichen soll, daß künftige Robotersteuerungen die gewünschte Sensorinformation einfach aus einem Dualport-RAM-Speicher abrufen, statt mit jedem Sensor langsame und aufwendige Protokolle zu fahren. Erreicht wurde dies durch ein hardwaremäßig besonders einfach zu realisierendes Sensor-Bus-Konzept. Wesentlich für die hohe Integrationsstufe war jedoch auch die 20 kHz- Stromversorgung für den gesamten Greiferbereich. Nur über diese Maßnahmen scheint uns die Multisensor- Integration im Robotergreifer sinnvoll machbar.

Literaturverzeichnis

1 Whitney, E.E., Nevins, J.L. What is the remote centre compliance (RCC) and what can it do. Proceedings 9th International Symposium on Industrial Robots. Washington DC, USA (1979)

2 De Fazio, T.C., Seltzer, D.S., Whitney, E.E. , The IRCC Instrumented remote center compliance. IFS Publications, Vol 2, Edited by A. Pugh, (1986).

3 Heindl, J., Hirzinger, G., Verfahren zum Programmieren von Bewegungen und erforderlichenfalls von Bearbeitungskräften bzw. -momenten eines Roboters oder Manipulators und Einrichtung zu dessen Durchführung. Europäisches Patent Nr. 0 108 348.

4 Dietrich, J., Optisch-elektronischer Enfernungsmesser. Dt. Patentanmeldung P 3502634.0, 26.1.1985.

3 Dynamik sensorgeführter Roboter

3.1 Dynamische Eigenschaften von Industrierobotern

D. Schmid, Aalen

Zusammenfassung

Testverfahren zur Ermittlung der dynamischen Eigenschaften, sowohl bei programmgeführter Bewegung, als auch bei sensorgeführter Bewegung, werden vorgestellt. Die Ergebnisse werden diskutiert und bewertet.

Die Aussagen beziehen sich auf die Eigenschaften heutiger, marktgängiger Roboterfabrikate. Kennzeichnend ist hierbei, daß die Geräte meist hinsichtlich eines günstigen Positionierens und weniger hinsichtlich optimalen Bahnfahrens eingestellt sind. Die dynamischen Eigenschaften bei Sensorführung sind immer noch überwiegend durch die Verzugszeiten in der Steuerung bestimmt. Die hieraus resultierenden Einschränkungen werden deutlich gemacht.

3.1.1 Programmgeführte Bewegung

Betrachtet man das dynamische Gesamtverhalten des Handhabungssystems bei programmierter Bewegung, so zeigen sich die dynamischen Eigenschaften besonders bei Beschleunigungs- und Verzögerungsvorgängen. Bahnverzerrungen aufgrund dynamischer Eigenschaften entstehen deutlich bei Änderung der Bahnrichtung. Hierzu wurde eine ebene Testbahn (Bild 3.1-1) verwendet, welche Ecken, Kreisbögen, Mäanderabschnitte und einen Abschnitt mit Richtungsumkehr enthält /1/,/2/,/3/.

Zur Darstellung des Bahnverlaufs wird die programmierte Testkontur durch einen an der Roboterhand montierten Taststift in eine graphitgeschwärzte Glasplatte eingraviert (Bild 3.1-2).

Bei dieser Art der Aufzeichnung erhält man sehr feine Linien und kann ohne Abbildungsfehler noch Abweichungen im Bereich von zehntel Millimeter erkennen. Die Reproduktion auf Papier erfolgt durch einen fotografischen Kontaktabzug.

Zur Darstellung der dynamischen Bahnabweichungen wird der Roboter mit verschiedenen Geschwindigkeiten gefahren. Die Versuche wurden mit Testbahnen in den Hauptebenen und unter 45° zu den Hauptebenen in einem mittleren Bereich des Arbeitsraumes durchgeführt.

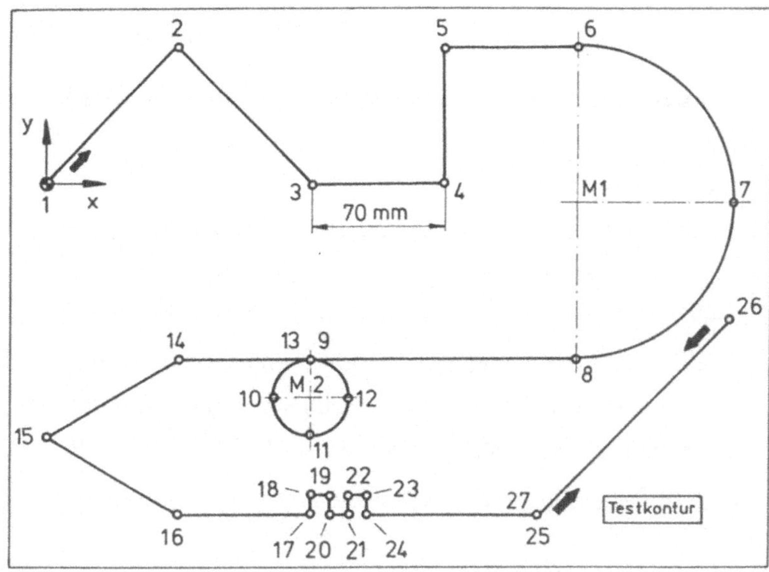

Bild 3.1-1: Testbahn

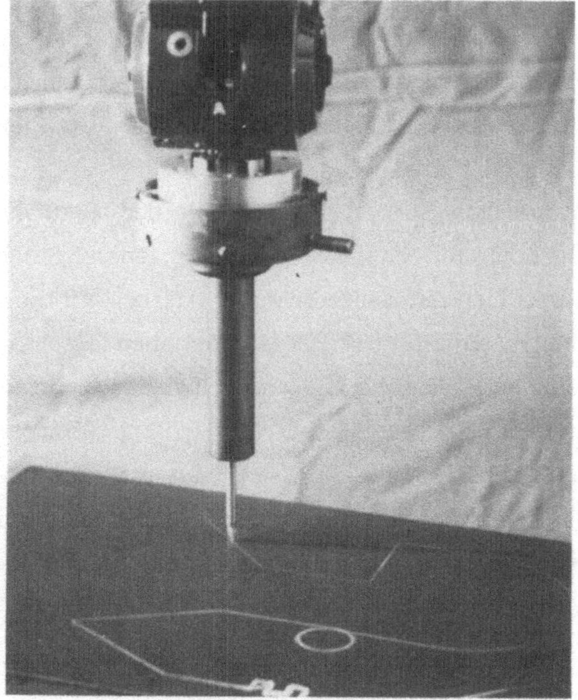

Bild 3.1-2: Eingravieren der Testkontur in eine geschwärzte Glasplatte

222

Ergebnisse

Beim Umfahren von Ecken ohne Geschwindigkeitsreduzierung erhält man naturgemäß mit zunehmender Geschwindigkeit auch zunehmende Verrundungsfehler und
Überschwingfehler (Bild 3.1-3)/4/,/5/.

Die absoluten Abweichungen sind bei den verschiedenen Roboterfabrikaten - trotz
etwa gleicher Gewichtsklasse - merklich verschieden. Die Ursachen sind überwiegend
ungünstig gewählte Reglerparameter. Bei den Robotertypen A und B (Bild 3.1-3) ist
der Eckenverrundungsfehler dominant und könnte durch eine höhere Geschwindigkeitsverstärkung $K_v = v/s$ des Lagereglers deutlich verringert werden. Bei dem Robotertyp C ist die Geschwindigkeitsvorsteuerung zu stark eingestellt. Bei dem
Robotertyp D ist die Verstärkung gut gewählt. Hier sind die Verrundungsfehler klein.
Ein Überschwingen ist kaum merklich.

Der Roboter E hat einen PI-Lageregler. Es entsteht dadurch naturgemäß bei
hohen Bahngeschwindigkeiten ein großer Überschwingfehler.

Bei einigen der untersuchten Roboter war werkseitig die Reglereinstellung achsspezifisch optimiert worden, mit der Folge, daß die resultierenden Schleppabstände
der Einzelachsen zu großen geschwindigkeitsabhängigen Bahnabweichungen führten.
Dies wird besonders deutlich beim Fahren von Kreisen (Bild 3.1-4) und in dem
Bahnabschnitt mit der Richtungsumkehr (Bild 3.1-5).

Eine extreme dynamische Beanspruchung des Roboters stellt der Testbahn-
abschnitt mit dem Mäander dar. Roboter mit Geschwindigkeitsvorsteuerung oder
Beschleunigungsvorsteuerung reagieren hier mit außerordentlich starker Vibration
bei gleichzeitig hohen Bahnabweichungen (Bild 3.1-6a). Bei Geräten ohne Geschwindigkeitsvorsteuerung wird der Mäander mit wachsender Geschwindigkeit zunehmend
verschliffen (Bild 3.1-6b). Bei einer PI-Lageregelung führt der fehlende Schlepp-
abstand zu besonders starken Bahnverzerrungen (Bild 3.1-6c). Motografische Auf-
nahmen zeigen, daß bei einigen Geräten zwar der Mäander gut erhalten bleibt, die
Bahngeschwindigkeit aber, vom Programmierer nicht beeinflußbar, durch die Steuerung stark reduziert wird (Bild 3.1-7).

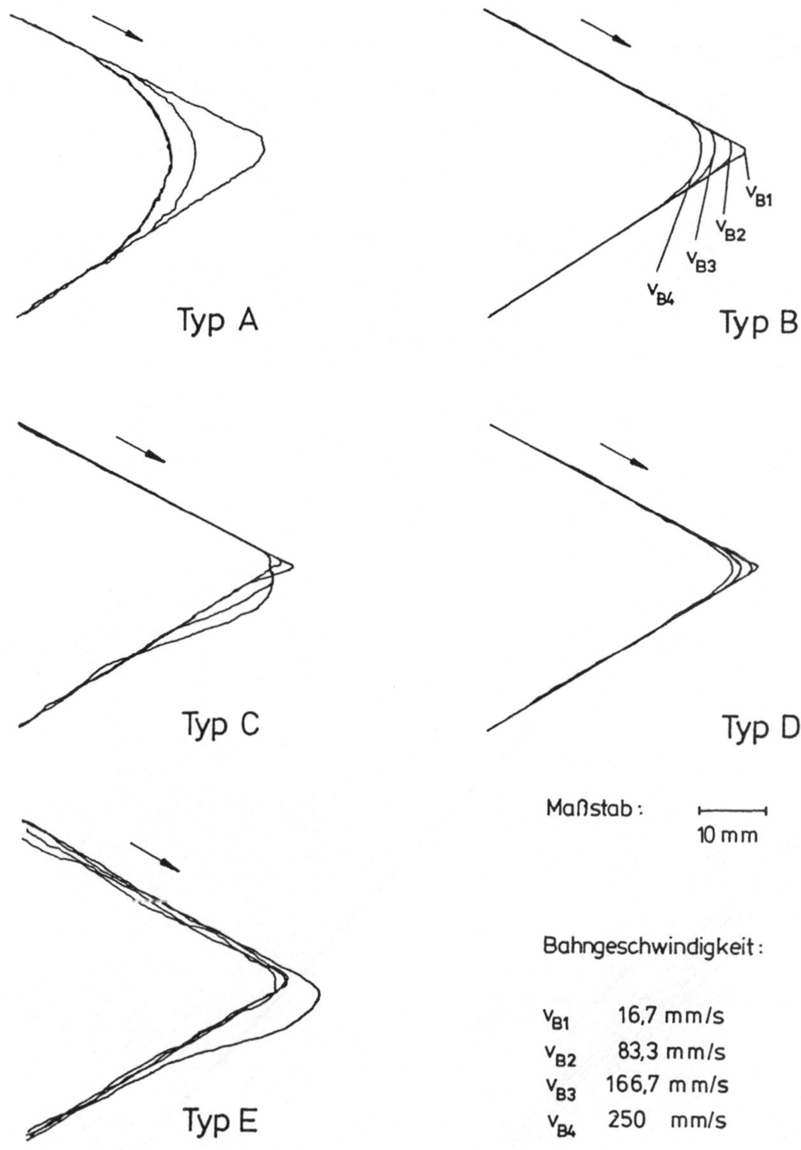

Bild 3.1-3: Dynamische Bahnabweichungen bei Robotern

verschiedener Fabrikate beim Umfahren von Ecken ohne Halt

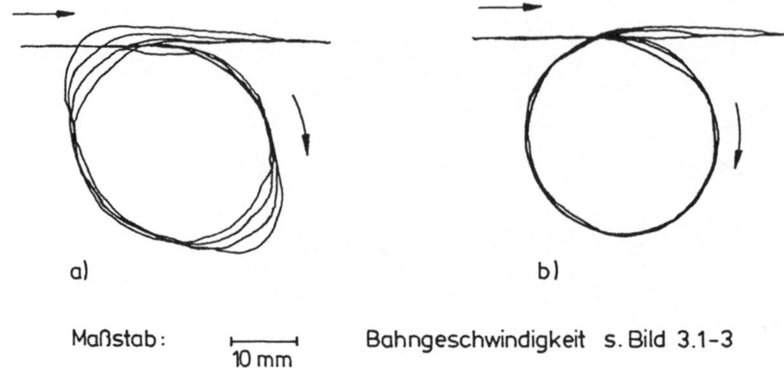

Bild 3.1-4: a)   Kreisbahnen bei achsspezifisch optimierter Regelung

b)   Kreisbahnen bei gleichen Geschwindigkeits-

verstärkungen in allen Achsen

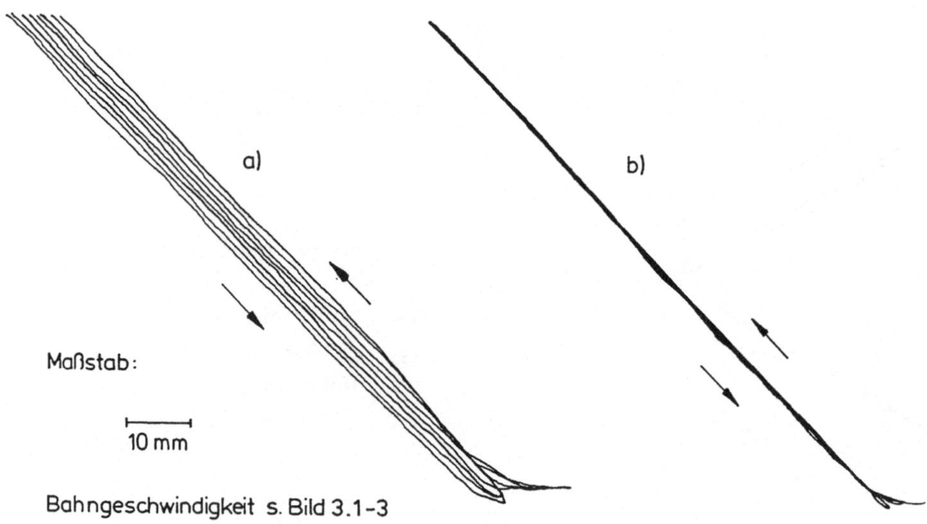

Bild 3.1-5: a)   Geschwindigkeitsabhängiger Bahnversatz

bei achsspezifischer Optimierung

b)   Bahnverlauf bei gleicheingestellten

Geschwindigkeitsverstärkungen

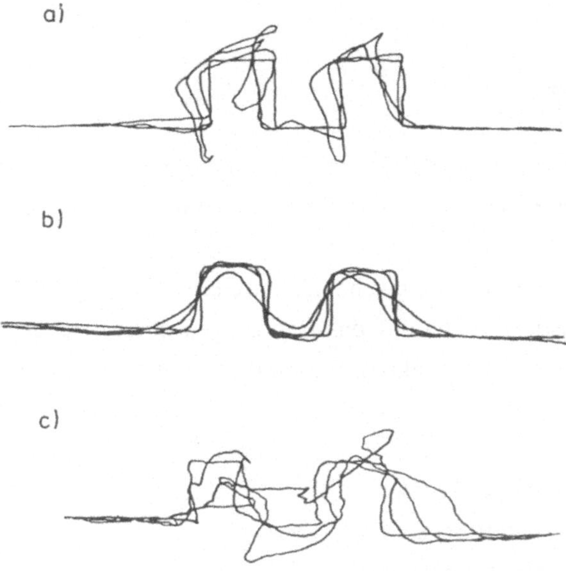

Bild 3.1-6: Bahnverlauf im Mäanderabschnitt

    a)   bei Lageregelung mit P-Regler und Geschwindigkeitsvorsteuerung

    b)   mit P-Regler, ohne Geschwindigkeitsvorsteuerung

    c)   mit PI-Regler

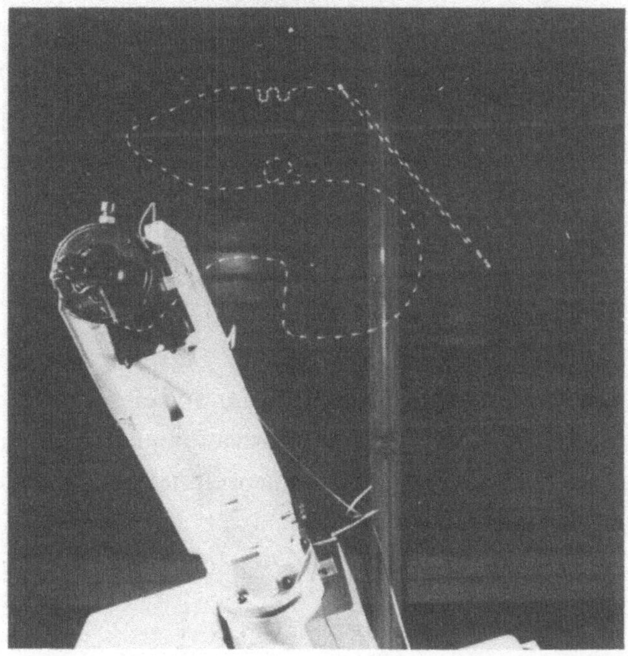

Bild 3.1-7: Motografische Aufzeichnung der Testbahn

3.1.2 Sensorgeführte Bewegung

3.1.2.1 Sensorgeführtes Bahnfolgen

Betrachtet wird das dynamische Gesamtverhalten des Handhabungssystems in Bezug auf Bahnkorrekturen relativ zur programmierten Bahn bei Führung durch einen Sensor.

Um Kenngrößen zu gewinnen und dynamische Eigenschaften überschaubar zu machen, wird die nachfolgende Betrachtung auf das Bahnfolgen einer ebenen Bahn mit Korrektur in einer Richtung, welche senkrecht zur programmierten Bahnbewegung liegt, eingeschränkt.

Die Testverfahren sind:
- sensorgeführtes Abfahren einer Wellenbahn mit
  unterschiedlichen Geschwindigkeiten (Bild 3.1-8a)
- sensorgeführtes Pendeln um einen Laserstrahl
  durch Aufschalten eines Sinussignals auf das
  Sensorsignal (Bild 3.1-8b)
- sensorgeführtes Folgen einer Bahn mit
  Sprungstelle (Bild 3.1-8c)

Bei den beiden ersten Verfahren kann man Frequenzgänge für das Bahnfolgen ableiten (Bild 3.1-9). Bei dem Verfahren nach Bild 3.1-9 erhält man die typische Sprungantwortverläufe gemäß Bild 3.1-10. Maßgebend für die Dämpfung ist die Relation: Korrekturgeschwindigkeit v_K zur sensorisch erfaßten Bahnabweichung s_K. Diese Beziehung entspricht der Geschwindigkeitsverstärkung $K_V = v_K/s_K$ eines Lageregelkreises, wobei der Roboter insgesamt als Stellglied wirkt.

Ergebnisse

Die Ergebnisse gemäß Bild 3.1-9 und Bild 3.1-10 spiegeln die Eigenschaften eines Regelkreises wider, welcher durch eine Totzeit geprägt ist. Diese Totzeit resultiert im Wesentlichen aus der Abtastzeit bei der Koordinatentransformation und der sensorbeeinflußten Bahnplanung. Es fällt auf, daß die Grenzfrequenzen heutiger Roboterserienfabrikate bei Sensorführung außerordentlich nieder sind.

Kennzeichnend für die Grenzfrequenz ist weniger der Amplitudenabfall als vielmehr die Phasenverschiebung.

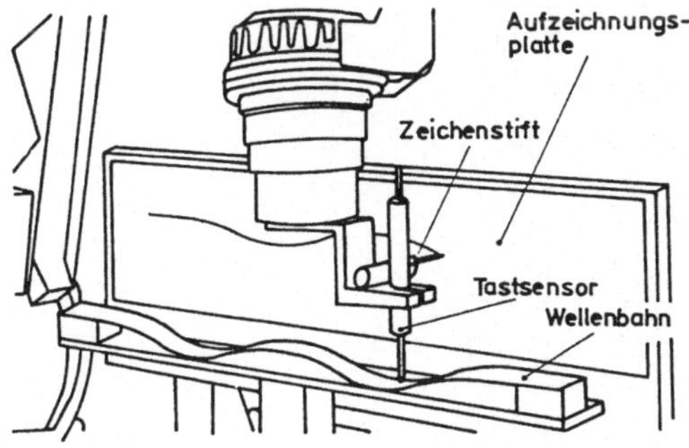

a)   mit Wellenbahn

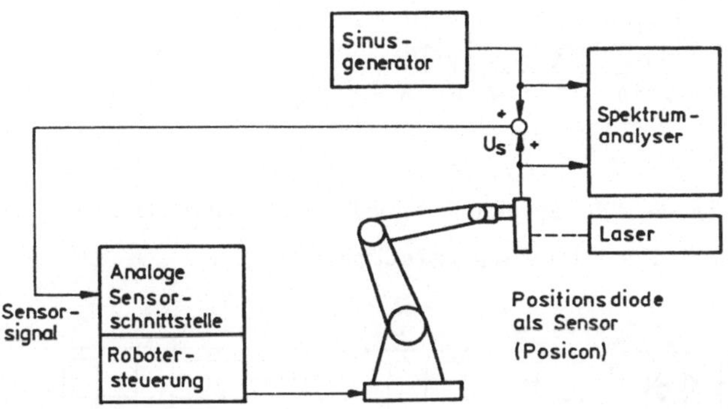

b)   mit Laser und Positionsdiode

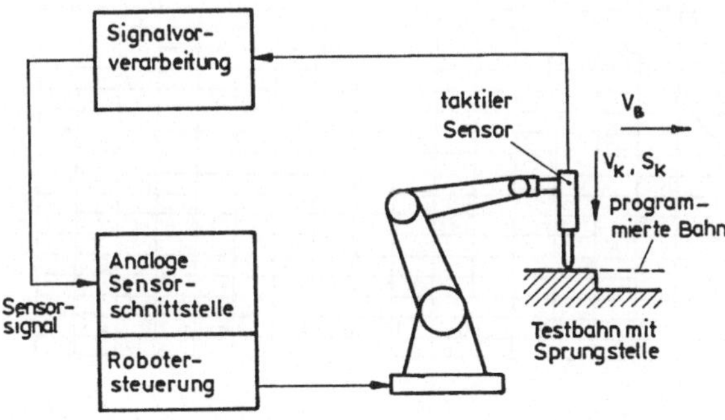

c)   mit Sprungstelle

Bild 3.1-8: Testverfahren zur Ermittlung der Dynamik bei Sensorführung

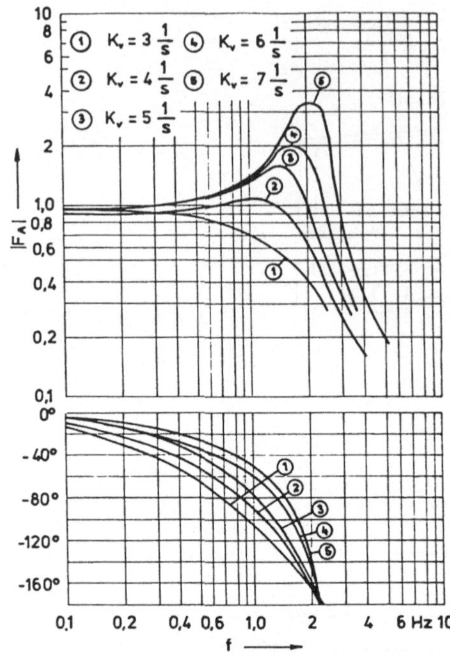

Bild 3.1-9: Frequenzgang bei Sensorführung mit unterschiedlichen Geschwindigkeitsverstärkungen für die Korrekturbewegung (Beispiel)

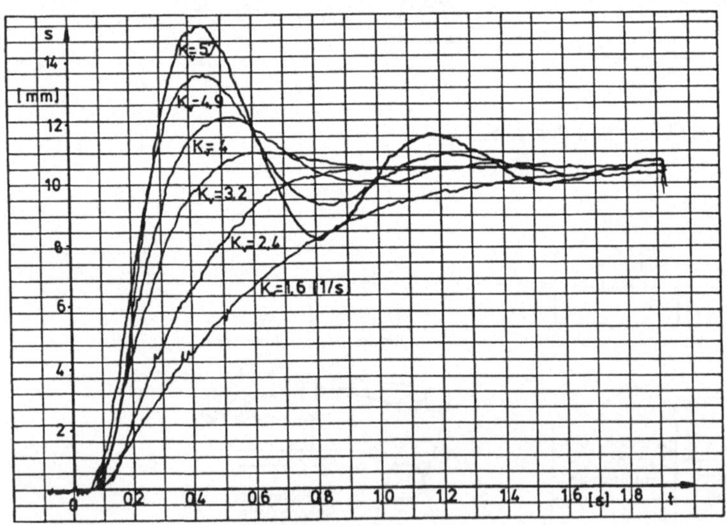

Bild 3.1-10: Roboterreaktion auf Sprungstellen in der Bahn bei unterschiedlichen Geschwindigkeitsverstärkungen (Beispiel)

Bei einer sensorischen Wirkung mit -180° Phasenverschiebung ($f_{-180°}$)   reagiert der Roboter gerade entgegen dem Sinne, in dem er eigentlich reagieren sollte. Wenn das Sensorsignal ohne Vorhalt aus dem Prozeß abgeleitet wird und einen wesentlichen Frequenzanteil in diesem Bereich hat, so verschlechtert die Geschwindigkeitssensorführung das Systemverhalten im Vergleich zu einer nicht sensorgeführten Roboterbewegung.

Bei einer sensorischen Wirkung mit -90° Phasenverschiebung ($f_{-90°}$) reagiert der Roboter mit solch starker Phasenverschiebung, daß im zeitlichen Mittel eine ebenso starke Abweichung gegenüber dem Sollverlauf vorhanden ist, wie ohne Sensorführung, sofern das Sensorsignal nicht mit Vorhalt aus dem Prozeß abgeleitet wird.

Bei einer Phasenverschiebung von weniger als 45° ($f_{-45°}$) reagiert der Roboter erst deutlich im Sinne der Sensorführung mit einer Anpassung der Bahn an die sensorisch erfaßte Kontur. Kennzeichnend für die Dynamik bei Sensorführung ist somit die Grenzfrequenz $f_{-45°}$. Sie lag bei den untersuchten Geräten bei etwa 0,5 Hz. Dies hat die Konsequenz, daß ein Bahnfolgen nur dann hinreichend möglich ist, wenn während einer Zeitspanne von 2s die zu folgende Bahn höchstens je einmal auf die eine Seite und auf die andere Seite zur programmierten Bahn pendelt (Bild 3.1-11).

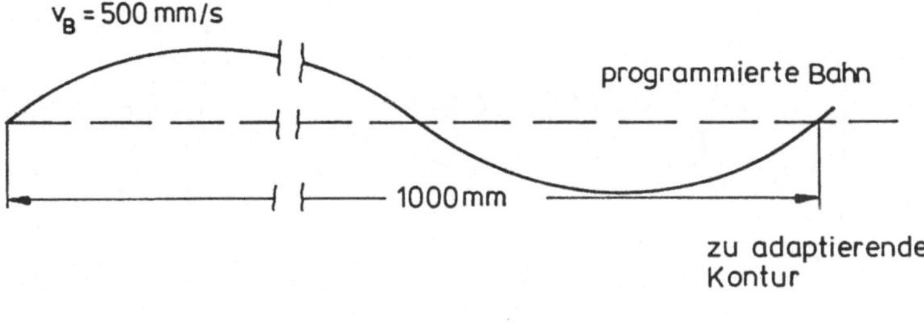

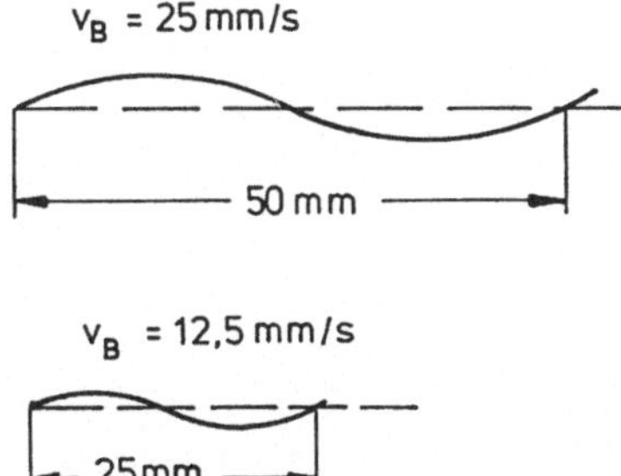

Bild 3.1-11:   Grenzen des Konturfolgens bei
verschiedenen Bahngeschwindigkeiten

3.1.2.2 Sensorische Geschwindigkeitsführung

Man betrachtet das dynamische Gesamtverhalten des Handhabungssystems zwischen dem prozeßabhängigen Sensorsignal als Eingangsgröße und der Roboterbahngeschwindigkeit als Ausgangsgröße.

Das Verhalten auf sprungförmige Sensorsignale ermittelt man für verschiedene programmierte Bahngeschwindigkeiten durch Aufzeichnen der Roboterbahngeschwindigkeit in Abhängigkeit von der Zeit und vom Weg (Bild 3.1-12).

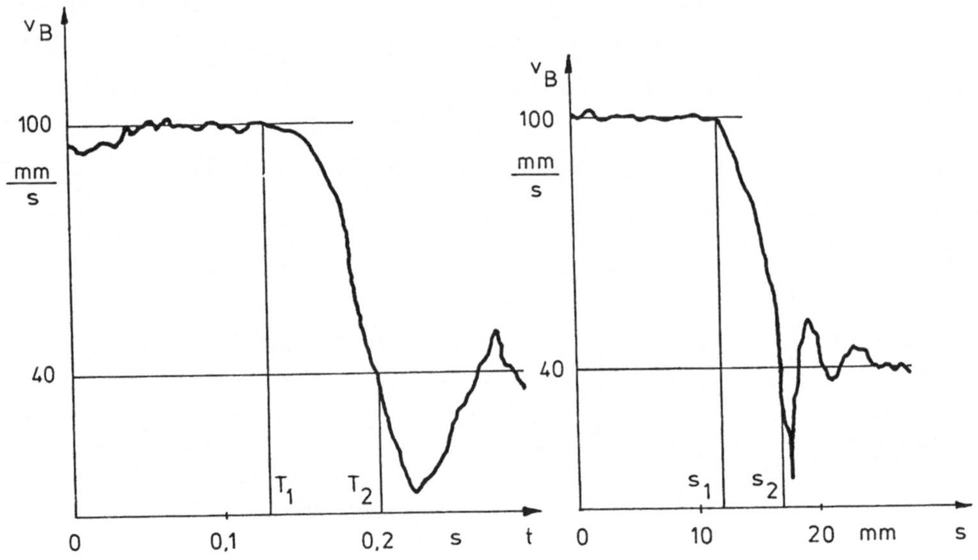

Bild 3.1-12:   Verlauf der Roboterbahngeschwindigkeit bei sprungförmigem Sensorsignal zur Geschwindigkeitsanpassung auf 40%

Die Verzugszeiten sind ein Maß für die Reaktionsschnelligkeit einer sensorischen Geschwindigkeitsführung und sind vor allem wichtige Kenngrößen für die Dimensionierung der Prozeßregelung bei einer Geschwindigkeitsführung mit geschlossenem Wirkungsweg.

Die Verzugswege sind ein Maß für die Reaktionsträgheit bei einer sensorischen Geschwindigkeitsführung und stellen den tatsächlichen Reaktionsweg dar, welcher bei offenem Wirkungsweg einer Geschwindigkeitsführung mindestens noch durchlaufen werden würde. Die maximal zulässigen Reaktionswege werden durch die Art der Roboteranwendung, z.B. durch die Geometrie und die Leistungsfähigkeit der robotergeführten Werkzeuge, und durch die maximal mögliche Nachgiebigkeit des Roboters bestimmt.

Ergebnisse

Die Verzugszeit T_1 und der Verzugsweg s_1 spiegeln die Abtastzeiten durch die Koordinatentransformation der Steuerung wider und sind im obigen Beispiel dominierend. Die Zeit T_2 und der Weg s_2 sind die Kenngrößen zur Beurteilung der Dynamik bei Geschwindigkeitsführung. Sofern keine voreilenden oder vorausschauenden Sensoren verwendet werden, wird eine Geschwindigkeitsführung nur bei relativ kleinen Bahngeschwindigkeiten möglich sein, da der Verzugsweg, z.B. bei 100 mm/s Bahngeschwindigkeit bereits ca. 20 mm beträgt und dieser Weg bei Bearbeitungsaufgaben schon erhebliche Kollisionskräfte verursachen kann.

3.1.3 Ausblick

Die Dynamik sensorgeführter Roboter wird heute noch dominierend durch die Rechenzeiten in den Steuerungen bestimmt. Künftige Roboter werden, bedingt durch leistungsfähigere Steuerungen, höhere Grenzfrequenzen aufweisen. Gleichwohl werden auch die so verbesserten dynamischen Eigenschaften bei vielen Anwendungen nicht hinreichend sein.

Lösungen ergeben sich z.B. durch hochdynamische Zusatzachsen in der Werkzeugaufnahme und durch voreilende bzw. vorausschauende Sensoren.

Mit hochdynamischen Zusatzachsen kann man ohne Zeitverzug durch eine Koordinatentransformation auf Sensorsignale reagieren.

232

Erste Versuche zeigen eine 50-fach verbesserte Dynamik. Dabei werden die Zusatzachsen nur für kleine Korrekturwege im Werkzeugkoordinatensystem eingesetzt. Das Sensorsignal spaltet man mit einer Frequenzweiche in einen oberen und in einen unteren Frequenzbereich auf. Die hohen Frequenzanteile werden den Zusatzachsen und die niederen Frequenzanteile der üblichen Sensorsignalverarbeitung des Roboters zugeführt (Bild 3.1-13).

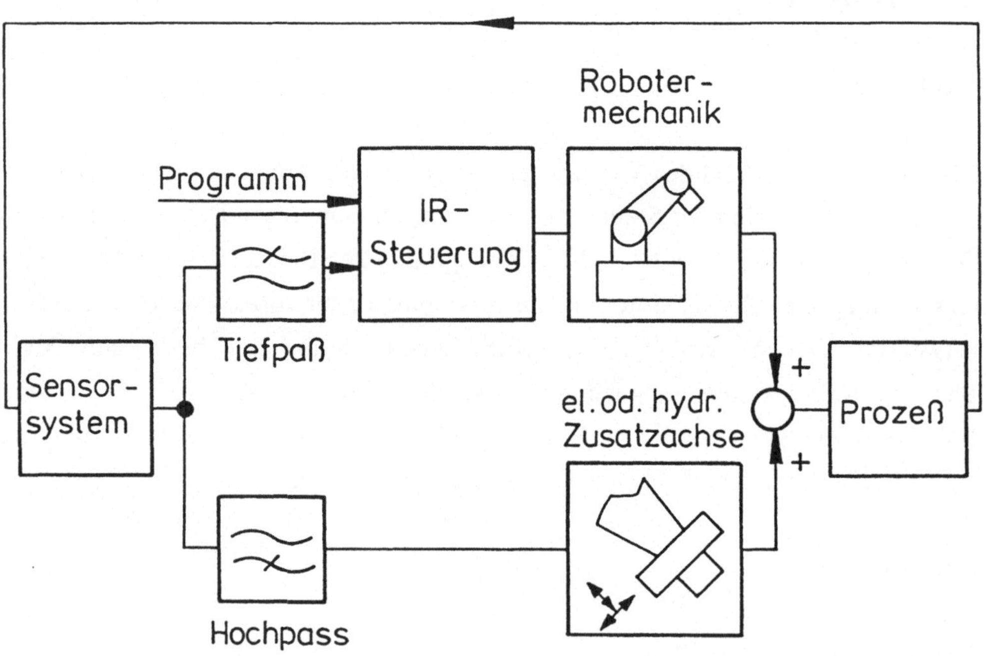

Bild 3.1-13:   Sensorführung mit Zusatzachsen

Literaturverzeichnis

1   Schmid,D.: Nowak,H.: Michalak,E.: Dynamische
        Eigenschaften programmgeführter und sensorgeführter
        Industrieroboter. KFK-PFT 127. Karlsruhe:
        Ges.f.Kernforschung 1986

2   Schmid,D. u.Michalak,E.: Dynamik programmgeführter
        und sensorgeführter Industrieroboter
        Robotersysteme 3, 21-28 (1987)

3   Schmid,D.: Einführung von Robotern mit Sensoren
        VDI-Ber. 551, S. 1-24, Düsseldorf:VDI-Verlag 1985

4   Numerisch gesteuerte Arbeitsmaschinen. Dynamisches Ver-
        halten von numerischen Bahnsteuerungen an Werkzeug-
        maschinen. VDI 3427 Bl. 1 und 2. Berlin:
        Beuth-Verlag 1983

5   Montage- und Handhabungstechnik. VDI 2861, Bl.2.
        Berlin: Beuth-Verlag 1982

3.2 Schnelle Sensordatenrückkopplung mit Hilfe linearisierter Transformationsrechnung

R. Kram, Erlangen

E. Lang, Erlangen

Zusammenfassung

Bei Roboterapplikationen für neue, wichtige Technologien ist die Erfassung und Regelung von Bewegungs- und Prozeßgrößen im Roboterarbeitspunkt unerläßlich. Programm- bzw. bahngesteuerte Roboterbewegungen reichen hier allein nicht aus, da Konturänderungen erfaßt, Prozeßgrößen eingehalten, mechanische Nachgiebigkeiten ausgeregelt und periphere Veränderungen kompensiert werden müssen.

In produktmäßigen Steuerungen werden die Sensorsignale, die implizit die Information über Sollbahn und Kraftbetrag enthalten, in systemmäßigen oder programmierbaren zyklischen Programmen aufbereitet und im Interpolationstakt als kartesische Bahnkorrektursignale vor der Transformation aufgeschaltet.

Aus regelungstechnischen Gründen müssen die Korrekturwerte aber so schnell wie möglich in die Bewegungsführung integriert werden, um einen totzeitdominanten Regelkreis zu vermeiden. Da die Berechnungen im Interpolationstakt, das sind Algorithmen zur Bahninterpolation, Umrechnungen der kartesischen Bezugssysteme und die kartesisch-achsspezifische Transformation, recht umfangreich sind, und die Rechentotzeiten somit nur begrenzt reduziert werden können, sind neue Steuerungsansätze, neue Strukturen zur Aufschaltung der Sensorkorrekturwerte notwendig.

Mit dem neuen Ansatz der Transformationslinearisierung können die Sensorsignale über einfache Matrizenoperationen direkt im unterlagerten Regelkreis eingerechnet werden. Durch das neue Verfahren wird die Dynamik des Sensorregelkreises wesentlich verbessert und der Sensor-Roboter-Anwendungsbereich somit für neue komplexe Technologien erweitert.

3.2.1 Zyklische Sensordatenrückführung im RC-System

Bei manchen Roboteranwendungen können dynamische Einschränkungen im Sensorregelkreis durch geeignete Sensormontage und optimierte Sensorregelalgorithmen umgangen werden, wie z. B. beim Einsatz vorlaufender Sensoren. Bei den meisten Anwendungen dagegen muß eine Meßwerterfassung direkt im Roboterarbeitspunkt erfolgen (Bild 3.2-1). Hierzu gehört die

- Konturfolge, wenn z. B. aus Zugänglichkeitsgründen eine vorlaufende Sensormontage nicht möglich ist,
- Regelung von Prozeßgrößen wie der genaue Arbeitsabstand beim Laserschweißen,
- Krafteinhaltung beim Entgraten und Schleifen,
- Kraft/Momentenüberwachung und -korrektur bei Montagevorgängen.

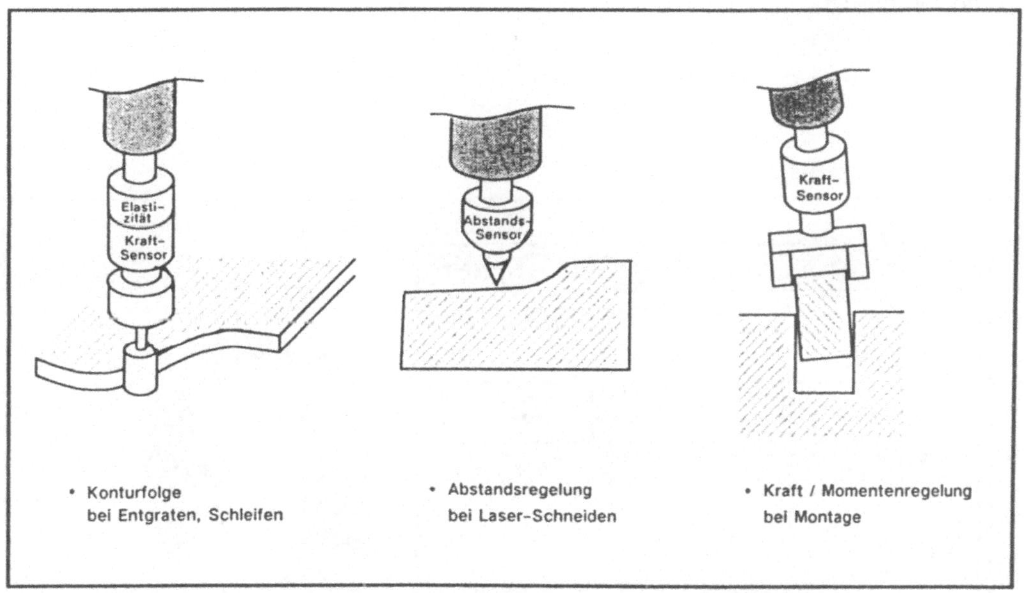

Bild 3.2.-1: Sensoreinsatz in der Prozeßbearbeitung – Anwendungen.

Wie in 1.7 beschrieben, verfügen leistungsfähige RC-Steuerungssysteme über frei programmierbare, zyklische Sensoreingriffe und Bewegungskorrekturen im Interpolationstakt. Die Größe des Interpolationstaktes, der die Güte des Sensorregelkreises wesentlich mitbestimmt, ist dabei abhängig von den zyklisch durchzuführenden Berechnungen und der Gesamtstruktur des Robotersteuerungssystems. Letztere wird wesentlich bestimmt von der Funktionalität für die technologische Anwendung und von der Flexibilität bei der Anpassung an unterschiedliche Roboterkinematiken. Dies setzt einen modularen Systemaufbau und einheitliche Systemschnittstellen voraus.

Die Sensormeßwerte selbst werden im sensorgebundenen, kartesischen Koordinatensystem aufgenommen und verarbeitet, und lassen sich dann über die Sensormontageinformation mit meist einfachen Operationen in das kartesische Werkzeug– oder Roboterendpunktkoordinatensystem und weiter ins Roboterbasissystem umrechnen, um von hier schließlich über die kartesisch-achsspezifische Transformation den einzelnen Roboterachsen zugeordnet werden zu können.

Die sich ergebenden kartesischen Korrekturgrößen verändern also Zielpunkt und/oder Orientierung in den kartesischen Basiskoordinaten und müssen deshalb vor der kartesisch achsspezifischen Umrechnung, in die Bewegungsführung aufgeschaltet werden, so daß der prinzipielle strukturelle Ablauf nach Bild 3.2–2 notwendig ist.

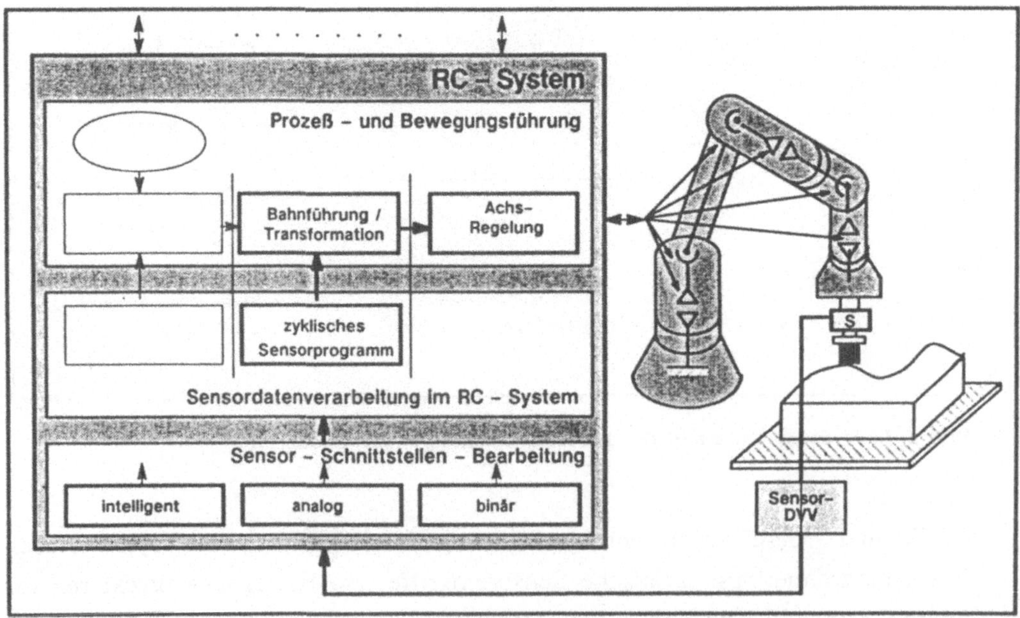

Bild 3.2.–2: Sensorabhängige Bewegungsführung – Systemübersicht

3.2.2 Regelungstechnische Modellierung des Sensorregelkreises

Die vollständige regelungstechnische Modellierung des Sensorregelkreises faßt Bild 3.2-3 zusammen. Der eigentliche Sollwert z. B. Sollabstand, Sollkraft wird in der Sensorfunktion vor Differenzbildung und Regelalgorithmus vorgegeben. Es folgt der additive Systemeingriff in die Bewegungsführung. Bei Bahnrichtung normal zur Sensorkorrekturrichtung, beeinflussen die Bahninkremente den Sensorregelkreis nicht. Die eigentlich nichtlineare kartesisch–achsspezifische Transformation kann im Kleinsignalbereich durch ein P-Glied beschrieben werden. Das Totzeitglied faßt die benötigten Verarbeitungszeiten in der Steuerung zusammen. Die Dynamik der symmetrierten Achsregelkreise wird mit einem PT_2-Glied angenähert. Die über die Robotermechanik implizit stattfindende Transformation achsspezifisch–kartesisch ist regelungstechnisch das inverse Glied zur kartesisch–achsspezifischen Transformation in der Steuerung. Der Sensor erfaßt mit seiner Meßdynamik die Istgröße, Abstand oder Kraft, verarbeitet diesen eventuell vor und überträgt die Signale zur Steuerung.

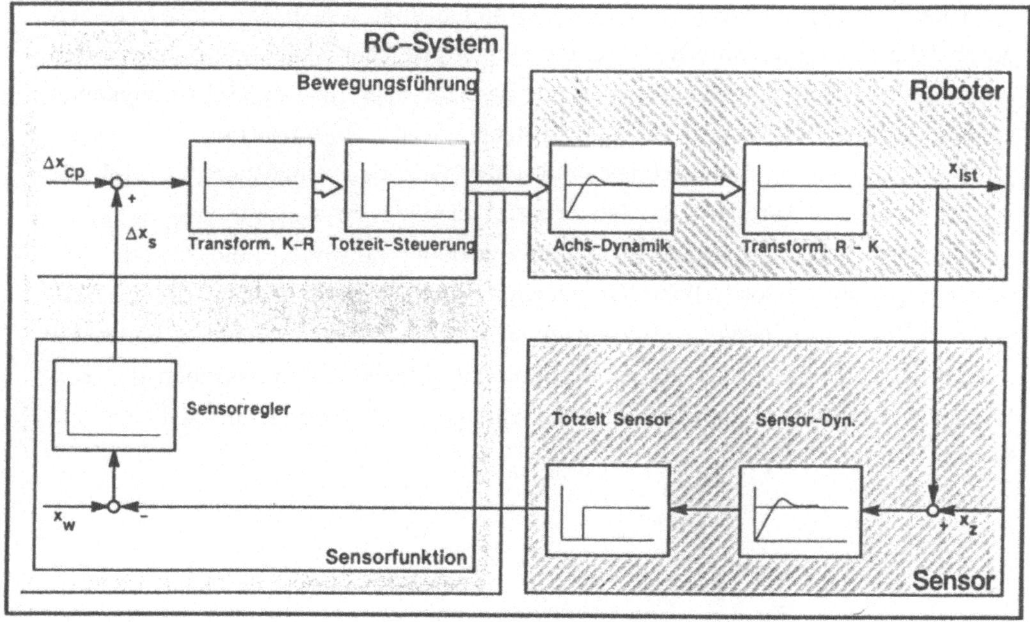

Bild 3.2.–3: Modellierung Sensorregelkreis (Rückführung im Ipo-Takt)

Bei konstanter Sollgröße läßt sich der Regelkreis bezüglich der Konturfolge in einen Regelkreis mit Sensorregler, Systemeingriffsfunktion, Totzeitglied und Strecke mit optimierten PT_2-Verhalten vereinfachen. Die Dynamik des Sensormeßverhaltens kann meist gegen die Regelstreckendynamik vernachlässigt werden, die Sensor- und Schnittstellentotzeiten werden im Totzeitglied berücksichtigt.

Für die regelungstechnische Auswertung ist es vorteilhaft, die Totzeit über ein PT_1-Glied zu approximieren und das angenäherte Gesamtübertragungsverhalten mit der Übertragungsfunktion

$$F_0\,(s) = R_{Sen}\,(s) \cdot \frac{1}{(1+T_{tg}\cdot s)} \cdot \frac{1}{s\cdot T_\phi} \cdot \frac{1}{(T_1 T_2 \cdot s^2 + T_2 \cdot s + 1)}$$

in der Reglerauslegung zu optimieren.

3.2.3 Schnelle Sensordateneinrechnung über linearisierte Transformationsrechnung

Trotz Optimierung wird das Gesamtverhalten aber wegen der großen Totzeit durch die systemtechnischen Randbedingungen den technologischen und regelungstechnischen Anforderungen nur bei sehr begrenzten Geschwindigkeiten gerecht. Eine Verkleinerung der Totzeit durch Reduzierung der Interpolationstakte ist aus steuerungstechnischen Gründen eingeschränkt und die Rückführung der kartesischen Sensorkorrekturwerte im wesentlich schnelleren unterlagerten Takt mit geringerer Zykluszeit daher notwendig; diesem steht die aufwendige, aber erforderliche Transformationsrechnung entgegen, die die Sensorkorrekturen anteilsmäßig den einzelnen Achsen zuordnet. Abhilfe bietet der Ansatz über die Linearisierung der funktionalen Beziehungen zwischen den kartesischen Koordinaten und den Gelenkstellungen des Roboters im Arbeitspunkt nach

$$\underline{x} = \underline{f}\,(\underline{\alpha})$$

$$\underline{\alpha} = \underline{f}^{-1}(x)$$

$$(\underline{\alpha}_0 + \Delta\underline{\alpha}) = \underline{f}^{-1}(\underline{x}_0 + \Delta\underline{x}) \simeq \underline{f}^{-1}(x_0) + \left.\frac{\delta f^{-1}(\underline{x})}{\delta x}\right/_{x_0} \cdot \Delta\underline{x}$$

$$\simeq \underline{f}^{-1}(x_0) + \underline{T}_{KR_{x_0}} \cdot \Delta\underline{x}$$

und die Umrechnung der kartesischen in achsspezifische Korrekturwerte über minimierte lineare Operatoren im unterlagerten Takt (Bild 3.2–4).

Dort muß zyklisch die Auswertung

$$\Delta \underline{\alpha}_{Sen} = \underline{T}_{KR} \quad \Delta \underline{x}_{Sen}$$

durchgeführt werden. $\Delta \underline{\alpha}_{Sen}$ enthält die aus der Sensorkorrektur resultierenden Gelenkwinkeländerungen. $\Delta \underline{x}_{Sen}$ die kartesischen Sensorkorrekturwerte in einem definierten kartesischen Bezugssystem nach Einrechnung der Regelverstärkung, $\underline{T}_{KR}$ die linearisierte Transformationsmatrix vom kartesischen Bezugssystem in die Achswinkel, also

$$\underline{T}_{KR} = \left(\frac{\delta \alpha}{\delta x} , \frac{\delta \alpha}{\delta y} , \frac{\delta \alpha}{\delta z} , \frac{\delta \alpha}{\delta A} , \frac{\delta \alpha}{\delta B} , \frac{\delta \alpha}{\delta C} \right)$$

Bei Vollbesetzung entspricht $\underline{T}_{KR}$ der inversen Jacobi–Matrix, doch wird für die reale technologische Anwendung meist nur die schnelle Korrektur in wenigen Freiheitsgraden, z. B. normal zum Bahnvorschub benötigt. Die Orientierung wird über die Sensorfunktion nachgestellt. Die Neuberechnung von $\underline{T}_{KR}$ im Interpolationstakt oder auch erst nach mehreren Takten reicht aus, da sich das Kleinsignalverhalten innerhalb einiger Takte nur wenig ändert.

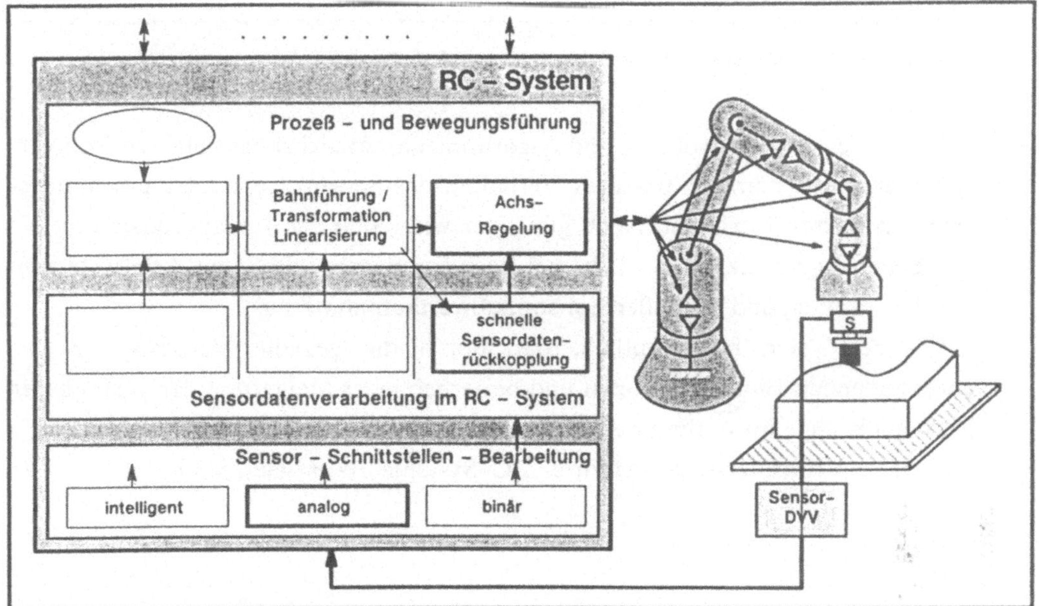

Bild 3.2.–4: Schnelle Sensordatenrückkopplung – Systemlösung

Die neue Systemlösung (Bild 3.2-4) ergibt die regelungstechnische Struktur nach Bild 3.2-5. Die linearisierte Transformation wird im unterlagerten Sensorregelkreis ausgeführt, und damit die für das dynamische Verhalten entscheidende Verarbeitungstotzeit wesentlich reduziert, während Achsregelstrecke und Sensordynamik gleich bleiben. Durch die wesentlich geringere Totzeit im Regelkreis kann der Sensorregler besser auf das eigentliche Streckenverhalten hin optimiert werden.

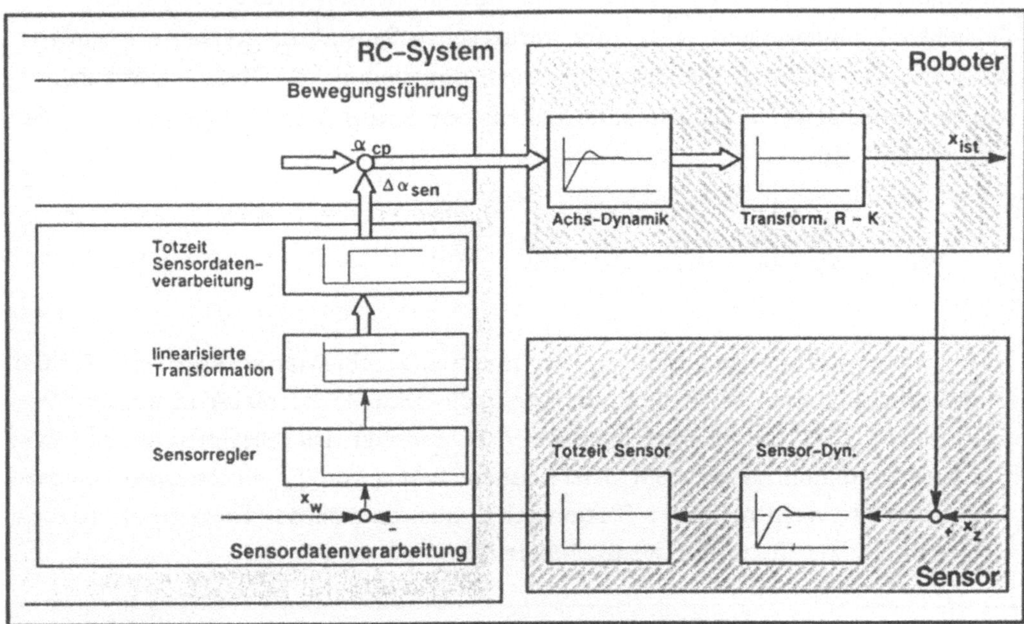

Bild 3.2.-5: Schnelle Sensordatenrückkopplung: Modellierung

Durch den neuen Struktur- und Algorithmenansatz wird bei heutigen Robotersystemen ein dynamisch besseres Verhalten des Sensorregelkreises um mindestens den Faktor 2 erreicht. Noch günstiger wirkt sich die Totzeitreduzierung bei schnellen Lageregelkreisen, d. h. bei hochdynamischen Roboter-Achssystemen, und bei exakter und schneller Sensormeßwertaufnahme aus.

Es zeigt sich hier deutlich, daß durch die gezielte Verbesserung von entscheidenden Einzelfunktionen und bei erheblicher Steigerung der verfügbaren Rechenleistung, im optimierten Gesamtsystem wesentliche Fortschritte im technologischen Einsatz sensorgeführter RC-Systeme zu erzielen sind.

3.3 Hybride Kraft/Weg-Regelung von Industrierobotern

M. Dlabka, J. Held, W. Wendt, Berlin

Zusammenfassung

In dem vorliegenden Beitrag wird über die Entwicklung und Erprobung eines kombinierten Positions/Kraftregelungsverfahrens für Industrieroboter berichtet. Das auf der Grundlage der Hybrid-Regelungsstruktur /3/ entwickelte Verfahren zeichnet sich durch große Flexibilität hinsichtlich des Einsatzes bei unterschiedlichen fertigungstechnischen Aufgabenstellungen aus. Anhand vereinfachter mathematischer Modelle von Industrierobotern und kraftschlüssigen Fertigungsaufgaben wird die Leistungsfähigkeit des Verfahrens durch Rechnersimulation nachgewiesen. Experimentelle Untersuchungen von Aufgabenstellungen mit Dämpfungs- und Steifigkeitsverhalten wurden unter Verwendung eines Gelenkroboters mit sechs Freiheitsgraden durchgeführt. Die hohen Echtzeitanforderungen der Regelalgorithmen lassen sich mit einer Mehrprozessorsteuerung   erfüllen.

3.3.1 Einführung

Derzeit industriell eingesetzte Industrieroboter sind für die Ausführung freier Bewegungen ausgelegt. Bei zahlreichen fertigungstechnischen Aufgabenstellungen besteht jedoch Kraftschluß zwischen dem von dem Roboter geführten Handhabungsobjekt und der Umgebung. Diese Fertigungsaufgaben sind nur dann durchführbar, wenn

— das kraftschlüssig verbundene System eine gewisse Mindestnachgiebigkeit besitzt, so daß Positionstoleranzen keine unzulässigen Zwangskräfte bewirken (passive compliance) oder wenn
— der Roboter programmierbare Kräfte ausüben kann (active compliance).

Zu den passiven Konzepten zählt das "remote centre compliance element", das für Fügeaufgaben entwickelt wurde und große Verbreitung gefunden hat. Die Flexibilität dieses Elementes ist jedoch entscheidend eingeschränkt, da das Problem der Einstellbarkeit sowohl der Steifigkeit selbst als auch der Lage des Steifigkeitszentrums noch nicht befriedigend gelöst ist /15/.

Aktive Konzepte sind alle Verfahren mit Kraftrückführungen, wobei unterschiedliche Regelstrategien angewendet werden. Diese Methoden sind flexibel in bezug auf Programmierbarkeit und damit an unterschiedliche Fertigungsaufgaben anpaßbar und besitzen daher ein großes Innovationspotential.

Im Forschungsbereich wurden folgende Prinzipien der Kraftregelung für Industrieroboter entwickelt:

— Steifigkeitsregelung,
— Dämpfungsregelung,
— Impedanzregelung und
— Explizite Kraftregelung,

deren charakteristisches Verhalten in /1,2/ beschrieben ist. Regelstrecke ist der Roboter, der über die ausgeübte Kraft mit der Umgebung verbunden ist. Unterscheidungsmerkmale der einzelnen Regelverfahren sind die Bewegungs- oder Kraftvorgabe und die Kraftregelstrategie (Bild 3.3-1).

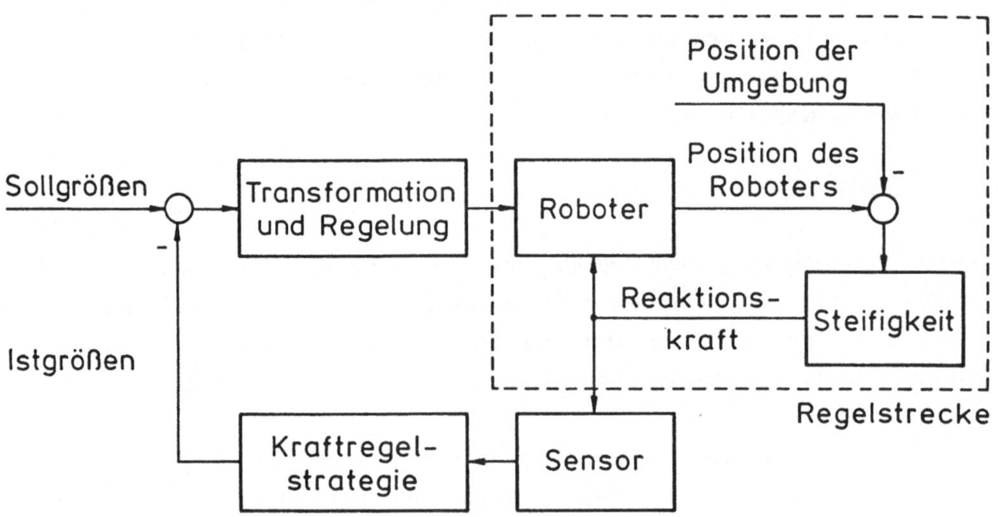

Bild 3.3-1: Grundstruktur von Kraftregelungen für Roboter /1/

Bei der Steifigkeitsregelung wird eine Position vorgegeben, wobei sich die auf das Werkstück ausgeübte Kraft nach der Steifigkeit des Regelsystems (Regelstrategie) bestimmt. Die bei der Dämpfungsregelung sich einstellende Kraft ist proportional der vorgegebenen Geschwindigkeit und der Dämpfung des Regelsystems. Die Impedanzregelung ist eine Kombination von Steifigkeits- und Dämpfungsregelung. Bei der expliziten Kraftregelung werden direkt Kräfte (anstatt Positionen und Geschwindigkeiten) vorgegeben und geregelt.

Die im folgenden Abschnitt beschriebene Hybridregelung ist ein Konzept zur Roboterregelung, das es ermöglicht, in orthogonalen Wirkrichtungen eines aufgabenspe-

zifisch programmierbaren Koordinatensystems (Effektorsystem) Positions- und Kraft-
regelprinzipien anzuwenden.

3.3.2 Compliance-Konzept und Hybridregelung

Das von Raibert und Craig /3/ entwickelte Konzept der Hybridregelung ist konsistent
zu der von Mason /4/ erarbeiteten Theorie der Formulierung der Steuerstrategie aus
der geometrischen Konfiguration der Fertigungsaufgabe. Grundlage hierzu ist ein auf-
gabenspezifisches kartesisches Koordinatensystem, in dem Positions- und Kraftfrei-
heitsgrade* eines punktförmigen Endeffektors vorgegeben werden, die durch die
Aufgabe definiert sind . In diesem Aufgabenkoordinatensystem ist eine sogenannte
Beschränkungs (constraint)-Fläche (c-Fläche) definiert, die im reibungsfreien Fall
dadurch gekennzeichnet ist, daß Positionsfreiheitsgrade tangential zu dieser c-Fläche
(Geschwindigkeit $\neq$ 0 ist möglich) und Kraftfreiheitsgrade normal zu dieser c-Fläche
liegen. Die Bezeichnung "Fläche" ist hier sehr weit gefaßt, denn je nach Fertigungsaufgabe kann diese Fläche null-sechsdimensional sein. Die Fläche ist nulldimensional,
wenn in jeder der sechs Richtungen eine Kraft ausgeübt werden kann (Position/Orien-
tierung liegt fest); sie ist sechsdimensional, wenn in keiner der sechs Richtungen
Kräfte ausgeübt werden können (vollständig freie Bewegung).

Beispielhaft wird das reibungsfreie Polieren einer Kugel betrachtet, deren c-Fläche
mit der Kugeloberfläche identisch ist. Diese c-Fläche wird durch zwei Bedingungen
festgelegt:

— Den **natürlichen Beschränkungen.** Diese ergeben sich, unabhängig von der Fertigungsaufgabe, aus der geometrischen Werkzeug/Werkstück-Relation. Im Fall der
  (reibungsfrei) zu polierenden Oberfläche gilt daher in Kugelkoordinaten $\dot{r} = 0$.
  Damit kann in dieser Richtung eine Kraft vorgegeben werden. Bei einem idealen
  (punktförmigen) Endeffektor sind bezüglich seiner Orientierung keinerlei
  Beschränkungen gegeben, d.h. es können keine Momente und Kräfte in den Kugelkoordinaten φ und ϑ ausgeübt werden.

— Den **künstlichen Beschränkungen.** Diese ergeben sich aus den auf-
  gabenspezifischen Beschränkungen im Koordinatensystem und bestimmen letzt-
  lich die Aufgabentrajektorie (Position/Orientierung bzw. Kraft/Moment). Bei dem
  betrachteten Fertigungsbeispiel unter Verwendung der Kugel bedeutet das, daß

---

* Die im folgenden verwendeten Begriffe Position und Kraft bezeichnen jeweils
Position und Orientierung sowie Kraft und Moment

bezüglich dieses Koordinatensystems die Orientierung des Werkzeuges stets kontant und parallel zur Kugeloberfläche ausgerichtet ist und die Andruckkraft konstant sein soll, d.h.

— Orientierung bezüglich des Normalenvektors ist const.,
— Andruckkraft ist const. (vorgegeben) und
— Position (Bahn) auf der Kugel ist vorgegeben.

In der folgenden Tabelle (Tabelle 3.3-1) sind die natürlichen und künstlichen Beschränkungen des betrachteten Beispiels unter Verwendung von Kugelkoordinaten zusammengefaßt.

Dieses Konzept wird durch die Hybrid-Regelung realisiert. Die Regelfehler werden in dem Aufgabenkoordinatensystem gebildet. Um die Aufgabenausführung sicherzustellen, werden die Positions- und Kraftfreiheitsgrade mit einer Auswahlmatrix festgelegt. In dem betrachteten Beispiel wirkt die Kraftregelung in der r-Komponente des Kugelkoordinatensystems; die anderen Koordinaten sind positionsgeregelt.

Tabelle 3.3-1: Natürliche und künstliche Beschränkungen des Polierprozesses einer Kugeloberfläche

	Freiheits-grad	natürliche Beschränkungen	künstliche Beschränkungen
Position	r	$\dot{r} = 0$	$- F_r$ = const.
	φ	$F_\varphi = 0$	$\dot{\varphi}\,(t) = K_\varphi\,(t)$
	ϑ	$F_\vartheta = 0$	$\dot{\vartheta}\,(t) = K_\vartheta\,(t)$
Orientierung	Ψ	$F_\Psi = 0$	$\dot{\Psi}\,(t)$ = const.
	Θ	$F_\Theta = 0$	$\dot{\Theta}\,(t)$ = const.
	Φ	$F_\Phi = 0$	$\dot{\Phi}\,(t)$ = const.

Bisher wurde von Kraftreglern gesprochen, ohne daß ihre Art (Explizite Kraft-, Steifigkeits-, Dämpfungs- und Impedanzregelung) festgelegt wurde. In der Hybrid-Struktur kann jede dieser Kraftregelungsprinzipien realisiert werden. Darüber hinaus können verallgemeinernd in jeder Richtung des Aufgabenkoordinatensystems unterschiedliche Kraftregelkonzepte eingesetzt werden, falls die Fertigungsaufgabe dies erfordert.

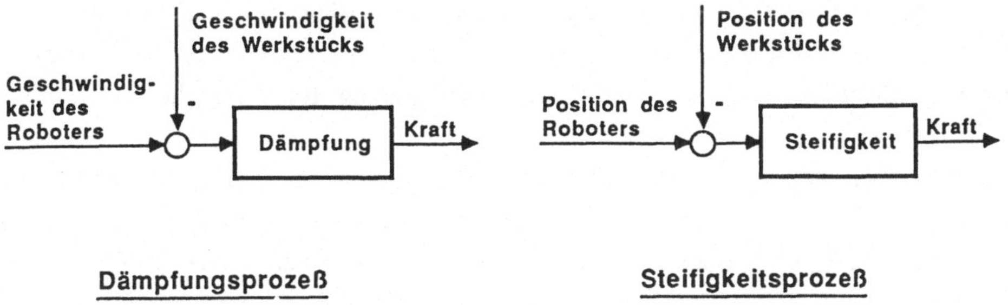

Bild 3.3-2: Regelstrecken kraftschlüssiger Fertigungsprozesse

Die Festlegung der natürlichen und künstlichen Beschränkungen wird exemplarisch an zwei Fertigungsaufgaben dargestellt, die auch zur Untersuchung von Kraftreglerstrukturen herangezogen werden. Kraftschlüssige Fertigungsaufgaben lassen sich gemäß Bild 3.3-2 in Dämpfungsprozesse und Steifigkeitsprozesse gliedern.

Ein Dämpfungsprozeß liegt vor, wenn die Reaktionskräfte der Verfahrgeschwindigkeit proportional sind. Spanungsprozesse besitzen näherungsweise diese Eigenschaft. Fügeaufgaben haben den Charakter von Steifigkeitsprozessen. Hier ist die Reaktionskraft einer Verformung proportional. Fertigungsaufgaben sind jedoch fast immer Mischformen, wobei eine Prozeßart dominiert.

Das Entgraten von Gußteilen mit Schaftfräsern nach Bild 3.3-3 ist als Dämpfungsprozeß aufzufassen, wobei in y -Richtung der Gratscheitellinie auf konstante Vor-

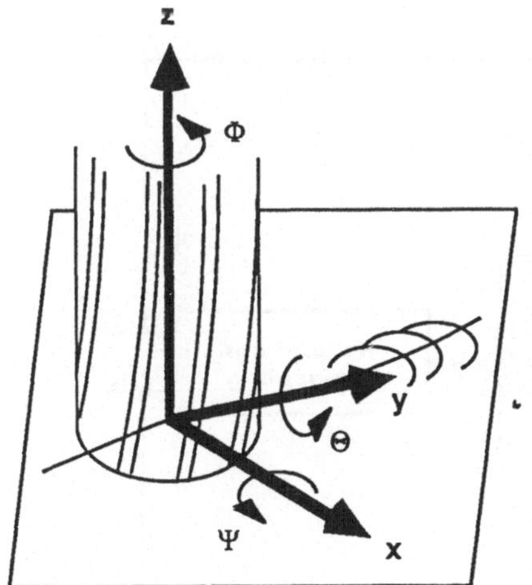

Freiheits-grad	natürliche	künstliche
	Beschränkungen	
x	$F_x = 0$	v_x = const.
y	$v_y = 0$	$F_y = k_y$
z	$-F_z = 0$	v_z = const.
Ψ	$\tau_x = 0$	ω_x = const.
Θ	$\tau_y = 0$	ω_y = const.
Φ	$\tau_z = 0$	ω_z = const.

Bild 3.3-3: Natürliche und künstliche Beschränkungen des Entgratprozesses

schubkraft geregelt wird. Beim Entgratprozeß mit Schaftfräser wird angenommen, daß die Passivkraft in z -Richtung klein ist gegenüber der Aktivkraft in der Tangentialebene der Oberfläche, so daß eine natürliche Beschränkung für F_z nicht angenommen wird.

Das Verkleben von Teilen mit programmierbarer Andruckkraft gemäß Bild 3.3-4 ist als Steifigkeitsprozeß anzusehen. Eine Rolle wird vom Roboter über die Werkstückoberfläche geführt, wobei in Richtung der Flächennormalen eine Kraft ausgeübt wird.

Freiheits-grad	natürliche Beschränkungen	künstliche Beschränkungen
x	$F_x = 0$	$v_x = k_x$
y	$F_y = 0$	$v_y = k_y$
z	$v_z = 0$	$F_z = -k_z$
Ψ	$\tau_x = 0$	$\omega_x = $ const.
Θ	$\tau_y = 0$	$\omega_y = $ const.
Φ	$\tau_z = 0$	$\omega_z = $ const.

Bild 3.3-4: Natürliche und künstliche Beschränkungen beim Zusammenpressen einer Klebeverbindung

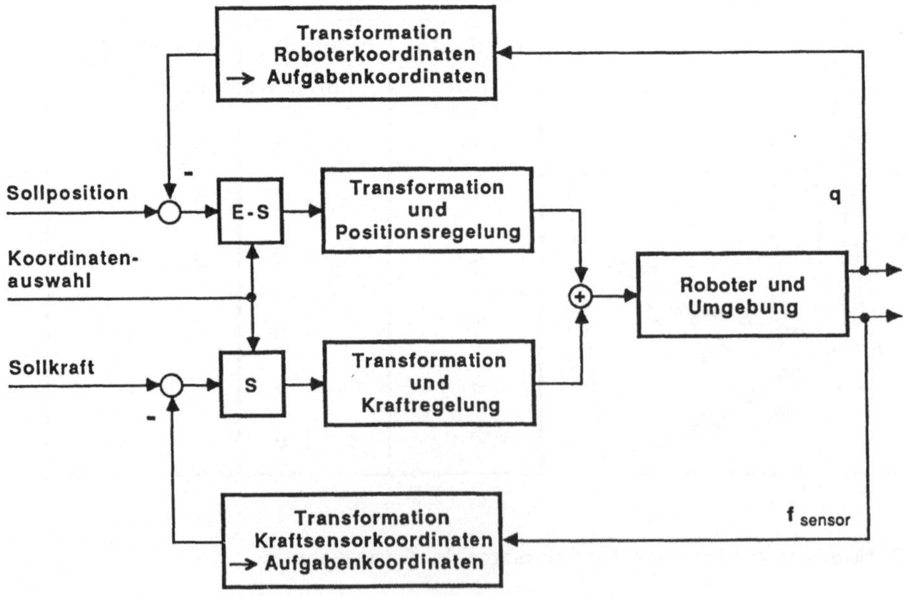

Bild 3.3-5: Grundstruktur einer hybriden Kraft/Weg-Regelung

Auf der Grundlage der natürlichen Beschränkungen und den aus der Aufgabenstellung abgeleiteten künstlichen Beschränkungen erzeugt ein Aufgabenplanungsmodul die von der Hybridregelung auszuführenden Positions- und Krafttrajektorien.
Bild 3.3-5 zeigt die Grundstruktur des Regelungsverfahrens.

3.3.3 Entwicklung und Realisierung einer Hybridregelung

3.3.3.1 Struktur der Hybridregelung

Die Hybridregelung ist ein universelles Konzept zur Ausführung kraftschlüssiger Fertigungsaufgaben. Die Programmierung der Wirkrichtungen von Kraft und Position erfolgt dabei in einem orthogonalen Dreibein, dessen Ursprung sich am Werkzeugeingriffspunkt befindet. Bei marktverfügbaren Robotern wäre eine Kraftregelung nur durch Überlagerung der vorhandenen Lageregelung zu realisieren. Der konzeptionelle Vorteil der Hybridregelung besteht daher auch darin, daß die Auslegung des Kraftreglers von der Dynamik der Lageregelung unabhängig ist.

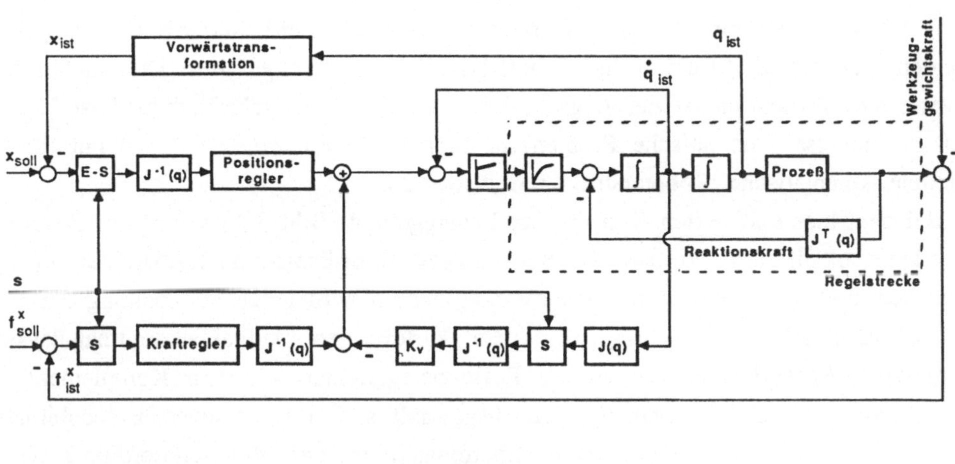

Bild 3.3-6: Vereinfachte Struktur der am IPK entwickelten Hybridregelung

Aufbauend auf der Arbeit von Mason (1970) /4/ begann die historische Entwicklung der Hybridregelung mit der von Raibert und Craig (1981) /3/ vorgestellten Struktur. Diese, sowie die von Reboulet/Robert (1985) /5/, Zhang/Paul (1985) /6/ und Hashimoto et. al. (1986) /7/ vorgeschlagenen Strukturen basieren auf robusten Reglerentwürfen, die von vereinfachten dynamischen Prozeßmodellen ausgehen und daher auf robustes Regelverhalten gegenüber Parameteränderungen und Störungen in der Regelstrecke ausgelegt werden müssen. In Yoshikawa et. al. (1987) /8/ und Khatib (1987) /9/ wird eine "Feedback-Entkopplung" in die Regelung einbezogen, die zu der Gruppe der Inverse-Modell-Regelungen zählt. Von Leininger et. al. (1985) /10/ wird eine adaptive Regelung aus der Gruppe der "self-tuning"-Verfahren vorgeschlagen.

Robustes Regelverhalten steht bei dem am IPK entwickelten Verfahren als wichtiges Entwicklungsziel im Vordergrund. Aus Realisierbarkeitsgründen wurde das Konzept der kaskadenstrukturierten Lageregelung existierender Industrieroboter beibehalten. Den äußeren hybriden Positions- und Kraftregelschleifen (Abtastregelung) sind die analogen Geschwindigkeits- und Stromregelkreise gemeinsam unterlagert. Bild 3.3-6 zeigt die vereinfachte Struktur der Hybridregelung. Der obere Teil des Bildes enthält die Lageregelung und im unteren Teil ist die Kraftregelung mit unterlagerter Geschwindigkeitsrückführung in Kraftrichtung dargestellt.

3.3.3.2 Positionsregelung

Die Kaskadenstruktur der Roboter-Lageregelung wurde in der Vergangenheit aus dem Werkzeugmaschinenbereich übernommen. Positionsfehlerbildung und Regelung werden bei dieser Struktur in Roboterkoordinaten durchgeführt. Die nichtlineare inverse Transformation ist der Lageregelung vorgeschaltet. Unbefriedigend ist hierbei, daß das inverse kinematische Problem in expliziter Form $q_{ist} = f^{-1}(x_{ist})$ nur für bestimmte kinematische Roboterstrukturen lösbar ist.

Bei dem hier realisierten Konzept der Lageregelung (Bild 3.3-6) wird der Positionsregelkreis modifiziert, so daß die notwendigen Koordinatentransformationen in ihm enthalten sind. Die Istposition der Bewegungsachsen wird unter Verwendung der Vorwärtstransformation $x_{ist} = f(q_{ist})$ in dem kartesischen Aufgabenkoordinatensystem dargestellt. Anschließend werden die Positionsregelfehler mit dem Komplement der Selektionsmatrix (E-S) aufgabengemäß ausgewählt und mit der inversen Jacobimatrix $\Delta q = J^{-1}(q_{ist})\Delta x$ von den Aufgabenkoordinaten in das Roboterkoordinatensystem transformiert. Bei dieser Struktur der Lageeinstellung ist eine explizite Lösung des inversen kinematischen Problems nicht erforderlich. Ein erhöhter Rechenaufwand ist hier jedoch für die Berechnung und Inversion der Jacobimatrix sowie für die Durchführung der Vorwärtstransformation und für die Jacobimatrix-Vektor-Multiplikation in jedem Positionsregelzyklus zu erbringen. Die Elemente der Jacobimatrix sind Funktionen der Armposition. Das Zeitintervall für die zyklische Aktualisierung der Jacobimatrix ist somit von der Armgeschwindigkeit und von der geforderten Regelgüte abhängig.

3.3.3.3 Kraftregelung

Im Gegensatz zur Lageregelung arbeitet der Kraftregler in dem aufgabenbezogenen kartesischen Koordinatensystem, da die dominierenden Parameter der Kraftregelstrecke (Dämpfung und Steifigkeit) prozeßabhängig sind und vorzugsweise in den Kraftwirkrichtungen des Aufgabenkoordinatensystems auftreten.
Aufgrund erster Analysen kraftgeregelter Fertigungsprozesse sind folgende Entwurfsziele anzustreben:

— gute Störunterdrückung, um beispielsweise den Einfluß von Oberflächeneffekten (Rauhigkeit) gering zu halten und um die Wirkung auftretender Koppelkräfte zu verringern,
— der stationäre Kraftfehler soll bei konstanten Kraftführungsgrößen gering sein,
— geringes Überschwingen.

Dazu wurde das stationäre Führungsverhalten kraftgeregelter Dämpfungs- und Steifigkeitsprozesse unter Verwendung der Strukturen in Bild 3.3-8 und Bild 3.3-14 qualitativ ermittelt und in Bild 3.3-7 dargestellt. Die Untersuchung erfolgte für P- und PI- Kraftreglerstrukturen und in Abhängigkeit von der Existenz einer unterlagerten PI-Geschwindigkeitsregelung.
Dem Bild ist zu entnehmen, daß die Forderung bezüglich des stationären Kraftfehlers bei Steifigkeitsprozessen zu erfüllen ist mit

— PI-Kraftregler oder mit
— P-Kraftregler, wenn die Kraftregelung eine unterlagerte PI-Geschwindigkeitsregelung besitzt.

Bild 3.3-7 ist auerdem zu entnehmen, daß die unterlagerte PI-Geschwindigkeitsregelung bei der Kraftregelung von Dämpfungsprozessen keinen Einfluß auf das stationäre Führungsverhalten hat.
Für die regelungstechnischen Untersuchungen, die in den folgenden Abschnitten beschrieben sind, werden beispielhaft Strukturen mit PI-Kraftreglern betrachtet, wobei die Reglerauslegung für Dämpfungs- und Steifigkeitsprozesse durchgeführt wird. Unter Berücksichtigung der vereinfachenden Annahme, daß die Kopplungen zwischen den Bewegungsachsen zu vernachlässigen sind (gutes Störübertragungsverhalten vorausgesetzt), können die Untersuchungen jeweils anhand einer einzelnen Verfahrachse des Roboters vorgenommen werden.

Regelstrecke	Steifigkeitsprozeß				Dämpfungsprozeß			
unterlagerte PI - Geschwindigkeitsregelung	mit		ohne		mit		ohne	
Kraftreglerstruktur	P	PI	P	PI	P	PI	P	PI
⎍	0	0	const.	0	const.	0	const.	0
⎍⁄	const.	0	∞	const.	∞	const.	∞	const.
⎍⁄	∞	const.	∞	∞	∞	∞	∞	∞

Bild 3.3-7: Stationäre Regelfehler von Kraftregelungen bei Führungstestfunktionen

Kraftregelung von Dämpfungsprozessen

Zur simulationstechnischen Untersuchung kraftgeregelter Spanungsprozesse eignet sich ein elastisch gekoppeltes Zweimassenmodell nach Bild 3.3-8, wobei der Grad der Kraftschlüssigkeit zwischen Werkzeug und Werkstück in Form einer viskosen Dämpfung d_r berücksichtigt wird, so daß die achsbezogenen Reaktionsmomente $M_F = d_r\,\dot{q}_e$ entstehen. Bleiben die beiden Verzögerungsglieder für das Stellglied und für die Sensorübertragungsfunktion unberücksichtigt, dann kann die Übertragungsfunktion der Regelstrecke mit dem achsbezogenen Reaktionsmoment M_F als Ausgangsgröße und dem Motormoment M_M als Eingangsgröße aus Bild 3.3-8 abgeleitet werden:

$$\frac{M_F(s)}{M_M(s)} = \frac{e\,d_r\left(1 + \dfrac{K_{RG}}{e}s\right)}{J_L J_M N_1 N_2 s^3 + [d_r J_M N_1 N_2 + K_{RG}(J_M N_1 N_2 + J_L)]s^2 + [d_r K_{RG} + e(J_M N_1 N_2 + J_L)]s + e\,d_r}\,.$$

Der Prozeßparameter d_r ist infolge veränderlicher Schnittbedingungen variabel. Für die Fertigungsaufgabe "Entgraten von Gußteilen" ergibt sich ein Variationsbereich von *100 Nms* < d_r< *5000 Nms*.

Der Verlauf der Wurzeln des Nennerpolynoms der Übertragungsfunktion in Abhängigkeit von der viskosen Dämpfung ist in Bild 3.3-9 dargestellt. Große Werte der viskosen Dämpfung entstehen bei großen Spanungsvolumina und geringen Verfahrgeschwindigkeiten. Für $d_r \rightarrow \infty$ ist die Übertragungsfunktion unabhängig von dem Lastträgheitsmoment J_L und nur noch von 2. Ordnung:

$$\frac{M_F(s)}{M_M(s)} = \frac{e + K_{RG}\,s}{J_M N_1 N_2 s^2 + K_{RG}\,s + e}\,.$$

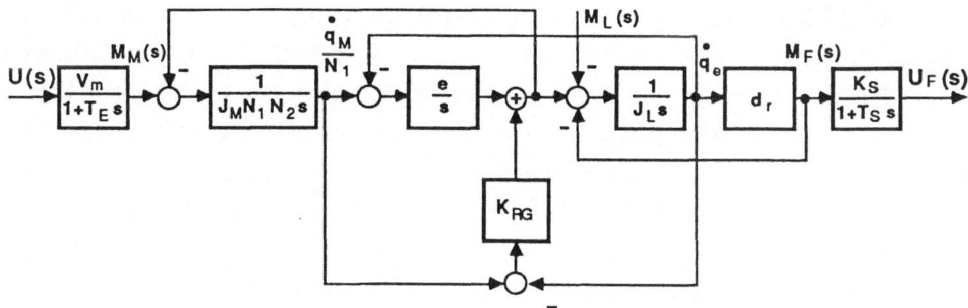

e	=	Getriebesteifigkeit	T_E =	Zeitkonstante des Stellgliedes
J_M	=	Trägheitsmoment der Motorwelle	T_S =	Zeitkonstante des Kraftsensors
J_L	=	Trägheitsmoment des Armes	$\dot{q}_m$ =	Geschwindigkeit der Motorwelle
N_1	=	Geschwindigkeitsübersetzungs-verhältnis des Getriebes	$\dot{q}_e$ =	Geschwindigkeit der Getriebeab-triebswelle
N_2	=	Momentenübersetzungsverhältnis des Getriebes	U =	Stellgröße
K_{RG}	=	Viskose Getriebereibung	U_F =	Ausgangsspannung des Kraft-sensors
d_r	=	Viskose Dämpfung	M_M =	Motormoment
K_s	=	Verstärkung des Kraftsensors	M_L =	Lastmoment
V_m	=	Verstärkung des Stellgliedes	M_F =	achsbezogenes Reaktionsmoment

Bild 3.3-8: Kraftregelstrecke einer einzelnen Bewegungsachse bei Spanungsprozessen

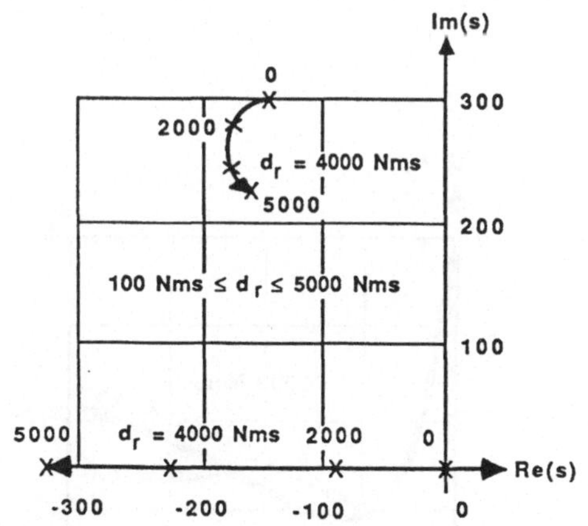

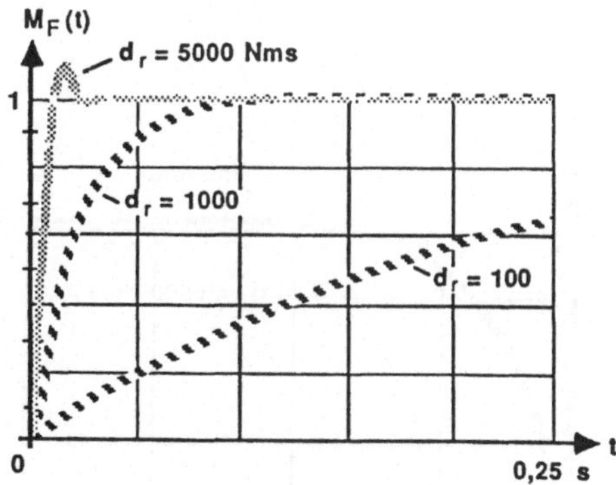

Bild 3.3-9: Wurzelortskurve der Kraftregelstrecke in Abhängigkeit von der viskosen Dämpfung d_r

Bild 3.3-10: Führungsübergangsfunktion der Kraftregelstrecke in Abhängigkeit von der viskosen Dämpfung

Wie Bild 3.3-9 zeigt, dominiert der reelle Pol für kleine Werte von d_r. Mit zunehmendem d_r wandert der reelle Pol nach $Re(s) = -\infty$, so daß das konjugiert komplexe Polpaar Dominanz erlangt und die Bandbreite der Regelstrecke zunimmt. In Bild 3.3-10 sind die Führungsübergangsfunktionen der Regelstrecke für verschiedene Werte der viskosen Dämpfung d_r aufgezeichnet.

Das vorliegende Regelproblem ist durch große Streckenparameteränderungen gekennzeichnet. Im Hinblick darauf ist robustes Regelverhalten ein wichtiges Entwurfsziel. Daher erscheint es nicht sinnvoll, die Regeldynamik zu erhöhen.

Für geringe stationäre Regelfehler bei konstanten Kraftvorgaben ist gemäß Bild 3.3-7 ein Entwurf unter Verwendung eines PI-Reglers durchzuführen. Die Strukturen der zeitkontinuierlichen und der zeitdiskreten PI-Kraftregelung sind in Bild 3.3-11 dargestellt.

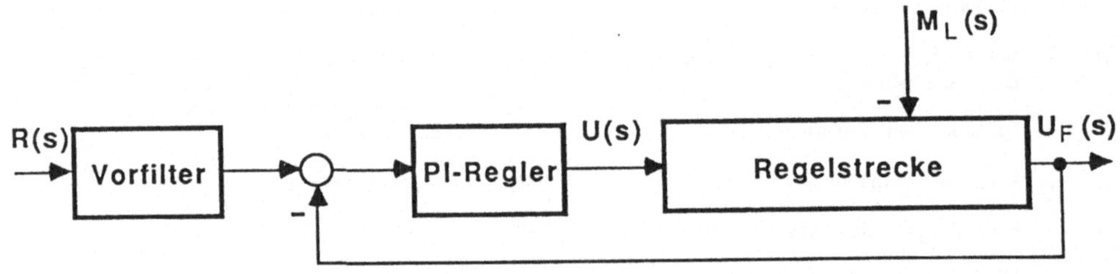

Bild 3.3-11: Struktur der PI-Kraftregelung

Es zeigt sich, daß die Parameterempfindlichkeit mit wachsender Kreisverstärkung zunimmt. Ist die Reglerverstärkung gering, dann erweist sich der Pol des PI-Reglers im geschlossenen Kreis als dominierend und verleiht der Regelung ein hinreichend gedämpftes Übergangsverhalten.

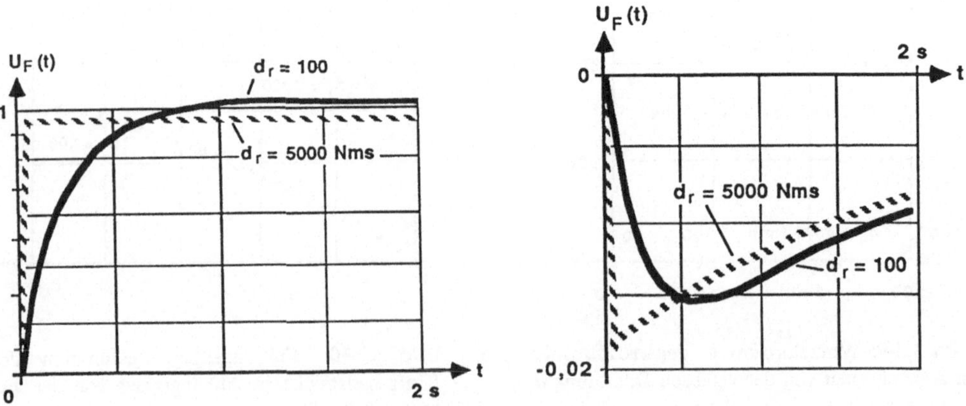

Bild 3.3-12: Führungsübergangsfunktionen der PI-Kraftregelung

Bild 3.3-13: Störübergangsfunktionen der PI-Kraftregelung

Dieses Verhalten kann bezüglich der Führungsübertragungsfunktion mit Hilfe eines Lead-Vorfilters näherungsweise kompensiert werden. Die Führungs- und die Stör-übergangsfunktion für die Extremwerte von d_r sind in den Bildern 3.3-12 und 3.3-13 aufgezeichnet. Infolge der ungenauen Kompensation bewirkt der resultierende Dipol ein langsames Abklingen des Regelfehlers.

Kraftregelung von Steifigkeitsprozessen

Dominierende Steifigkeit und geringe mechanische Dämpfung sind für die Regel-strecken von Fügeaufgaben kennzeichnend. Hierbei entsteht beim Übergang von der freien zur kraftschlüssigen Bewegung zusätzlich das sog. Kontaktproblem, das bisher noch nicht befriedigend gelöst ist. Infolge zu geringer Systemdämpfung verursacht die kinetische Aufprallenergie Grenzzyklen. Eine zusätzliche unterlagerte Geschwindig-keitsrückführung in Kraftrichtung erhöht die Dämpfung und verbessert das Kontaktverhalten.

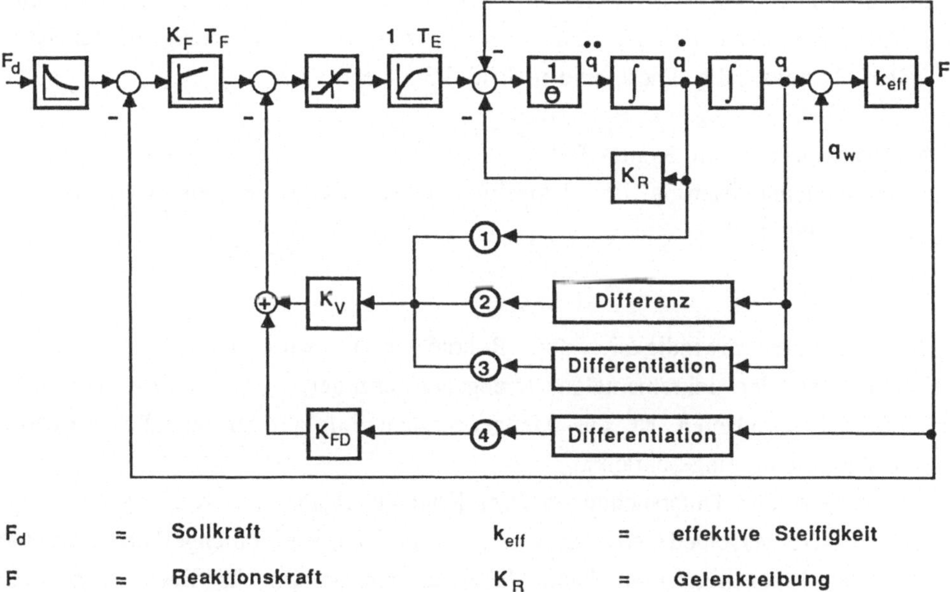

F_d	=	Sollkraft	k_{eff}	=	effektive Steifigkeit
F	=	Reaktionskraft	K_R	=	Gelenkreibung
$q, \dot{q}, \ddot{q}$	=	Position einer Bewegungsachse und Ableitungen	T_E	=	Stellgliedzeitkonstante
			K_V, K_{FD}	=	Rückführungsverstärkung
q_w	=	Werkstückposition	K_F, T_F	=	PI-Reglerparameter
Θ	=	Massenträgheitsmoment			

Bild 3.3-14: Struktur der Kraftregelung einer einzelnen Bewegungsachse bei Steifigkeitsprozessen

Die regelungstechnische Untersuchung von Steifigkeitsprozessen wird anhand der in Bild 3.3-14 dargestellten Struktur einer einzelnen Bewegungsachse vorgenommen.

Die Annahme einer effektiven Steifigkeit

$$\frac{1}{k_{eff}} = \sum \frac{1}{k_i},$$

die sich aus den Einzelsteifigkeiten k_i des Roboters, des Kraftsensors und der Umgebung (Werkstück) ergibt, führt zu diesem vereinfachten Streckenmodell.

Die Reglerauslegung erfolgt nach ähnlichen Gesichtspunkten wie bei Prozessen mit dominierender Dämpfung. Gesucht ist ein Regler, der dem System robustes Verhalten gegenüber Änderungen der effektiven Steifigkeit verleiht und möglichst geringe stationäre Kraftregelfehler bei konstanten Kraftvorgaben zuläßt. Dies wird auch hier mit einem PI-Regler, geringer Kreisverstärkung und einem zusätzlichen Lead-Vorfilter erreicht.

Es wurde das Kontaktverhalten der Kraftregelung anhand des Verlaufs der Wurzeln der charakteristischen Gleichung der z-Übertragungsfunktion und im Zeitbereich untersucht. Um die am realen Roboter auftretenden Effekte durch die Simulation qualitativ nachbilden zu können, erwies sich die Einbeziehung einiger Nichtlinearitäten als notwendig. Diese sind in Bild 3.3-14 enthalten:

— Kraftrückführung im Kontaktfall,
— Amplitudenquantisierung der Istposition entsprechend der inkrementalen Lagemeßmethode und
— Stellgrenze.

Die Verfahrgeschwindigkeit der Roboterachsen wird häufig aus der Positionsdifferenz der inkrementalen Drehgeber ermittelt. Insbesondere bei kleinen Verfahrgeschwindigkeiten ist die Meßgenauigkeit infolge der Amplitudenquantisierung entscheidend eingeschränkt.

Zunächst wurden Untersuchungen zum Kontaktverhalten der Kraftregelung in Abhängigkeit von verschiedenen Parametern in der z-Ebene durchgeführt. Das global nichtlineare Streckenverhalten kann dabei abschnittsweise als linear angenommen werden. Bei freier Bewegung besitzt die idealisierte Regelstrecke rein reelle Pole, während unter Kraftschluß ein konjugiert komplexes Polpaar entsteht, dessen Imaginärteil mit wachsender effektiver Steifigkeit zunimmt. Der Stabilitätsgrad wird mit der Systemdämpfung größer. Für die Struktur in Bild 3.3-14 mit unterlagerter Geschwindigkeitsrückführung nach Option 1 werden die Bedingungen für reelle Streckenpole ermittelt. Folgende Parameter werden diskutiert:

— Verstärkung K_V der unterlagerten Geschwindigkeitsrückführung,

— effektive Steifigkeit k_{eff},

— Stellgliedzeitkonstante T_E und

— Abtastzeit T.

Bild 3.3-15 zeigt die Struktur der zeitdiskreten Regelung, wobei die Abtastung des Kraftregelkreises und der unterlagerten Geschwindigkeitsrückführung synchron mit gleicher Abtastzeit erfolgt.

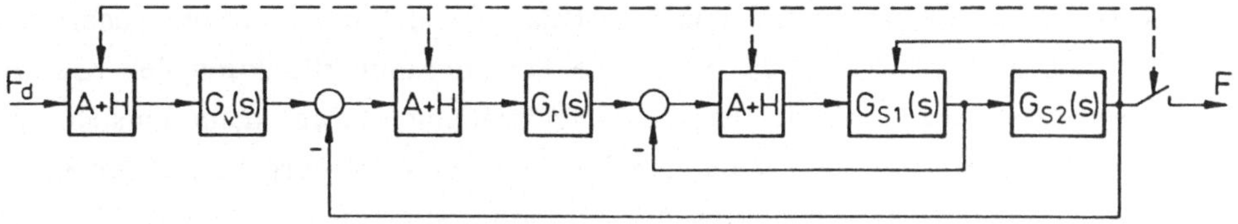

$$G_v(s) = \frac{1+sT_Z}{1+sT_N} \quad ; \quad G_r(s) = \frac{K_F\,(1+sT_F)}{sT_F} \quad ;$$

$$G_{S1}(s) = \frac{K_V\,s}{\theta T_E s^3 + (\theta + K_R T_E)s^2 + (K_R + e T_E)s + e} \quad ; \quad G_{S2}(s) = \frac{e}{sK_V}$$

$$T(z) = \frac{\mathfrak{Z}\{F\}}{\mathfrak{Z}\{F_d\}} = \frac{\frac{z-1}{z}Z\left\{\frac{G_v(s)}{s}\right\} + \frac{z-1}{z}Z\left\{\frac{G_r(s)}{s}\right\} + \frac{z-1}{z}Z\left\{\frac{G_{S1}(s)\,G_{S2}(s)}{s}\right\}}{1 + \frac{z-1}{z}Z\left\{\frac{G_r(s)}{s}\right\} + \frac{z-1}{z}Z\left\{\frac{G_{S1}(s)}{s}\right\} + \left\{\frac{z-1}{z}\right\}^2 Z\left\{\frac{G_r(s)}{s}\right\} Z\left\{\frac{G_{S1}(s)\,G_{S2}(s)}{s}\right\}}$$

Bild 3.3-15: Struktur und z-Übertragungsfunktion der zeitdiskreten Kraftregelung

Bild 3.3-16 zeigt den Verlauf der Pole der z-Übertragungsfunktion in Abhängigkeit von der Verstärkung K_V der unterlagerten Geschwindigkeitsrückführung für zwei verschiedene Werte der Stellgliedzeitkonstanten T_E. Mit zunehmender Verstärkung K_V nimmt der Stabilitätsgrad zu. Sind die Pole der Übertragungsfunktion reell, dann ist gut gedämpftes Kraftübergangsverhalten zu erwarten. Nach Bild 3.3-16 kann diese Polkonfiguration jedoch nur mit kleinen Stellgliedzeitkonstanten erreicht werden. Bild 3.3-17 zeigt den Wurzelort als Funktion von K_V für zwei verschiedene Werte der effektiven Steifigkeit $k_{eff} = 10^4$ N/m und $k_{eff} = 10^5$ N/m. Der Imaginärteil des konjugiert komplexen Polpaares nimmt mit der Systemsteifigkeit zu. Die unterlagerte Geschwindigkeitsrückführung führt auch bei höheren Steifigkeitswerten zur Verbesserung des Stabilitätsgrades. Reelle Pole sind jedoch nicht mehr erreichbar. In Bild 3.3-18 ist der Einfluß der Abtastzeit auf die Polverteilung bei erhöhter Steifigkeit dargestellt. Der Imaginärteil des konjugiert komplexen Polpaares wird mit zunehmender

256

Abtastrate kleiner. Reelle Streckenpole ergeben sich nach Bild 3.3-19 bei verringerter Stellgliedzeitkonstante. Bild 3.3-20 zeigt die Abhängigkeit der Pollage von der Abtastzeit. Bei großen Steifigkeiten und mit zunehmender Abtastzeit wird der Stabilitätsgrad geringer und die Regelbarkeit verschlechtert sich. Die Ergebnisse der Wurzelortuntersuchungen zeigen, daß die Kraftregelung von Robotern mit zunehmender Steifigkeit der geschlossenen kinematischen Kette kurze Abtastzeiten und kleine Stellgliedzeitkonstanten erfordert. Die unterlagerte Geschwindigkeitsrückführung erhöht den Stabilitätsgrad.

Mit dem Ziel einer technisch verwertbaren Lösung des Kontaktproblems wurden, unter Verwendung der Optionen 2, 3 und 4 in Bild 3.3-14, Simulationsuntersuchungen durchgeführt. Die Bilder 3.3-21 - 26 zeigen die Positionsantwortfunktion des Kraftregelkreises bei konstanter Sollkraft. Ist die Gelenkreibung gering, dann entsteht ein Grenzzyklus mit großer Amplitude (Bild 3.3-21). Die Simulationsergebnisse der Kraftregelung mit unterlagerter Geschwindigkeitsrückführung sind in den Bildern 3.3-22-25 dargestellt. In Bild 3.3-22 wird die Geschwindigkeit aus der Positionsdifferenz nach Option 2 in Bild 3.3-14 gebildet. Infolge der Amplitudenquantisierung der Istposition durch die inkrementale Positionsmeßmethode und der Stellgrenze läßt sich nach Bild 3.3-22 das Kontaktverhalten nicht wesentlich verbessern.

Mit einem numerischen Differentiationsverfahren nach Option 3 in Bild 3.3-14 lassen sich auch bei kleinen Verfahrgeschwindigkeiten glattere Geschwindigkeitsverläufe erzielen, wobei der Filterungsprozeß jedoch eine zeitliche Verzögerung bewirkt. Das Kontaktverhalten läßt sich mit diesem Verfahren entscheidend verbessern, da höhere Kreisverstärkungen in der unterlagerten Geschwindigkeitsrückführung erreicht werden können (Bild 3.3-23).

Die Bilder 3.3-24 und 3.3-25 demonstrieren die Robustheit des Verfahrens gegenüber Änderungen der effektiven Steifigkeit. Für $k_{eff} = 10^3\ N/m$ ergibt sich ein gut gedämpftes Kontaktverhalten, während bei $k_{eff} = 10^5\ N/m$ ein Grenzzyklus mit geringer Amplitude entsteht.

Im Bereich kleiner Verfahrwege ist das Problem der Amplitudenquantisierung bei der Kraftmessung weniger gravierend als bei der Geschwindigkeitsmessung. Die Rückführung der Kraftableitung nach Option 4 in Bild 3.3-14 ist daher sinnvoll.

Die erreichbare Verbesserung der Regelqualität nach Bild 3.3-26 ist jedoch begrenzt, da die Rückführung der Kraft und der Kraftableitung nur im Kontaktfall erfolgt. Ein weiterer Nachteil ist, daß die Verstärkung beider Rückführungen von der Steifigkeit des Prozesses abhängt. Eine Anpassung der Reglerparameter wäre daher notwendig.

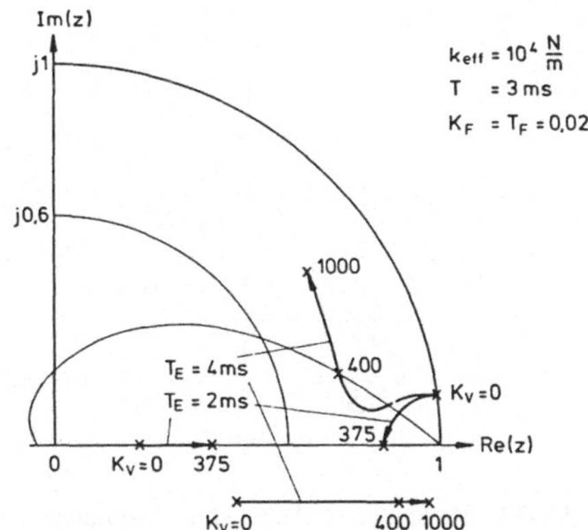

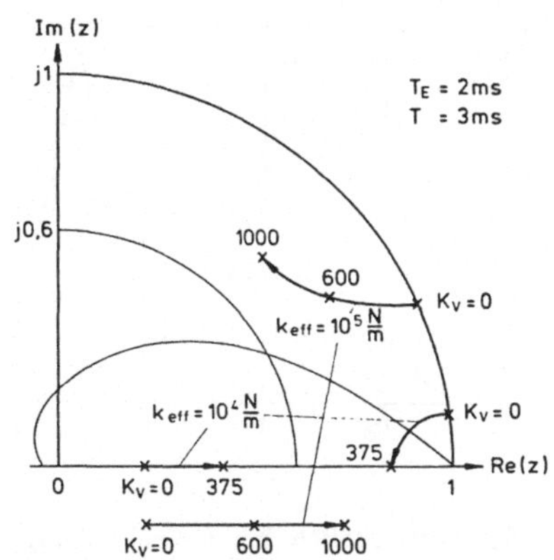

Bild 3.3-16: Wurzelortskurve der PI-Kraftregelung in Abhängigkeit von K_V und T_E

Bild 3.3-17: Wurzelortskurve der PI-Kraftregelung in Abhängigkeit von K_V und k_{eff}

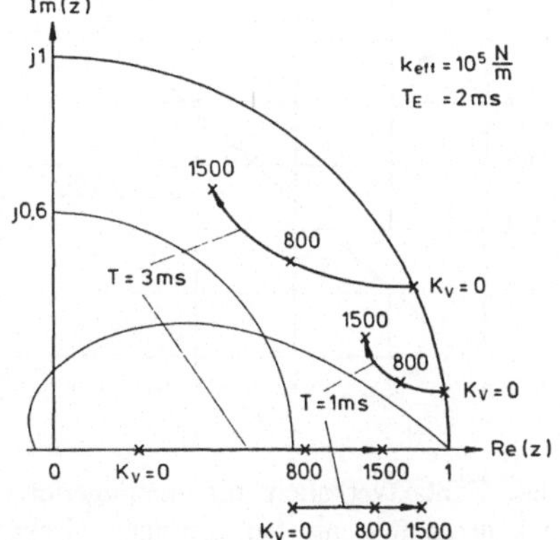

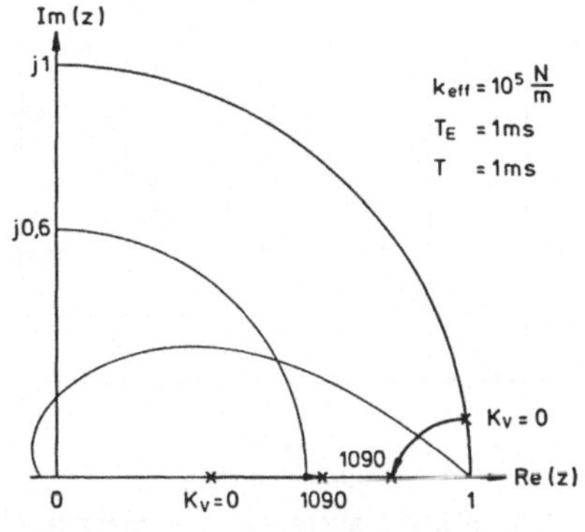

Bild 3.3-18: Wurzelortskurve der PI-Kraftregelung in Abhängigkeit von K_V und T

Bild 3.3-19: Wurzelortskurve der PI-Kraftregelung in Abhängigkeit von K_V

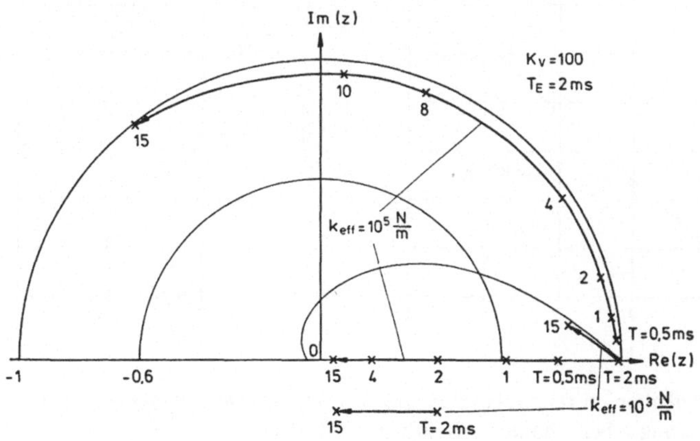

Bild 3.3-20: Wurzelortskurve der PI-Kraftregelung in Abhängigkeit von k_{eff} und T

258

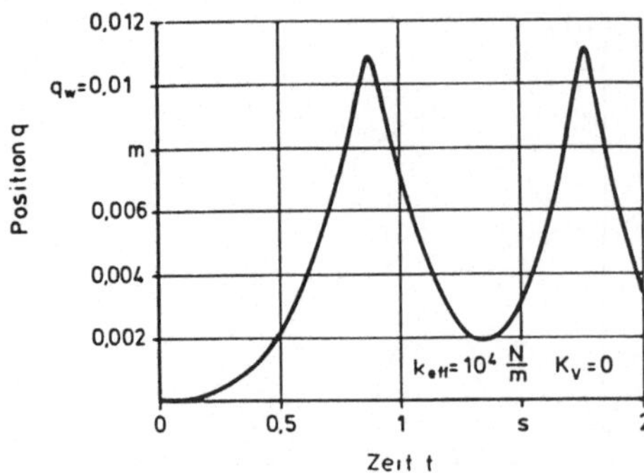

Bild 3.3-21: Kontaktverhalten bei Gelenkreibung

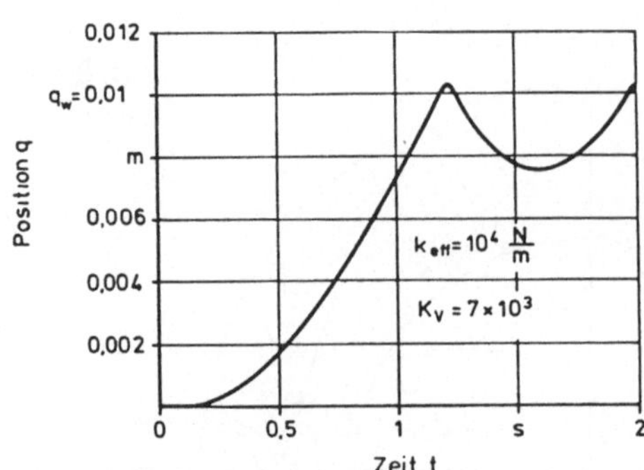

Bild 3.3-22: Kontaktverhalten mit unterlagerter Geschwindigkeitsrückführung und Geschwindigkeitsbildung durch Positionsdifferenz

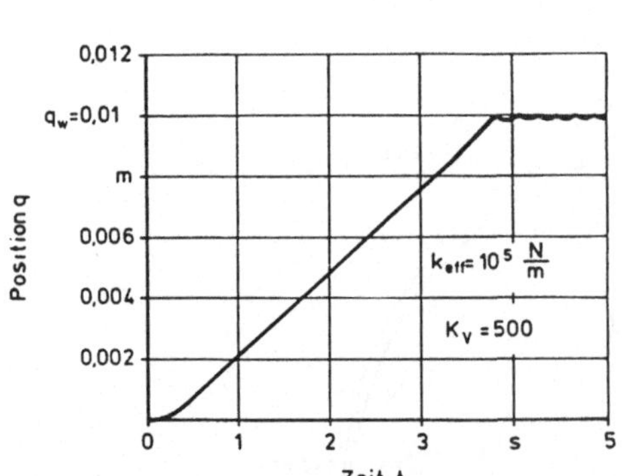

Bild 3.3-23: Kontaktverhalten mit unterlagerter Geschwindigkeitsrückführung und Geschwindigkeitsbildung durch Positionsdifferentiation

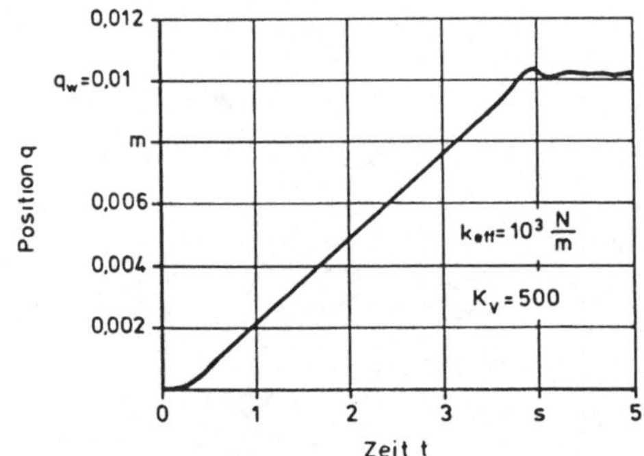

Bild 3.3-24: Kontaktverhalten mit unterlagerter Geschwindigkeitsrückführung bei geringer effektiver Steifigkeit

Bild 3.3-25: Kontaktverhalten mit unterlagerter Geschwindigkeitsrückführung bei hoher effektiver Steifigkeit

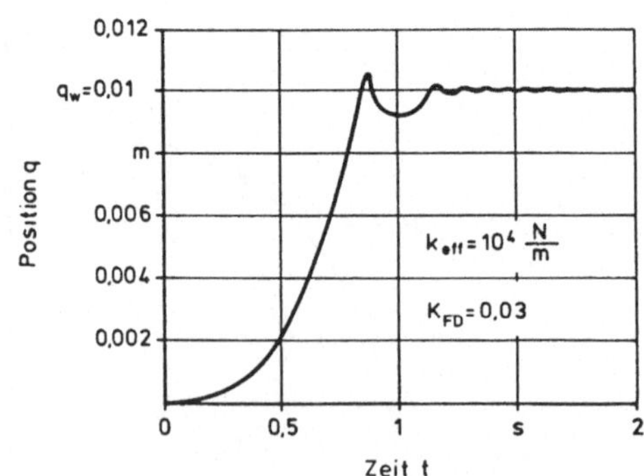

Bild 3.3-26: Kontaktverhalten bei Rückführung der Kraftableitung

Die beiden exemplarisch untersuchten Klassen kraftschlüssiger Fertigungsprozesse haben Streckenparameter mit großen Variationsbereichen, wobei die Prozeßdämpfung die Streckendynamik und die Prozeßsteifigkeit die Verstärkung der Regelstrecke beeinflussen. Das Regelverhalten ließe sich mit einer Anpassung des Kraftreglers an die variablen Streckenparameter noch wesentlich verbessern (parameter scheduling).

3.3.3.4 Fehlereinflüsse der Jacobi-Transformationen

Rechenintensive Koordinatentransformationen sind ein zentrales Problem des Hybridkonzeptes. In den Positions- und Kraftregelkreisen werden lineare Transformationsbeziehungen, sog. Jacobi-Matrizen, verwendet, die systematische Transformationsfehler erzeugen und dynamische Lage- und Kraftabweichungen bewirken können. Zwei Arten von Jacobi-Matrizen sind zu unterscheiden /13,14/:

1. Die Jacobi-Matrix der Roboterkinematik, die nach der Vorschrift

$$J(q_o) = \frac{\partial f(q)}{\partial q}\bigg|_{q_o}$$

aus der Vorwärtstransformation gebildet wird. Diese ist infolge der Roboterbewegung $q(t)$ arbeitspunktabhängig und somit zeitvariant.

2. Die Jacobi-Matrix zweier relativ zueinander feststehender kartesischer Koordinatensysteme, die nach der Vorschrift

$$J = \begin{bmatrix} R & W \\ 0 & R \end{bmatrix}$$

aus der zugehörigen Transformation T abgeleitet wird:

$$T = \begin{bmatrix} R & P \\ 0^T & 1 \end{bmatrix}, \quad mit \ R = [n, o, a] \quad und \ W = [p \times n, p \times o, p \times a].$$

Es treten folgende systematische Transformationsfehler auf:

1. Jacobi-Transformationen sind Näherungen, falls die Eingangsgrößen Positionsdifferenzen darstellen. Der entstehende Abbruchfehler ist eine nichtlineare Funktion der Aussteuerung.

2. Bei der arbeitspunktabhängigen Jacobi-Matrix der Roboterkinematik bewirkt der zeitliche Verzug bei der Neuberechnung der Matrix bei endlicher Armgeschwindigkeit einen "Aktualisierungsfehler".

Beide Transformationsfehlerarten können die Regeldynamik der Positions- und der Kraftregelkreise beeinflussen. Daraus ergeben sich zusätzliche Anforderungen an eine diesbezüglich robuste Auslegung der Regelung.

3.3.4 Verfahrensimplementierung und Erprobung

Die Hybridregelung wurde unter Verwendung eines sechsachsigen Gelenkroboters MANUTEC R3 und dem Leistungsteil einer RCM2-Steuerung erprobt. Im Vergleich zur herkömmlichen Lageregelung besteht bei der Hybridregelung ein erhöhter Rechenleistungsbedarf.

Für die Auslegung der Steuerungshardware muß daher eine Abschätzung der erforderlichen Rechenzeit vorgenommen werden. Aus einer qualitativen Betrachtung kraftschlüssiger Fertigungsprozesse ergeben sich nach Bild 3.3-27 Hinweise auf die notwendige Rechenleistung.

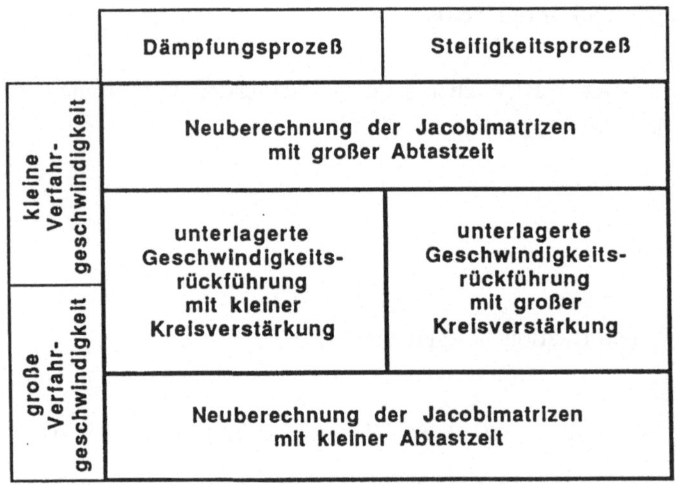

Bild 3.3-27: Einfluß von Prozeßkriterien auf die erforderliche Rechenleistung des Steuerungsrechners

Im Hinblick darauf wurden zwei relevante Kriterien identifiziert:

— Prozeßart (Dämpfungs- oder Steifigkeitsprozeß) und
— Verfahrgeschwindigkeit.

Der Grad der Prozeßsteifigkeit bestimmt die Notwendigkeit einer unterlagerten Geschwindigkeitsrückführung. Bei höheren Verfahrgeschwindigkeiten ist auch die Neuberechnung der Jacobimatrizen mit kleinerer Abtastzeit durchzuführen. Der Tabelle ist zu entnehmen, daß Prozesse mit dominierender Dämpfung und geringer Steifigkeit bei kleinen Verfahrgeschwindigkeiten die geringsten Rechenzeitanforderungen stellen, da hier evtl. auf eine unterlagerte Geschwindigkeitsrückführung verzichtet werden kann.

Darüber hinaus muß eine gewisse Rechenleistungsreserve für Verfahrensmodifikationen und Experimentauswertung verfügbar sein. Es wurde daher eine Mehrprozessor-Experimentalsteuerung eingesetzt, die drei Motorola MC 68020 Prozessoren mit Gleitkomma-Coprozessoren enthält. Die drei Mikrorechner übernehmen folgende Aufgaben:

1. - Berechnung und Inversion von Jacobimatrizen (Zykluszeit: 30 ms),
   - Führungsgrößenerzeugung (Abtastzeit: 3 ms),
2. Positionsregelung (Abtastzeit: 3 ms),
3. Kraftregelung mit unterlagerter Geschwindigkeitsrückführung (Abtastzeit: 3 ms).

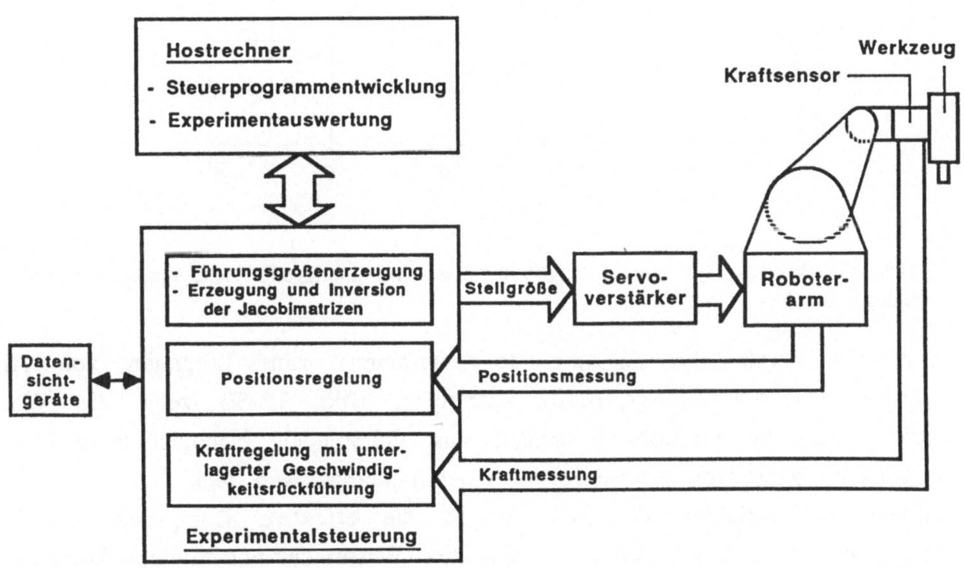

Bild 3.3-28: Testumgebung der hybriden Kraft/Wegregelung

Das Echtzeitbetriebssystem sowie die Verfahrensalgorithmen sind in der portablen Hochsprache C geschrieben. Zur Kraftmessung wird ein analoger Kraft/Momentensensor mit sechs Freiheitsgraden eingesetzt. In Bild 3.3-28 ist die Testumgebung für die praktische Verfahrenserprobung dargestellt.

262

Das Regelungsverfahren wurde anhand von Steifigkeits- und Dämpfungsprozessen erprobt. Eine Anordnung zum Zusammenpressen zu verklebender Teile mit programmierbaren Kräften ist ein Prozeß mit dominierender Steifigkeit. Der Roboter führt dabei eine Rolle an einer ebenen Werkstückoberfläche entlang, wobei tangential zur Oberfläche eine Linearbahn verfahren und in Richtung der Flächennormalen eine Kraft mit trapezförmigem Zeitverlauf ausgeübt wird. Zur Lösung des Kontaktproblems wurde die beschriebene unterlagerte Geschwindigkeitsrückführung eingesetzt. Gutes Kontaktverhalten wurde nach Bild 3.3-29 durch Anbringen eines Gummibelags auf der Werkstückoberfläche bei verringerter effektiver Steifigkeit von $k_{eff} = 14000\ N/m$ erreicht.

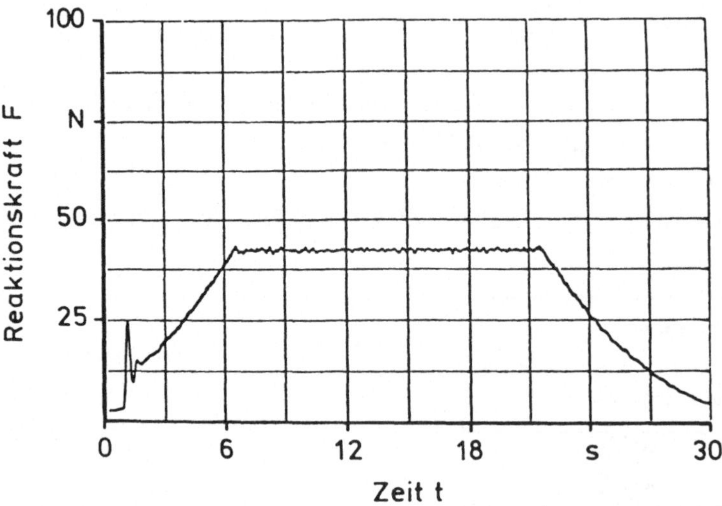

Bild 3.3-29: Kontaktkraftverlauf eines Steifigkeitsprozesses mit unterlagerter Geschwindigkeitsrückführung (reales System)

Außerdem wurde die Eignung des Verfahrens zum Entgraten von Aluminiumgußteilen (Dämpfungsprozeß) untersucht. Bild 3.3-30 zeigt die Werkzeug/Werkstück-Konfiguration, bestehend aus Frässpindel, Nachgiebigkeits-/Dämpfungselement, Kraft/Momentensensor und Aluminiumgußwerkstück.

Infolge der variablen Gratgeometrie ist die effektive Dämpfung des Entgratprozesses ein stark schwankender Parameter. Wegen der notwendigen kurzen Abtastzeit wäre der Realisierungsaufwand für die meßtechnische Ermittlung dieses Parameters und für die Nachstellung des Kraftreglers relativ hoch. Daher wurde ein in Richtung des Kraftfreiheitsgrades wirksames mechanisches Element mit konstanter und dominierender Steifigkeit und Dämpfung realisiert. Der dadurch eingeschränkte Variationsbereich der Streckenparameter ermöglicht den Einsatz eines Kraftreglers mit konstanten Parametern.

Neben den in diesem Beitrag diskutierten kraftschlüssigen Fertigungsprozessen eignet sich die Hybridregelung beispielsweise zur Durchführung folgender Aufgaben:

— Teach-In und Playbackprogrammierung: Die Hybridregelung ist bei Nullkraftvorgabe in allen Freiheitsgraden kraftgeregelt, so daß der Roboter am End-Effektor geführt werden kann.

— Nachbearbeitung von Oberflächen (Fräsen, Schleifen, Polieren).

— Fügeprozesse, die mit passiven Verfahren (remote centre compliance) nicht durchgeführt werden können.

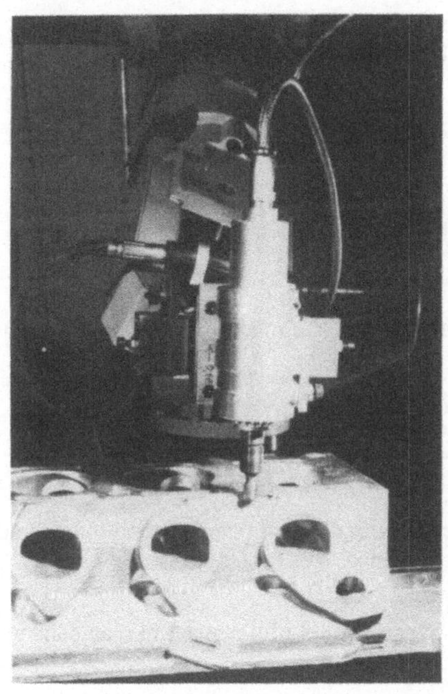

Bild 3.3-30: Werkzeug/Werkstück-Konfiguration des Entgratprozesses

Literaturverzeichnis

1   Whitney, D.E.: Historical perspective and state of the art in robot force control. IEEE Int. Conf. on Robotics and Automation. St. Louis, 1985.

2   Spur, G.; Dlabka, M.; Wendt, W.: Verfahren zur Kraft- und Positionssteuerung bei Industrierobotern. In: Sensordatenverarbeitung in der Fertigungstechnik. München, Wien: Carl Hanser Verlag, 1987.

3   Raibert, M.H.; Craig, J.J. : Hybrid position/force control of manipulators. ASME Journal of Dynamic Systems, Measurement, and Control 102 (1981).

4   Mason, T.M.: Compliance and force control for computer controlled manipulators. Artificial Intelligence Laboratory, Massachusetts Institute of Technology. AIM-515, April 1979.

5   Reboulet, C.; Robert, A.: Hybrid control of a manipulator equipped with an active compliant wrist. Gouvieux, Frankreich: 3. Int. Symp. on Robotics Research, 7.-11. Okt. 1985.

6   Zhang, H.; Paul, P.: Hybrid control of robot manipulators. St. Louis, USA: IEEE Int. Conf. on Robotics and Automation, 1985.

7   Hashimoto, R.; et.al.: High speed algorithm for hybrid control of a robot manipulator with redundancy. Tokyo: Sice, 23.-25.7.1986.

8   Yoshikawa, T.; et.al.: Dynamic hybrid position/force control of robot manipulators. IEEE Int. Conf. on Robotics and Automation, 1987.

9   Khatib, O.: A unified approach for motion and force control of robot manipulators: the operational space formulation. IEEE Journal of Robotics and Automation. Vol RA-3. No. 1, Febr. 1987.

10 Leininger, G.; et.al.: Real time cartesian coordinate hybrid control of a puma 560 manipulator. IEEE Int. Conf. on Robotics and Automation, St. Louis, USA, 1985.

11 Duelen, G.; Wendt, W.: Entwicklung einer Robotersteuerung für kraftschlüssige Fertigungsprozesse. Zeitschrift für wirtschaftliche Fertigung 83 (Okt. 1988), Sondernummer.

12 Duelen, G.; Dlabka, M.; Held, J.; Wendt, W.: Force control of industrial robots: the contact problem. Robotics and Computer-Integrated Manufacturing. New York: Pergamon Press (in printing).

13 Paul, R.P.: Robot manipulators. Cambridge, Massachusetts: MIT Press 1982.

14 Craig, J.J.: Introduction to robotics, mechanics and control. Reading, Massachusetts: Addison-Wesley Publishing Company 1986.

15 Whitney, D.E.; Nevins, J.L.: What is the remote centre compliance and what can it do? In: Robot Sensors, Vol. 2 - Tactile and non-vision. Berlin, Heidelberg, New York, Tokyo: Springer-Verlag 1986.

3.4 Hochdynamische Zusatzachsen zur Sensorführung von Robotern

D. Schmid, H.Nowak und E. Michalak, Aalen

Zusammenfassung

Die Hemmnisse in der Sensoranwendung bei Robotern sind neben dem häufigen Mangel an geeigneten Sensoren, vor allem die unzureichenden dynamischen Eigenschaften in der Sensorsignalverarbeitung und die Trägheit der Antriebssysteme.

Mit Zusatzachsen, angebracht an dem Roboterhand-Flansch, können die dynamischen Eigenschaften bei Sensorführung entschieden verbessert werden. Solche Zusatzachsen, sowohl mit hydraulischen als auch mit elektrischen Antrieben werden vorgestellt und bezüglich ihrer Dynamik und Anwendung diskutiert.

3.4.1 Einleitung

Mit Hilfe von Sensoren wird bei Bearbeitungsaufgaben oder Montagearbeiten mit Robotern meist der programmierte Bahnverlauf korrigiert oder die programmierte Bahngeschwindigkeit reduziert. In seltenen Fällen wird die Bahn und die Bahngeschwindigkeit auch völlig selbstständig generiert.

Die Haupthemmnisse der Sensorführung von Robotern sind der Mangel an geeigneten, nämlich miniaturisierten und zugleich weit vorausschauenden Sensoren, der Mangel an geeigneten Algorithmen und Steuerungsanweisungen zur Sensorsignalverarbietung. Weitere Hemmnisse sind die relativ langen Verarbeitungszeiten für Sensorsignale in der Robotersteuerung und die relativ großen Verzögerungszeiten der Antriebssysteme.

Bei heutigen marktgängigen Robotern liegt die Reaktionszeit auf Sensorsignale bei etwa 0,1s mit der Folge, daß bei einer Bearbeitungsgeschwindigkeit von z.B. 100 mm/s der Reaktionsweg bei über 10 mm liegt /1/, /2/, /3/.
Da die Einbindung der Sensoren im Normalfall zu rückgekoppelten Systemen - also zu Regelkreisen führen, bestimmen die Verzugszeiten in der Steuerung und die Trägheit der Antriebe die Dynamik der Sensorführung schlechthin.

Heutige Roboter haben bei Sensorführung bezüglich der Bahn eine Bandbreite von etwa 0,5 Hz und bezüglich der Geschwindigkeit von etwa 1 Hz (Bild 3.4-1) .

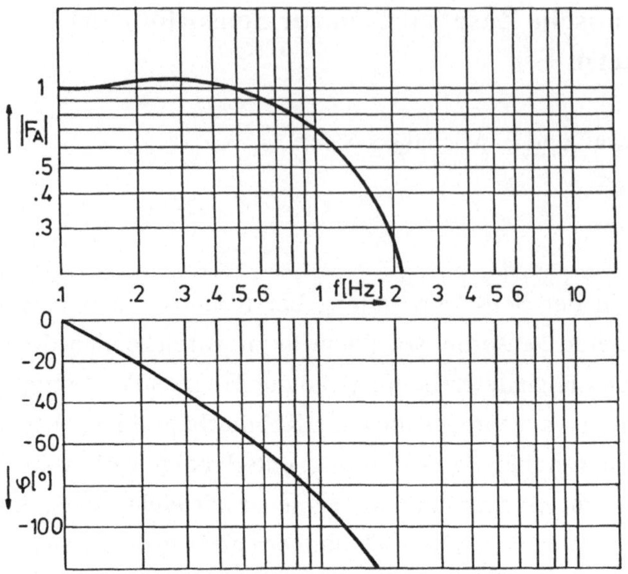

a) beim Konturfolgen

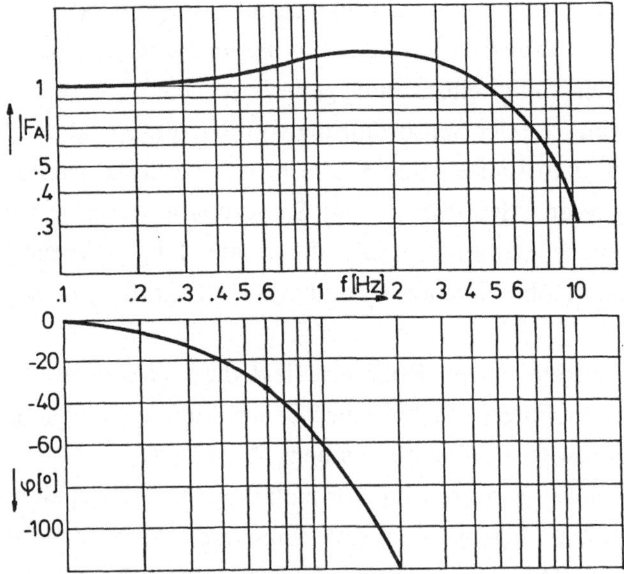

b) bei Geschwindigkeitsregelung

Bild 3.4-1:   Typischer Frequenzgang bei Sensorführung von Robotern /1/

Als Grenzfrequenz wird hier die Frequenz verstanden bei welcher der Phasenverschiebungswinkel $\varphi = -45°$ beträgt /1/. Für die Sensorführung von Robotern ist im Unterschied zur üblichen Betrachtungsweise weniger der Amplitudengang als vielmehr der Phasengang entscheidend, da eine Roboterreaktion an falscher Stelle ebenso fatal ist wie eine Reaktion mit abgeschwächter Amplitude.

Die Forderungen zur Verbesserung der Situation sind:

- Verkürzung der Rechenzeiten in der Robotersteuerung

- Verwendung vorausschauender Sensoren

- Verkürzung der Reaktionszeiten in den Antrieben

Die relativ langen Rechenzeiten für Sensorsignale sind dadurch bedingt, daß für sensorisches Bahnfolgen die Bahnkorrektur im kartesischen Weltkoordinatensystem berechnet werden muß. Hierfür ist i.a. erst eine Koordinatentransformation aus dem Sensorkoordinatensystem in das Weltkoordinatensystem notwendig und anschließend müssen die korrigierten Weltkoordinaten in die Achskoordinaten für die Antriebe transformiert werden.

Mit leistungsfähigeren Prozessoren und durch Linearisierung der Transformation /4/ können die Reaktionszeiten für die Sensorsignalverarbeitung zwar deutlich reduziert werden, sie werden aber immer noch eine maßgebliche Rolle spielen.

Die Verwendung vorausschauender Sensoren hilft die Reaktionszeiten für die Sensorsignalverarbeitung zu kompensieren. Selbst beim Bahnschweißen - wo ohnehin die Bahngeschwindigkeiten nur mäßig sind - sind vorausschauende Sensoren problematisch, da sie die Beweglichkeit des Roboters stark einschränken. Diese Sensorik müßte auch eine eigene Bewegungsmöglichkeit haben. Robuste Sensoren, wie z.B. Leistungssensoren oder Kraft/Momenten-Sensoren erfassen naturgemäß die Gegebenheiten erst an der Roboterwirkstelle und sind daher nicht "vorausschauend".

Eine Verkürzung der Antriebsreaktionszeiten ist kaum möglich. Man müßte die trägen Massen reduzieren und die Antriebsmomente erhöhen. Beide Eigenschaften sind bei heutigen Robotern bereits weitgehend ausgereizt.

3.4.2 Lösungsstrategien

Zusatzachsen für kleine Korrekturwege mit kartesicher Anordnung im Handwurzelflansch (Bild 3.4-2) sind als Antriebe am Ende der Antriebskette mit geringen Massen realisierbar und durch die kartesische Anordnung entsprechend dem Sensorkoordinatensystem direkt ansteuerbar, also ohne die rechenintensive Koordinatentransformation.

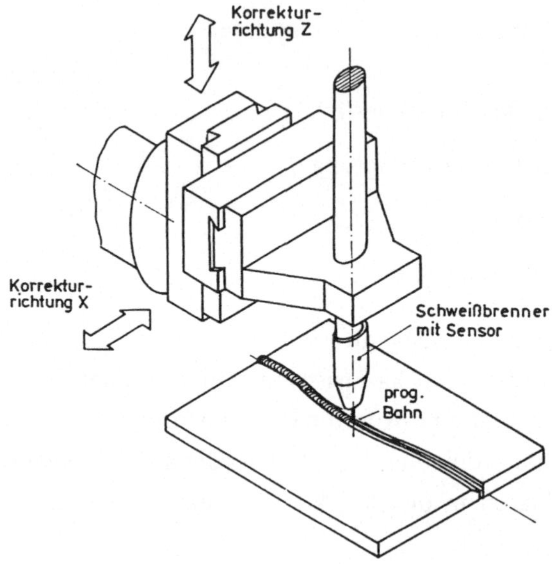

Bild 3.4-2: Anordnung und Wirkung der Zusatzachsen

Mit den Zusatzachsen können zwar nur relativ kleine Bahnkorrekturen, diese aber mit hoher Dynamik ausgeführt werden.

Die Sensorführung läßt sich nun in vorteilhafter Weise aufteilen in

- Korrekturbewegungen für kleine Amplituden und relativ hohe
  Frequenzen durch die Zusatzachsen

und

- Korrekturbewegungen für große Amplituden und relativ
  niedere Frequenzen durch den Roboter (Bild 3.4-3).

Diese Aufteilung ist auch natürlich, denn die Fourieranalyse einer Bahntrajektorie zeigt stets im höherfrequenten Anteil die kleinen Amplituden und im niederfrequenten Anteil die großen Amplituden.

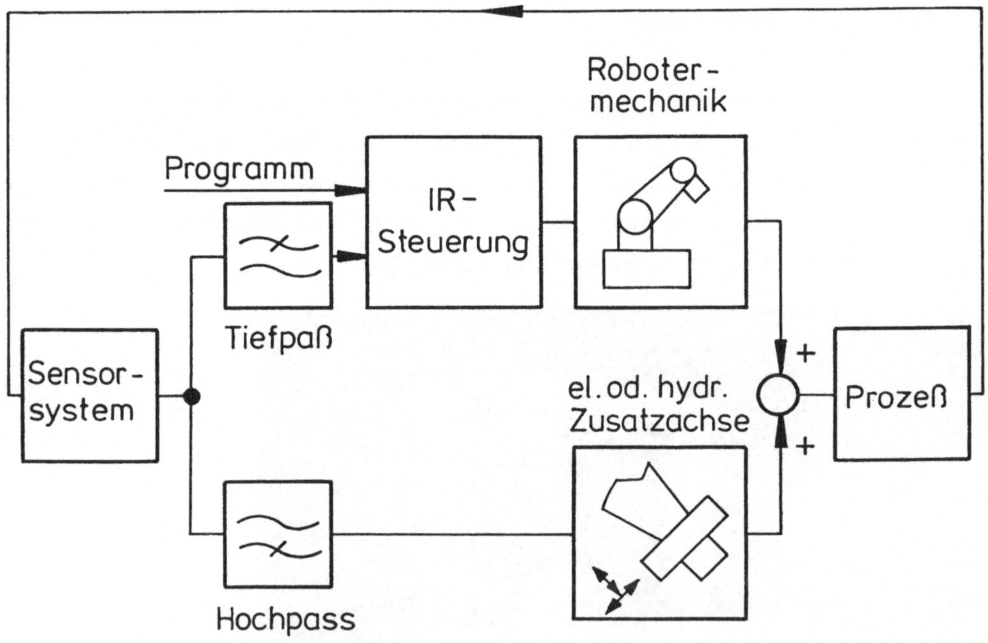

Bild 3.4-3:   Ausgleich der niederfrequenten Bahnstörungen durch den Roboter
und der hochfrequenten Bahnstörungen durch die Zusatzachsen

3.4.3 Entwurf und Aufbau von Zusatzachsen

Beim Entwurf der Zusatzachsen sind extreme Anforderungen bezüglich der Baugröße, des Gewichts und der Stellkräfte zu erfüllen.

Die Baugröße sollte sich dem üblichen Querschnitt eines Roboterarms anpassen, also etwa 100 mm x 100 mm betragen. Die Höhe sollte möglichst gering sein, da sonst die Auskraglänge für die Werkzeuge groß wird, mit dem Nachteil einer erhöhten Momentenbelastung in der 4. und 5. Roboterachse und einer eingeschränkten Beweglichkeit in der 5. Roboterachse. Die Stellkräfte sollten möglichst den Nennkräften des Roboters entsprechen, um in den Anwendungen nicht eingeschränkt zu sein. Die Stellgeschwindigkeiten können i.a. etwas geringer gehalten werden als die Robotermaximalgeschwindigkeiten, da ja nur kleine Stellwege zu durchfahren sind.

Realisiert wurden zwei Varianten und zwar einachsige Module mit elektrischem Antrieb und zweiachsige Module mit hydraulischem Antrieb.

3.4.3.1 Elektrische Zusatzachse

Mit der elektrischen einachsigen Zusatzachse (Bild 3.4-4) erreicht man bei Abmessungen von etwa 100 mm x 100 mm x 40 mm und einem Gewicht von 770 g Stellkräfte bis etwa 60 N. Die Verstellwege sind ± 5 mm. Die Verstellung erfolgt durch Lageregelung. Die Endlagen werden überwacht. Durch die Kombination von zwei Modulen erhält man eine zweiachsige Anordnung (Bild 3.4-5).

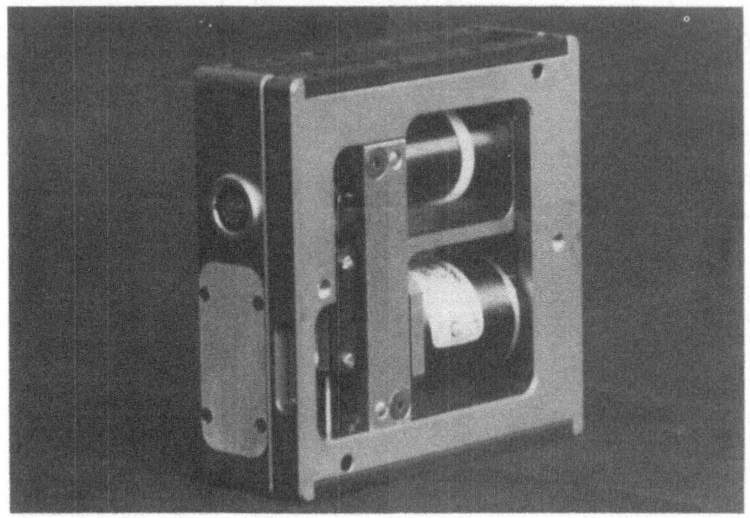

Bild 3.4-4: Elektrische Zusatzachse (einachsig)

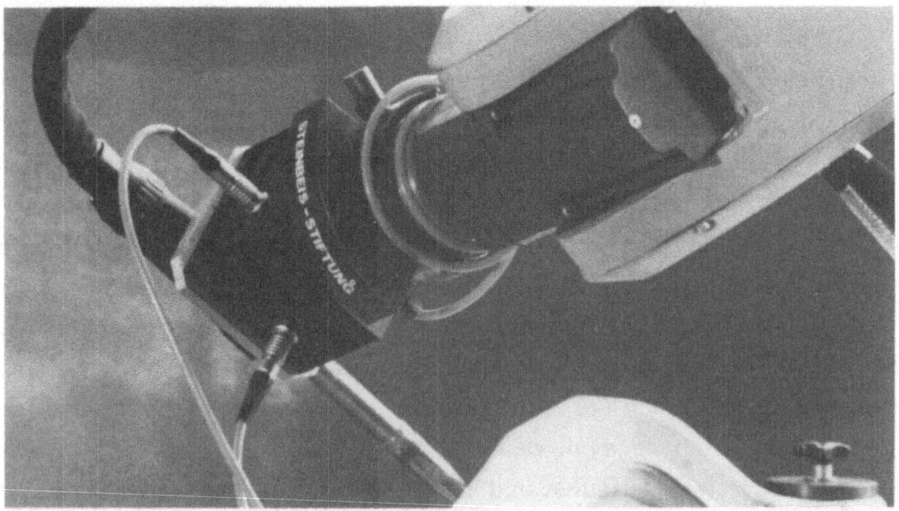

Bild 3.4-5 Elektrische Zusatzachse (zweiachsig) am Roboter

Der Frequenzgang der elektrischen Zusatzachse erreicht etwa bei 8 Hz $\varphi = -45°$ Phasenverschiebung (Bild 3.4-6) und den 3dB-Amplitudenabfall bei 20 Hz. Damit ist die Gesamtdynamik für Roboter mit Zusatzachse etwa 20 mal günstiger als bei Sensorführung ohne Zusatzachse.

Die elektrische Zusatzachse ist vorgesehen für sensorgeführtes Schweißen, für sensorgeführtes Kleben und für relativ leichte Bearbeitungsvorgänge wie z.B. Entgraten von Aluminiumwerkstücken.

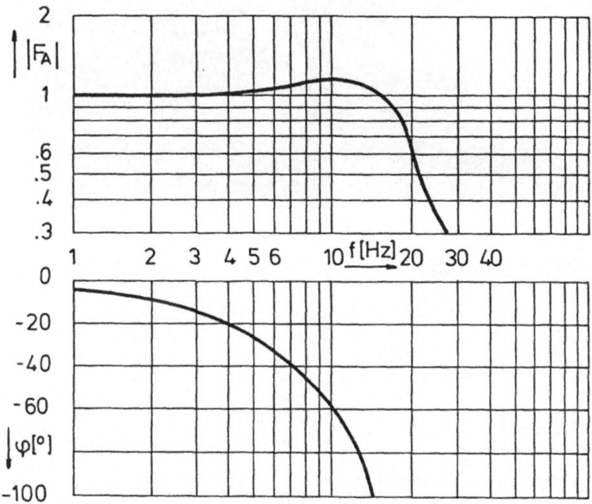

Bild 3.4-6: Frequenzgang der elektrischen Zusatzachse

3.4.3.2 Hydraulische Zusatzachse

Höheren Anforderungen an die Roboterdynamik bei gleichzeitig gesteigerten Stellkräften und Stellgeschwindigkeiten sowie verkürzter Baulänge wird die hydraulische Zusatzachse (Bild 3.4-7) gerecht. Hier wurde ein Miniaturkreuzschlitten mit hydraulischen Kolben/Zylinder-Antrieben und direkt angeflanschten Miniaturservoventilen entwickelt. Die Abmessungen des zweiachsigen Moduls sind 110 mm x 110 mm x 40 mm bei einem Gewicht von 3 kg. Die Stellkräfte betragen 100 dN. Man kann damit also ohne Einschränkungen die üblichen Roboternennlasten aufnehmen. Die Frequenzgangmessung liefert einen Frequenzgang gemäß Bild 3.4-8. Man erhält mit $\varphi = -45°$ eine Bandbreite von 22 Hz. Der 3dB-Amplitudenabfall erfolgt erst bei einer Frequenz von 50 Hz. Somit übersteigt die hydraulische Zusatzachse die Bandbreite einer herkömmlichen Robotersensorführung um mehr als das 50-fache.

Bild 3.4-7: Hydraulische Zusatzachse (zweiachsig) am Roboter

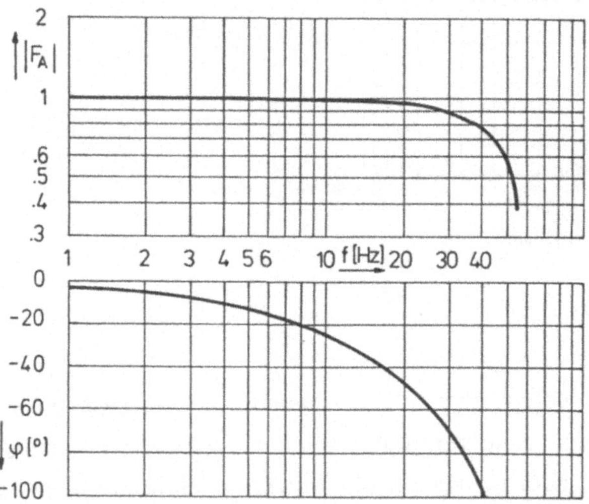

Bild 3.4-8: Frequenzgang der hydraulischen Zusatzachse

3.4.3.3 Anwendung der hydraulischen Zusatzachse

Besonders vorteilhaft ist die hydraulische Zusatzachse beim Laserschneiden einsetzbar. Über eine kapazitive Abstandssensorik wird der Laserschneidkopf durch die hydraulische Zusatzachse in konstantem Abstand zum Werkstück gehalten (Bild 3.4-9). Da das Laserschneiden bei Geschwindigkeiten von etwa 200 mm/s erfolgt sind die hohen Grenzfrequenzen notwendig. Bei welligem Blechwerkstück ergibt sich z.B. bei 200 mm/s Bahngeschwindigkeit und einer Welligkeit mit 20 mm Zyklus bereits eine Korrekturbewegung von 10 Hz. Da der Abstand über die Kapazitätssensorik nicht "vorausschauend" gemessen wird, ist eine hohe Bandbreite bei geringer Phasenverschiebung für die Zusatzachsen hier besonders wichtig.

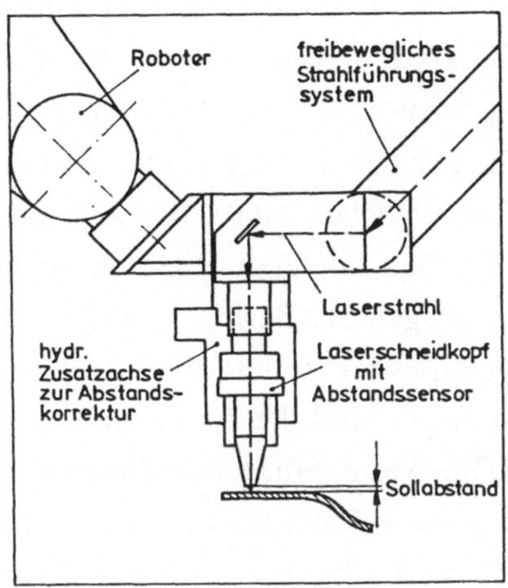

Bild 3.4-9: Reaktionsschnelle Abstandsregelung beim Laserschneiden
mit Zusatzachse und kapazitivem Abstandssensor

3.4.4 Wertung und Ausblick

Mit Zusatzachsen erhalten Roboter weit bessere dynamische Eigenschaften als bei üblicher Sensorführung. Die Zusatzachsen sind dabei so zu gestalten, daß sie die Länge des Handgelenkes nur wenig vergrößern, im Querschnitt dem Handwurzelflansch entsprechen und selbst eine geringe Masse haben.

Mit hydraulischen Zusatzachsen erhält man besonders gute dynamische Eigenschaften. Der zusätzliche Geräteaufwand ist allerdings auch erheblich. Neben den teuren Servoventilen und dem speziell angefertigten Kreuzschlitten ist noch ein Hochdruckhydraulik-Aggregat zur Hydraulikversorgung erforderlich. Auch die elektrischen Zusatzachsen sind schon von den Bauelementen her recht teuer. Sie enthalten einen bürstenlosen Servomotor mit Verstärker und ein spielfreies Zykloidgetriebe .

Da die Zusatzachsen im Werkzeugkoordinatensystem am Roboterhandwurzelflansch wirken, ist zu ihrer Ansteuerung keine zeitraubende Koordinatentransformation notwendig. Allerdings ermöglichen Zusatzachsen dieser Art auch keine sensorische Steuerung der Werkzeugorientierung. Hier müßten rotatorische Zusatzachsen mit dem Drehpunkt im Tool Center Point (TCP) entwickelt werden oder aber ergänzend zu den Handachsen wirken und über eine Koordinatentransformation angesteuert werden.

Versuche mit einer hydraulischen Zusatzachse auch das Geschwindigkeitsverhalten des Roboters bei sensorischer Geschwindigkeitsführung zu verbessern sind erfolgreich verlaufen. Die Zusatzachse wird hier durch den Roboterhandwurzelflansch so orientiert, daß ihre Wirkungsrichtung mit der Richtung des momentanen Geschwindigkeitsvektors zusammenfällt. Die kleineren Reaktionszeiten der Zusatzachsen gegenüber den Roboterachsen ermöglichen nun sehr viel kleinere Verzögerungswege und Beschleunigungswege als dies mit dem Roboter allein möglich ist. Beim Verzögern wird die Zusatzachse entgegen der Bewegungsrichtung des Roboters gefahren und beim Beschleunigen in Richtung der Roboterbewegung.

Um Bahnfehler aber in Grenzen zu halten sind die Weglängen der Zusatzachsen auf wenige Zentimeter zu begrenzen. Die Ansteuerung der Zusatzachsen ist jedoch relativ kompliziert, da das Sensorsignal beim Roboter die Bahngeschwindigkeit beeinflussen muß, bei der Zusatzachse jedoch die Positioniergeschwindigkeit. Ein Problem ist dabei der eng begrenzte Stellweg der Zusatzachsen.

Literaturverzeichnis

1   Schmid,D.; Nowak,H.; Michalak, E.: Dynamische Eigen-
     schaften programmgeführter und sensorgeführter
     Industrieroboter. KFK-PFT 127. Karlsruhe:
     Ges.f.Kernforschung 1986

2   Schmid,D. und Michalak, E: Dynamik programmgeführter
     und sensorgeführter Industrieroboter Robotersysteme 3,
     21-28 (1987).

3   Schmid,D.: Führung von Robotern mit Sensoren
     VDI-Bericht 551, S. 1-24, Düsseldorf, VDI-Verlag 1985

4   Kram, R.: Sensorsignalverarbeitung in modernen Roboter-
     steuerungen Seminar Nr. 5-30-229-051-8 Haus der Technik, Essen 1988

4 Standardisierung der Sensorschnittstelle

4.1 Standardisierung der Sensorschnittstelle, Anforderungen und Lösungen

U. Kreienkamp, Erlangen
M. Schmittele, Erlangen

Zusammenfassung

Robotersteuerungen benötigen zur adaptiven oder gar autonomen Prozeßführung Online- Informationen von Roboter, Prozeß und Umwelt, um die Bewegungs- und Technologieführung entsprechend modifizieren zu können. Zur Meßwerterfassung sind Sensoren notwendig, die sowohl einfach als auch sehr komplex sein können. Dabei zeichnen sich die komplexen Sensoren durch eine eigene Intelligenz zur Aufbereitung und Auswertung der Meßwerte aus. Diese Sensoren verlangen auch unter Echtzeitbedingungen leistungsfähige Schnittstellen zum Steuerungsystem mit gesicherter Datenübertragung und geeigneter Funktionalität in der Kommunikationssteuerung bzw. Datendarstellung. Um diese Kommunikationsdienste zu vereinheitlichen, wird aufbauend auf bereits genormte Dienste bzgl. Ebene 1 und 2 des ISO–Referenz–Modells in der Vornorm DIN V 66 311 "Sensorschnittstellen für Roboter und Fertigungssysteme" /1/ für die Ebene 7 die Steuerung des Datenverkehrs, die Aktionskennzeichnung und die Datendarstellung beschrieben. Die Beschreibung der Ebene 7 ist somit offen und integrativ bezüglich der Normung der unteren Ebenen für die Fertigungsautomatisierung.

4.1.1 Anforderungsprofil

Roboter werden im industriellen Produktionsprozeß für die verschiedensten, immer anspruchsvolleren Aufgaben und Technologien eingesetzt. Dabei werden zur Erfassung von Umwelt- bzw. Technologiegrößen Sensorsysteme in den RC–Steuerungsprozeß integriert (siehe Bild 4.1–1). Aufgrund der unterschiedlichsten Einsatzgebiete existiert bei den verwendeten Sensoren eine Vielfalt an Funktionen und Meßprinzipien. Ihre Ergebnisse werden über einfache (binäre, digitale, analoge) und intelligente (serielle oder parallele) Schnittstellen an das RC–Steuerungssystem übertragen.

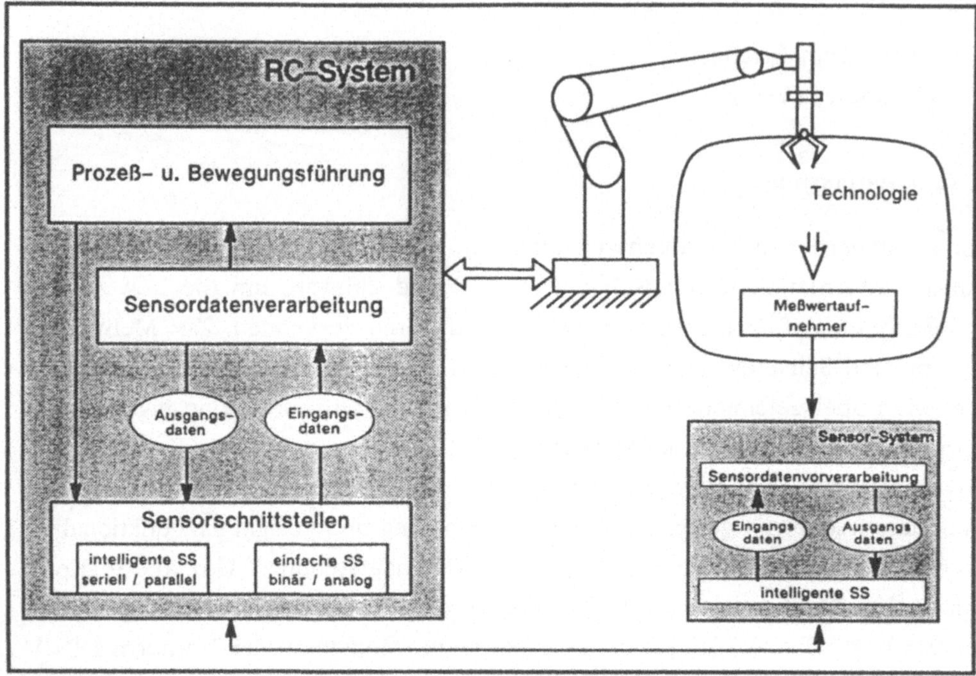

Bild 4.1–1: RC–System mit intelligenter Sensordatenverarbeitung

Während bei analogen und binären Schnittstellen die Signalpegel einheitlich genormt sind, existieren bei den intelligenten Sensorschnittstellen nur für die Ebenen 1 und 2 des ISO–Referenzmodells einheitliche Definitonen, die für die sichere Datenübertragung eingesetzt werden.

Eine einheitliche Lösung für die übergeordneten Schichten, insbesondere der Anwendungsebene 7 steht aber aus, d. h. das Bindeglied zwischen dem eigentlichen Prozeß (RC–Prozeß bzw. Sensor–Prozeß) und der Datenübertragung (Datensicherungsebene und physikalische Ebene) ist noch offen (siehe Bild 4.1–2). Somit sind weder die Kommunikationsabläufe, die das Zusammenspiel zwischen Aufträgen vom RC–System zum Sensor–System und Meßdatenübertragungen vom Sensor–System zum RC–System regeln, noch die Nutzdatendarstellung und der Protokollaufbau genormt.

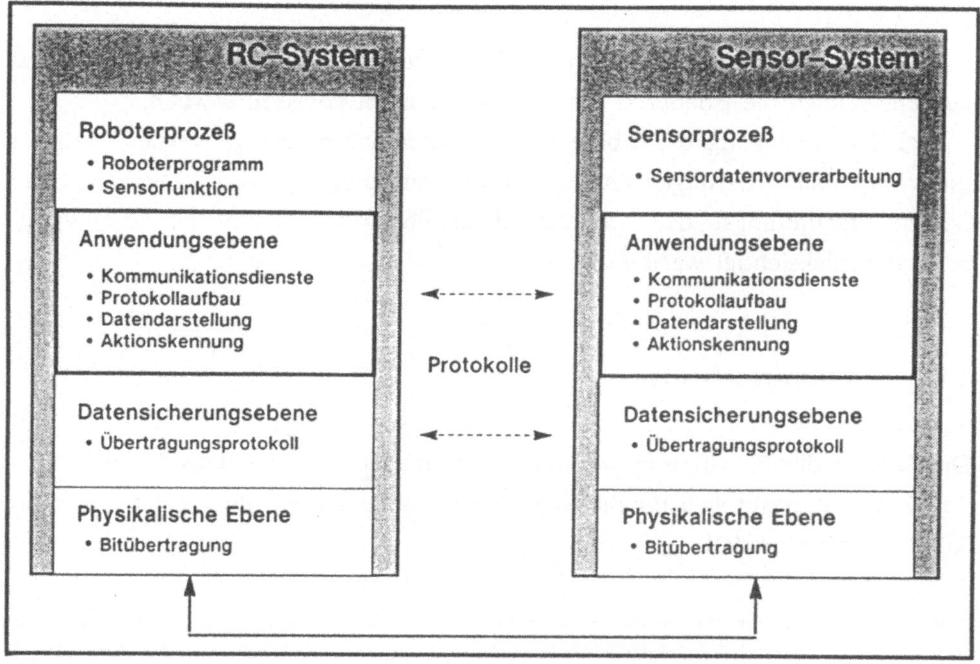

Bild 4.1–2: Anbindung intelligenter Sensoren (Protokollstruktur)

Dies führte bisher zu aufgaben– und sensorspezifischen Protokollen und Datendarstellungen, so daß in der Robotersteuerung beim Anschluß von intelligenten Sensoren entsprechende sensorspezifische Routinen für Sensordatenverarbeitung und Systemeingriff bereitgestellt werden mußten. Die Folge war ein hoher Entwicklungs– und Ankopplungsaufwand, der sich bei jedem neuen Anschluß eines intelligenten Sensorsystems wiederholte.

Daher ist es für die projektierbare und zeitsparende Ankopplung intelligenter Sensoren notwendig, neben der Anwendung von standardisierten sicheren Protokollen für die Ebenen 1 und 2 auch die darüberliegenden Ebenen festzulegen. So ist für die Anwendungsebene 7 eine Vereinheitlichung von

–   Protokollaufbau

- Kommunikationssteuerung
- Datendarstellung·
- Aktionskennung

erforderlich. Da hier zunächst nur Punkt–zu–Punkt–Verbindungen betrachtet werden, können die Ebenen 3 bis 6 außer Betracht gelassen werden.

Bei der Festlegung der Ebenen muß ferner dafür gesorgt werden, daß die spezifischen Anforderungen an den Echtzeitbetrieb bezüglich des komprimierten Gesamtdatenumfangs, der schnellen Datenübertragung und der Datenverarbeitung berücksichtigt werden.

4.1.2   Lösungsdefinition

Die Lösung dieser Aufgabenstellung ist Inhalt der Vornorm DIN V 66 311, Teil 1. Damit ergibt sich für die Sensorschnittstelle das in Bild 4.1–3 dargestellte Kommuniktionsmodell.

	Ebene	Bezeichnung	Standards	
Anwendungs-protokolle	7	Anwendungs-schicht	DIN V 66311, Teil 1	
	6	Darstellungs-schicht		
	5	Kommunikations-steuerungsschicht		
Transport-protokolle	4	Transport-schicht		
	3	Vermittlungs-schicht		
	2	Sicherungs-schicht	Protokoll nach DIN 66 267	
	1	Bitübertragungs-schicht	DIN 66259, Teil 1 EIA-Norm RS 232C	DIN 66259, Teil 3 EIA-Norm RS 422

Bild 4.1–3: Sensorschnittstelle im ISO–Referenzmodell

In der Vornorm ist der Protokollaufbau für die Ebene 7 (siehe Bild 4.1–4) byteorientiert. Er enthält die Transaktionsnummer und das Prozedurkontrollfeld zur Steuerung des Datenverkehrs, die Aktionskennung mit dem funktionalen Auftrag, die Format- und Längenangabe zur Beschreibung des Nutzdatenblocks und im Anschluß daran die eigentlichen Nutzdaten.

Die Transaktionsnummerdient zur Kennzeichnung aller zu einer Transaktionsaufgabe gehörenden Datenübertragungen. D. h. wird durch eine Anweisung bzw. Kommando eine neue Transaktionsaufgabe initiiert, so ändert sich dadurch die Transaktionsnummer. Mit Hilfe des Prozedurkontrollfeldes wird die Bedeutung eines Telegramms innerhalb einer Transaktion, z. B. Datenanforderung (REQUEST) oder Datenantwort (RESPONSE), festgelegt. Im Aktionsfeld sind 256 verschiedene Aktionen (z. B. Kalibrierauftrag an den Sensor) darstellbar. Bei den Nutzdaten werden die Datenformate Counted Bit String, Signed Integer, Unsigned Integer, Signed BCD, Floating Point, Character unterstützt.

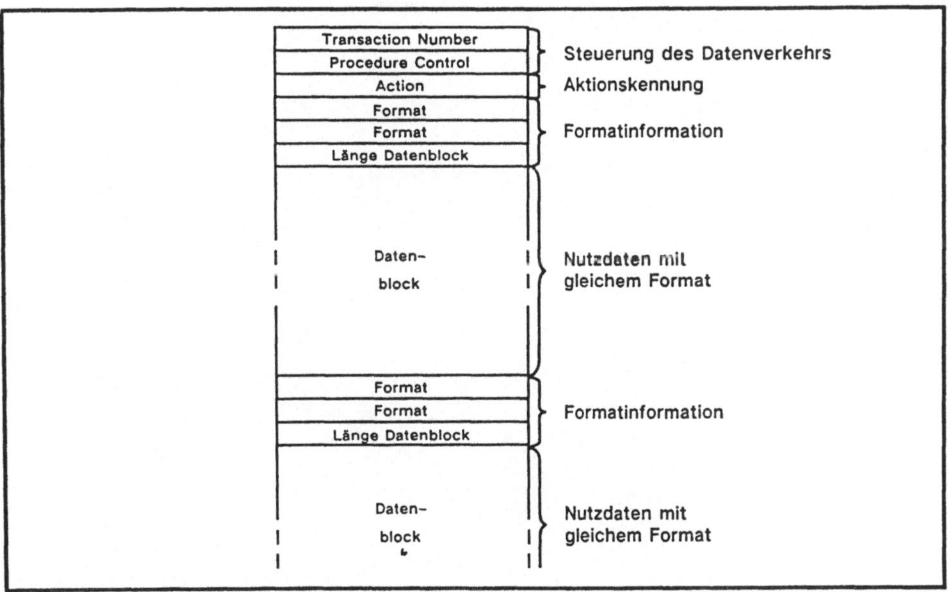

Bild 4.1–4: Protokollaufbau für Ebene 7

Das in der Vornorm DIN V 66 311, Teil 1, beschriebene Protokoll läßt sich durch seinen Aufbau für die unterschiedlichsten Sensoraufgaben einsetzen. Es kann sowohl für den einmaligen Datenverkehr mit einmaliger Positionseinrechnung (z. B. Vision-System zur Teilekoordinatenbestimmung beim Entpalettieren) als auch für den zyklischen Datenverkehr mit on-line Bewegungskorrektur (z. B. Konturverfolgung mit Laserabstandssensoren) eingesetzt werden.

Das in der Vornorm beschriebene Protokoll für die Ebene 7 ist sowohl für Punkt-zu-Punkt-Verbindungen, als auch für Mehrpunktverbindung anwendbar und definiert somit eine durchgängige Lösung. Es ist damit in die verschiedensten Systemkonfigurationen integrierbar.

Literaturverzeichnis

1   DIN V 66311, Teil 1: Sensorschnittstelle für Roboter- und Fertigungs-
     systeme. Berlin, Beuth Verlag GmbH, Januar 1987.

4.2 Die Bedeutung der Deutschen Vornorm DIN V 66311 "Sensorschnittstelle für Roboter und Fertigungssysteme" und Zukunftsaspekte

J. Rogos, Berlin

Zusammenfassung

Ergänzend zu den inhaltlichen Erläuterungen der Deutschen Vornorm DIN V 66311 in Kapital 4.1 wird in diesem Kapitel erläutert, welche Gesichtspunkte den Normenausschuß Maschinenbau zu einer frühzeitigen Herausgabe der Vornorm bewogen haben, obwohl er sich bewußt war, daß dieses Papier, als endgültige Norm in seiner gegenwärtigen Fassung, nur bedingt geeignet ist. Weiterhin wird auf den Stand der internationalen Normung, auch auf dem tangierenden Gebiet der Feldbusse, eingegangen.

4.2.1 Einleitung

In den Vorgesprächen zur Planung des in diesem Fachbericht behandelten BMFT-Verbundvorhabens wurde sowohl anwender- als auch herstellerseitig auf Schnittstellenprobleme aufmerksam gemacht, die sich speziell beim Einsatz intelligenter Sensorsysteme ergeben. Während zur Ankopplung einfacher Sensoren an die Robotersteuerungen die genormten binären oder analogen Schnittstellen ausreichten, wurden zum Austausch der bei intelligenten Sensorsystemen anfallenden großen Datenmengen serielle digitale Schnittstellen benötigt, für die kein Standard existierte. Für die Vielzahl der unterschiedlichen Sensorsysteme entwickelte daher jeder Steuerungshersteller auf Anforderung des Kunden spezifische Schnittstellen, die zunächst nicht serienmäßig verfügbar waren. Die Folge waren entsprechende Zeitverzögerungen durch Software-Entwicklung, Test und Fehlerbeseitigung und damit gekoppelt erhöhte Anlagenkosten. Die Lösung der Probleme durch den Anwender war kaum möglich, weil die Hersteller im allgemeinen nicht bereit waren, Einblick in die internen Rechenabläufe zu geben. Vor diesem Hintergrund muß die im Rahmen des Verbundvorhabens ergriffene Initiative gesehen werden.

Da im Rahmen der zuständigen Normungsgremien zum damaligen Zeitpunkt (1984) noch keine Aktivitäten zu verzeichnen waren, erklärte sich der Projektträger Fertigungstechnik im KFK bereit, Fördermittel zur Erarbeitung eines Schnittstellenkonzepts für die serielle digitale Sensorschnittstelle einzusetzen. Dabei sollte insbesondere auf Erfahrungen der Automobilindustrie zurückgegriffen werden, die beim Sensoreinsatz in der Produktion eine Vorreiterrolle spielte.

1986 konnte das Ergebnis der Arbeit dem zuständigen Normungsausschuß Maschinenbau im DIN vorgestellt werden. Auf Beschluß des Fachbereichs-Beirats wurde nach kurzzeitiger Bearbeitung im zuständigen Ausschuß im Januar 1987 das Konzept als Deutsche

Vornorm DIN V 66311 herausgegeben. Der Inhalt der Vornorm wird im vorausgegangenen Kapitel 4.1 ausführlich erläutert.

4.2.2   Die Bedeutung der Deutschen Vornorm DIN V 66311

Ein Problem der Nutzanwendung von Normen durch Gerätehersteller resultiert aus der zeitlichen Verzögerung der Normherausgabe gegenüber dem Erscheinen entsprechender Produkte auf dem Markt. Die im allgemeinen größere Palette von Ausführungsformen, die sich wegen des fehlenden Standards herausgebildet hat, kann nur langsam reduziert werden, weil eine Normanpassung häufig nur im Zusammenhang mit einer Neuentwicklung wirtschaftlich vertretbar ist. Die Bedeutung der hier besprochenen Vornorm besteht darin, daß bereits in einer Anfangsphase des Einsatzes von intelligenten Sensorsystemen in der Produktion eine Leitlinie geschaffen wurde. Sie beruht auf Erkenntnissen von Anwendern, die auf diesem Fachgebiet, durch prototypische Erprobung vieler unterschiedlicher Sensorprinzipien, besondere Praxiserfahrungen sammeln konnten. Die Erfahrungen beim Einsatz der vorgeschlagenen Schnittstelle im Rahmen des hier vorgestellten Verbundvorhabens sind ebenfalls positiv.

Die in der Vornorm festgelegten Regeln sollen nun zur Diskussion der endgültigen Norm durch eine breite Fachöffentlichkeit dienen. Sie sollen einen möglichst großen Kreis von Steuerungs- und Sensorherstellern dazu veranlassen, ihre Systeme mit der vorgeschlagenen Schnittstelle auszurüsten und probeweise einzusetzen.

Die Möglichkeiten einer die Normungsaktivität begleitenden Praxiserprobung haben den Fachbereichs-Beirat des Bereichs 96 "Industrielle Automation" auch bewogen, das vorgelegte Konzept in dieser frühen Bearbeitungsform zu verabschieden. Dies, obwohl Bedenken des zuständigen Normenausschusses NAM UA 96.1.2 "Robotersteuerungen" vorlagen, der dieses Papier in seiner gegenwärtigen Form, als nur bedingt geeignet ansah.

Ein weiterer wichtiger Grund für die Herausgabe der Vornorm besteht darin, die Diskusssion im internationalen Normungsbereich zu beleben. Hier ist innerhalb der International Standard Organisation (ISO) insbesondere das Technische Komitee TC 184 "Industrial Automation Systems" zu erwähnen, in dessen Zuständigkeit die Normung der Sensorschnittstelle fällt. In diesem Gremium kann durch die vorliegende Vornorm in den Diskussionen bereits ein offizielles deutsches Papier zitiert und möglichst zur Grundlage der Beratungen gemacht werden.

4.2.3   Internationale Normungsaspekte

Die Standardisierung der Sensorschnittstelle kann aufgrund der immer stärkeren internationalen Verflechtungen von Unternehmen und Absatzmärkten auch nur im internationalen Rahmen gesehen werden. Basis müssen die Aktivitäten zum Manufacturing Automation Protocol (MAP) und die aus dieser Initiative abgeleiteten ISO-Companion Standards sein.

Als abgesichert können dabei die Festlegungen zu den Schichten 1 (Physical Layer) und 2 (Data Link Layer) des OSI-Schichtenmodells gemäß ISO 7498 angesehen werden. Hier sind weitgehend ISO-Normen, teilweise noch im Stand von Normungsvorschlägen oder Vornormen vorhanden.

Abzuwarten sind dagegen die Festlegungen internationaler Gremien für den sogenannten Feld- oder Sensorbus. Das in der DIN V 66311 vorgeschlagene Datenprotokoll, das in der OSI-Schicht 7 (Application Layer) anzusiedeln ist, bezieht sich zunächst nur auf die heute fast ausschließlich eingesetzte 'Punkt zu Punkt'-Verbindung zwischen Sensorsystem und Robotersteuerung. Der Vorteil der Vornorm liegt jedoch darin, daß dieses Datenprotokoll auch bei Mehrpunktverbindungen und Einsatz eines Feldbusses benutzt werden kann. Der Erfolg des hier erarbeiteten Konzepts wird entscheidend davon beinflußt werden, inwieweit die deutschen Normungsgremien in der Lage sind, die internationalen Ausschüsse frühzeitig, d.h. vor dem Vorliegen weiterer Vorschläge, für die Deutsche Vornorm zu interessieren. Eine Bearbeitung in der ISO wird außerdem von der Normung eines Feldbusses abhängen, da die ISO-Normung eines Schnittstellenprotokolls nur für eine Mehrpunktverbindung durchsetzbar sein wird.

Autorenverzeichnis

Dr.-Ing. G. Baum, geboren 1947 in Israel. Studium der Fertigungstechnik an der FH Düsseldorf und TU Berlin. Laboringenieur für Produktionstechnik an der Universität Tel Aviv, Israel. Wissenschaftlicher Mitarbeiter am Institut für Feinwerktechnik der TU Berlin. Seit 1984 Mitarbeiter der Innovationsgesellschaft für fortgeschrittene Produktionssysteme in der Fahrzeugindustrie mbH (INPRO), Arbeitsfeld Robotereinsatz zum Gußputzen, Bahnschweißen und Montage.

Prof. Dr.-Ing. M. Dlabka, geb. 1947, Studium der Elektrotechnik an der TFH und TU Berlin, Wissenschaftlicher Assistent am Institut für Regelungstechnik und Systemdynamik der TU Berlin. Tätigkeiten für die Berthold AG und für das FraunhoferInstitut für Produktionsanlagen und Konstruktionstechnik, Berlin (IPK). Seit 1988 Professor für das Fach Regelungstechnik an der Fachhochschule der Deutschen Bundespost Berlin.

Dr. rer. nat. W. Florian, geboren 1942, studierte an der FU Berlin Physik. Als Leiter des Labors "Schmelzschweißen" in der Bundesanstalt für Materialforschung und -prüfung (BAM) Berlin, beschäftigt er sich mit Fragen der Schweißeignung von Werkstoffen sowie mit der Entwicklung von Meß- und Prüfverfahren zur Qualitätssicherung und zur Prozeßkontrolle.

Dipl.-Ing. R. Friedrich, geboren 1959, studierte nach einer Ausbildung zum Energieanlagenelektroniker Elektrotechnik mit der Fachrichtung Nachrichtentechnik an der FH Köln. Seit dem Abschluß des Studiums im Jahr 1986 ist er bei der Siemens AG Erlangen als Entwicklungsingenieur in der Systemtechnischen Entwicklung auf dem Gebiet der Robotersteuerungstechnik tätig.

Dr.-Ing. Wolfgang Geisler, geboren 1949. Studium der Elektrotechnik TU Braunschweig, Assistent am Institut für Nachrichtentechnik, TU Braunschweig. Seit 1985 Mitarbeiter bei der Innovationsgesellschaft für fortgeschrittene Produktionssysteme in der Fahrzeugindustrie mbH (INPRO) im Projekt Intelligente Sensorsysteme, zuständig für mustererkennende Systeme.

Dipl.-Ing. H. Hardter, geboren 1959, studierte Fertigungstechnik an der FH Aalen und ist seit 1984 wissenschaftlicher Mitarbeiter von Prof. Dr. Schmid am Transferzentrum Automatisierungstechnik der Steinbeis-Stiftung für Wirtschaftsförderung (STW) an der FH Aalen.

Dr.-Ing. J. Held, geboren 1949, studierte Elektrotechnik mit dem Schwerpunkt Systemtheorie an der TU Berlin. Von 1979 bis 1983 war er wissenschaftlicher Mitarbeiter am Institut für Luft- und Raumfahrttechnik, Bereich Flugführung und Luftverkehr, der TU Berlin. 1983 wechselte er zum Fraunhofer-Institut für Produktionsanlagen und Konstruktionstechnik, Berlin (IPK), wo er für Robotersteuerungs- und Verfahrensentwicklung als Gruppenleiter in der Abteilung Robotertechnik verantwortlich ist.

Dr.-Ing. G. Hirzinger, geboren 1945, Studium der Elektrotechnik an der TU München, Promotion auf dem Gebiet der digitalen Regelung; seit Abschluß des Studiums bei der DLR (vormals DFVLR) tätig, insbesondere seit 1976 Leiter der Abteilung Automatisierung. Obmann des VDI-GMR Ausschußes "Steuern und Regeln von Robotern", Lehrbeauftragter an der TU München.

Dipl.-Ing. L.-H. Hsieh, geboren 1951, studierte Maschinenbau an der National Taiwan University. Nach dreijähriger Tätigkeit als Ingenieur für Sicherheitsüberprüfung der Kernkraftwerke bei der Taiwan Power Company, studierte er Maschinenbau an der TU Berlin. Von 1985 bis 1987 war er wissenschaftlicher Mitarbeiter am Institut für Werkzeugmaschinen und Fertigungstechnik der TU Berlin. Seit 1987 ist er wissenschaftlicher Mitarbeiter am Fraunhofer-Institut für Produktionsanlagen und Konstruktionstechnik, Berlin (IPK).

Dr.-Ing. U. Kirchhoff, geboren 1944, studierte Luft- und Raumfahrtechnik an der TU Berlin. Ab 1969 war er Sachbearbeiter im Bereich Flugregelung bei der Firma VFW-Fokker, Bremen, ab 1971 Forschungsassistent am Institut für Flugführung und Luftverkehr der TU Berlin und ab 1979 Gruppenleiter Systementwicklung "Trägheitsnavigation" bei der Fa. Litef, Freiburg. Seit 1982 ist Dr. Kirchhoff Leiter der Abteilung Robotertechnik am Fraunhofer-Institut für Produktionsanlagen und Konstruktionstechnik, Berlin (IPK).

Dipl.-Ing. R. Kram, geboren 1955, studierte Elektrotechnik mit der Fachrichtung Regelungstechnik an der TH Darmstadt. Er ist seit 1982 bei der Siemens AG Erlangen in der Systemtechnischen Entwicklung auf dem Gebiet der Robotersteuerungstechnik, seit 1986 als Gruppenleiter, tätig.

Dipl.-Ing. U. Kreienkamp, geboren 1959, studierte Elektrotechnik mit der Fachrichtung Regelungstechnik an der TU Braunschweig. Seit 1984 ist er bei der Siemens AG Erlangen in der Systemtechnischen Entwicklung auf dem Gebiet der Robotersteuerungstechnik tätig.

Dipl.-Ing. E. Lang, geboren 1958, studierte nach einer Ausbildung als Elektro-Installateur Elektrotechnik mit dem Schwerpunkt Regelungstechnik an der Friedrich Alexander-Universität Erlangen - Nürnberg. Seit 1986 ist er bei der Siemens AG Erlangen in der Systemtechnischen Entwicklung auf dem Gebiet der Robotersteuerungstechnik tätig.

Dipl.-Ing. T. Lehnert, geboren 1953, studierte Bauingenieurwesen an der TU Berlin. Zunächst war er wissenschaftlicher Mitarbeiter im Fachbereich Informatik der TU Berlin. Seit 1987 ist er wissenschaftlicher Mitarbeiter am Fraunhofer-Institut für Produktionsanlagen und Konstruktionstechnik, Berlin (IPK).

Dipl.-Ing. E. Michalak, geboren 1957, studierte Elektronik an der FH Aalen und ist seit 1985 wissenschaftlicher Mitarbeiter von Prof. Dr. Schmid am Transferzentrum Automatisierungstechnik der Steinbeis-Stiftung für Wirtschaftsförderung (STW) an der FH Aalen.

Dipl.-Ing. G. Mollath, geboren 1945, studierte Elektrotechnik an der Technischen Universität Berlin. Er war zunächst wissenschaftlicher Mitarbeiter des Instituts für Werkzeugmaschinen und Fertigungstechnik (IWF) und der TU Berlin. Seit Gründung des Fraunhofer-Instituts für Produktionsanlagen und Konstruktionstechnik, Berlin (IPK), leitet er die Abteilung für Prozeßtechnik, in der Antriebsregeleinrichtungen, Qualitätsüberwachungssysteme und Sondersteuerungen entwickelt werden.

Dipl.-Ing. B. Nickolay, geboren 1953, studierte Nachrichtentechnik an der Fachhochschule des Saarlands und Elektrotechnik an der TU Berlin. Seit 1981 ist er wissenschaftlicher Mitarbeiter am Fraunhofer-Institut für Produktionsanlagen und Konstruktionstechnik, Berlin (IPK).

Dipl.-Ing. H. Nowak, geboren 1957, Studium der Fertigungstechnik an der FH Aalen. Zunächst wissenschaftlicher Mitarbeiter an der FH Aalen. Anschließend, bis 1987, wissenschaftlicher Mitarbeiter im Transferzentrum Automatisierungstechnik der Steinbeis-Stiftung für Wirtschaftsförderung (STW) an der FH Aalen. Seit 1988 Werksleiter in einem Gießereiunternehmen.

Dipl.-Ing. K. Ohlsen, geboren 1953, studierte Nachrichtentechnik an der FH Dortmund, danach Elektrotechnik mit Schwerpunkt Elektronik an der TU Berlin. Im Institut für Meß- und Regelungstechnik der TU Berlin war er studienbegleitend u. a. an der Entwicklung von Durchfluß- und Staubkonzentrationsmeßgeräten beteiligt. Seit

1985 ist er bei der Bundesanstalt für Materialforschung und -prüfung (BAM) in Berlin Projektbetreuer bei der Untersuchung intelligenter Sensoren für das Schweißen mit Robotern.

Dr.-Ing. J. Rogos, geboren 1935, studierte Maschinenbau an der TU Berlin und war bis 1983 bei der Siemens AG tätig, unter anderem als Entwicklungsleiter für Durchflußmeßgeräte. Seitdem ist er bei der Innovationsgesellschaft für fortgeschrittene Produktionssysteme in der Fahrzeugindustrie mbH (INPRO) in Berlin Leiter des Projektbereichs "Intelligente Sensorsysteme".

Prof. Dr.-Ing. D. Schmid, geboren 1941, lehrt an der FH Aalen das Fachgebiet Automatisierungstechnik im Fachbereich Fertigungstechnik und befaßt sich seit Anfang der 70'er Jahre mit der Robotertechnik, insbesondere der Sensorführung von Robotern. Seit 1984 leitet er das Transferzentrum Automatisierungstechnik der Steinbeis-Stiftung für Wirtschaftsförderung (STW) an der FH Aalen.

Dipl.-Ing. M. Schmittele, geboren 1956, studierte Elektrotechnik Fachrichtung Steuerungs- und Regelungstechnik an der TU München. Seit 1984 ist er bei der Siemens AG Erlangen in der Systemtechnischen Entwicklung auf dem Gebiet der Robotersteuerungstechnik tätig.

Dipl.-Ing. N. Sedlmair, geboren 1942, seit 1979 Mitarbeiter der KUKA Schweißanlagen + Roboter GmbH. Hauptaufgabengebiete: Sensorenentwicklung, Sensortests, Sensorkopplungen, Schnittstellenuntersuchungen.

Prof. Dr.-Ing. R. Schwarte, geboren 1939, studierte Nachrichtentechnik an der RWTH Aachen. Am dortigen Institut für Technische Elektronik war er Assistent und Oberingenieur von 1965 bis 1978. Nach Industrietätigkeiten als Entwicklungsleiter übernahm er 1982 Aufbau und Leitung des Instituts für Nachrichtenverarbeitung (INV) der Universität Siegen. Ab 1988 ist er Vorsitzender des von ihm initiierten Zentrums für Sensorsysteme (ZESS).
Die aufgeführten Mitautoren Dr.-Ing. O. Loffeld, Dr.-Ing. K. Hartmann sowie die Dipl.-Ingenieure V. Baumgarten, B. Buntschuh, W. Graf haben als Mitarbeiter am INV die wesentlichen Projektarbeiten durchgeführt.

Dipl.-Ing. Jürgen Timm, geboren 1956, Studium der Elektronik/Mikroprozessortechnik an der TU Berlin. Von 1981 bis 1988 war er wissenschaftliche Hilfskraft im Fraunhofer-Institut für Produktionsanlagen und Konstruktionstechnik, Berlin (IPK). Er war dort im Bereich Robotertechnik tätig. Seit 1989 ist er in diesem Institut Mitarbeiter in dem Bereich Robotersystemtechnik/Steuerungsverfahren.

Dr.-Ing. W. Wendt, geboren 1947, studierte Elektrotechnik an der Technischen Universität Berlin. Tätigkeiten als wissenschaftlicher. Mitarbeiter am TU- Institut für Werkzeugmaschinen und Fertigungstechnik (IWF) und am Fraunhofer-Institut für Produktionsanlagen und Konstruktionstechnik, Berlin (IPK). Arbeitsgebiete: Steuerung und Regelung von Industrierobotern und Werkzeugmaschinen.

Dr.-Ing. H. Wörn, geboren 1948, seit 1979 Mitarbeiter der KUKA Schweißanlagen + Roboter GmbH. Leiter der Abteilung Entwicklung und Versuch. Aufgabenbiete: Steuerungs-, Antriebs- und Sensorentwicklung, Roboterapplikationen.

Dipl.-Ing. R. Zobel, geboren 1956, studierte Fertigungstechnik an der FH Aalen und ist seit 1985 wissenschaftlicher Mitarbeiter von Prof. Dr. Schmid am Transferzentrum Automatisierungstechnik der Steinbeis-Stiftung für Wirtschaftsförderung (STW) an der FH Aalen.

Fachberichte Messen – Steuern – Regeln

Herausgeber: M. Syrbe, M. Thoma

Ziel der Reihe ist die möglichst schnelle und weite Verbreitung neuer Forschungs- und Entwicklungsergebnisse, zusammenfassender Übersichtsberichte über den Stand einzelner Gebiete, von Materialien und Texten zur Weiterbildung.

1. Band: **M. Syrbe, B. Will** (Hrsg.)

Automatisierungstechnik im Wandel durch Mikroprozessoren

INTERKAMA-Kongreß 1977

1977. X, 675 S. 408 Abb., 17 Tab. Brosch. DM 58,–
ISBN 3-540-08414-2

2. Band: **K. H. Fasol** (Hrsg.)

Entwurf digitaler Steuerungen
Ein Kolloquiumsbericht

1979. VI, 250 S. 111 Abb., 9 Tab. (29 S. in Englisch).
Brosch. DM 54,– ISBN 3-540-09409-1

3. Band: **M. Cremer**

Der Verkehrsfluß auf Schnell-straßen
Modelle, Überwachung, Regelung

1979. XVI, 203 S. 61 Abb., 15 Tab. Brosch. DM 78,–
ISBN 3-540-09319-2

Springer-Verlag Berlin
Heidelberg New York London
Paris Tokyo Hong Kong

5. Band: **D. Ernst, M. Thoma** (Hrsg.)

Meß- und Automatisierungstechnik
Technologien, Verfahren, Ziele

INTERKAMA-Kongreß 1980

1980. XI, 863 S. (90 S. in Englisch). Zahlr. Abb. und Tab. Brosch. DM 66,– ISBN 3-540-10344-9

6. Band: **H. G. Jacob**

Rechnergestützte Optimierung statischer und dynamischer Systeme

Beispiele mit FORTRAN-Programmen

1982. XII, 229 S. 74 Abb. Brosch. DM 58,–
ISBN 3-540-11641-9

7. Band: **J. P. Foith**

Intelligente Bildsensoren zum Sichten, Handhaben, Steuern und Regeln

1982. IX, 196 S. 64 Abb. Brosch. DM 58,–
ISBN 3-540-11750-4

8. Band: **A. Korn**

Bildverarbeitung durch das visuelle System

1982. VIII, 185 S. 138 Abb. Brosch. DM 58,–
ISBN 3-540-11837-3

9. Band: **P.-J. Becker** (Hrsg.)

Sehr fortgeschrittene Hand-habungssysteme
Ergebnisse und Anwendung

1984. VI, 212 S. Brosch. DM 58,–
ISBN 3-540-13594-4

10. Band: **M. Syrbe, M. Thoma** (Hrsg.)

Fortschritte durch digitale Meß- und Automatisierungstechnik

INTERKAMA-Kongreß 1983

1983. XV, 791 S. (79 S. in Englisch). Brosch.
DM 68,– ISBN 3-540-12862-X

11. Band: **K.-F. Kraiss**

Fahrzeug- und Prozeßführung

Kognitives Verhalten des Menschen und Entscheidungshilfen

1985. VI, 138 S. Brosch. DM 42,–
ISBN 3-540-15414-0

12. Band: **E. Schollmeyer, E. A. Hemmer** (Hrsg.)

Sensoren in der textilen Meßtechnik

1985. X, 425 S. 166 Abb. Brosch. DM 78,–
ISBN 3-540-15494-9

13. Band: **H.-W. Bodmann** (Hrsg.)

Aspekte der Informationsverarbeitung

Funktion des Sehsystems und technische Bilddarbietung

1985. IX, 337 S. Brosch. DM 84,–
ISBN 3-540-15725-5

14. Band: **M. Thoma, G. Schmidt** (Hrsg.)

Fortschritte in der Meß- und Automatisierungstechnik durch Informationstechnik

INTERKAMA-Kongreß 1986

1986. XIII, 854 S. Brosch. DM 98,–
ISBN 3-540-17033-2

Springer-Verlag Berlin
Heidelberg New York London
Paris Tokyo Hong Kong

15. Band: **R. Dillmann**, Universität Karlsruhe

Lernende Roboter

Aspekte maschinellen Lernens

1988. VI, 145 S. 45 Abb. Brosch. DM 38,–
ISBN 3-540-19079-1

16. Band: **E. Schollmeyer, D. Knittel**, Krefeld;
E. A. Hemmer, Duisburg (Hrsg.)

Betriebsmeßtechnik in der Textilerzeugung und -veredlung

1988. XI, 438 S. 259 Abb. Brosch. DM 78,–
ISBN 3-540-18917-3

17. Band: **K. H. Kraft**, Braunschweig

Fahrdynamik und Automatisierung von spurgebundenen Transportsystemen

1988. X, 187 S. Brosch. DM 54,–
ISBN 3-540-18816-9

18. Band: **S. Engell**, Fraunhofer-Institut für
Informations- und Datenverarbeitung (IITB),
Karlsruhe

Optimale lineare Regelung

Grenzen der erreichbaren Regelgüte in linearen zeitinvarianten Regelkreisen

1988. XIII, 307 S. 53 Abb. Brosch. DM 74,–
ISBN 3-540-19120-8

19. Band: **R. Kofahl**

Robuste Parameteradaptive Regelungen

1988. XIV, 340 S. Brosch. DM 78,–
ISBN 3-540-19463-0

20. Band: **H.-J. Wünsche**

Bewegungssteuerung durch Rechnersehen

Ein Verfahren zur Erfassung und Steuerung räumlicher Bewegungsvorgänge in Echtzeit

1988. XIV, 201 S. 47 Abb. Brosch. DM 58,–
ISBN 3-540-50140-1

Fachberichte Messen, Steuern, Regeln

Manuskripte für diese Reihe sollten mindestens 100 Schreibmaschinenseiten umfassen. Sie sind, weil sie direkt als Vorlage für die fotomechanische Reproduktion dienen, besonders sorgfältig zu schreiben. Dazu gehört, daß ein neues schwarzes Farbband benutzt wird, und Symbole oder Zeichen, die nicht mit der Maschine zu schreiben sind, in Schwarz (mit Tusche) eingesetzt werden. Bitte verwenden Sie nur Schreibpapier mit aufgedrucktem Satzspiegel 18 x 26,5 cm, das Ihnen der Verlag gerne zur Verfügung stellt. Änderungen sind durch Überkleben oder – wenn ihr Umfang gering ist – mit Hilfe von weißer Korrekturfarbe möglich. (Bitte kein Korrekturpapier benutzen, da so beseitigte Buchstaben bei der Vervielfältigung oft wieder sichtbar werden.). Für die Größe von Abbildungen und deren Beschriftung ist zu beachten, daß die Manuskriptseiten bei der fotomechanischen Reproduktion auf 75% verkleinert werden. Bei Halbton-Abbildungen sind Schwarzweiß-Hochglanzabzüge zu verwenden. Bitte fordern Sie vor Abfassung des Manuskriptes die ausführliche Schreibanleitung vom Verlag an. Manuskripte und Anfragen sind an die Herausgeber

Prof. Dr. rer. nat. M. Syrbe,
Präsident der Fraunhofer-Gesellschaft
Leonrodstraße 54, 8000 München 19

Prof. Dr.-Ing. M. Thoma,
Institut für Regelungstechnik, Universität Hannover, Appelstraße 11, 3000 Hannover 1

oder den Verlag zu richten.

Springer-Verlag, Heidelberger Platz 3, D-1000 Berlin 33
Springer-Verlag, Tiergartenstraße 17, D-6900 Heidelberg 1
Springer-Verlag, 175 Fifth Avenue, New York, NY 190010/USA